工业机器人技术专业“十三五”规划教材
工业机器人应用人才培养指定用书

工业机器人编程及操作

（ABB机器人）

张明文 主编

http://www.irobot-edu.com
教学视频+电子教案+技术交流论坛

哈爾濱工業大學出版社
HARBIN INSTITUTE OF TECHNOLOGY PRESS

内 容 简 介

本书基于ABB工业机器人，从机器人应用中需掌握的技能出发，由浅入深、循序渐进地介绍了ABB机器人编程及操作知识。其内容从安全操作注意事项切入，配合丰富的实物图片，系统介绍了ABB IRB 120工业机器人基本知识、示教器、手动操纵机器人、零点校准、工具及工件坐标系定义、IO配置及相关应用、指令与编程、离线仿真等。基于实际项目案例，深入解剖各个实训项目，灵活分配指令及任务，让读者学的充实，学的轻松，易于接受。最后简单介绍了离线仿真知识，讲解了机器人虚拟系统的创建、编程及调试。通过学习本书，读者对机器人的编程及操作会更加熟悉，理解更深刻。

本书图文并茂，通俗易懂，具有很强的实用性和可操作性，既可作为高等院校和中高职院校工业机器人相关专业的教材，又可作为工业机器人培训机构用书，同时可供相关行业的技术人员参考。

本书配套有丰富的教学资源，凡使用本书作为教材的教师可咨询相关机器人实训装备，也可通过书末“教学资源获取单”索取相关数字教学资源。咨询邮箱：edubot_zhang@126.com。

图书在版编目（CIP）数据

工业机器人编程及操作：ABB机器人/张明文主编. —哈尔滨：哈尔滨工业大学出版社，2017.9（2019.1重印）
ISBN 978-7-5603-6832-0

Ⅰ. ①工… Ⅱ. ①张… Ⅲ. ①工业机器人—教材 Ⅳ. ①TP242.2

中国版本图书馆CIP数据核字（2017）第186303号

策划编辑　王桂芝　刘　威
责任编辑　王桂芝　张　荣
出版发行　哈尔滨工业大学出版社
社　　址　哈尔滨市南岗区复华四道街10号　邮编150006
传　　真　0451-86414749
网　　址　http://hitpress.hit.edu.cn
印　　刷　哈尔滨市石桥印务有限公司
开　　本　787mm×1092mm　1/16　印张19　字数460千字
版　　次　2017年9月第1版　2019年1月第2次印刷
书　　号　ISBN 978-7-5603-6832-0
定　　价　48.00元

序　一

现阶段，我国制造业面临资源短缺、劳动成本上升、人口红利减少等压力，而工业机器人的应用与推广，将极大地提高生产效率和产品质量，降低生产成本和资源消耗，有效提高我国工业制造竞争力。我国《机器人产业发展规划（2016—2020）》强调，机器人是先进制造业的关键支撑装备和未来生活方式的重要切入点。广泛采用工业机器人，对促进我国先进制造业的崛起，有着十分重要的意义。“机器换人，人用机器”的新型制造方式有效推进了工业升级和转型。

工业机器人作为集众多先进技术于一体的现代制造业装备，自诞生至今已经取得了长足进步。当前，新科技革命和产业变革正在兴起，全球工业竞争格局面临重塑，世界各国紧抓历史机遇，纷纷出台了一系列国家战略：美国的“再工业化”战略、德国的“工业 4.0”计划、欧盟的“2020 增长战略”，以及我国推出的“中国制造 2025”战略。这些国家都以先进制造业为重点战略，并将机器人作为智能制造的核心发展方向。伴随机器人技术的快速发展，工业机器人已成为柔性制造系统（FMS）、自动化工厂（FA）、计算机集成制造系统（CIMS）等先进制造业的关键支撑装备。

随着工业化和信息化的快速推进，我国工业机器人市场已进入高速发展时期。国际机器人联合会（IFR）统计显示，截至 2016 年，中国已成为全球最大的工业机器人市场。未来几年，中国工业机器人市场仍将保持高速的增长态势。然而，现阶段我国机器人技术人才匮乏，与巨大的市场需求严重不协调。《中国制造 2025》强调要健全、完善中国制造业人才培养体系，为推动中国制造业从大国向强国转变提供人才保障。从国家战略层面而言，推进智能制造的产业化发展，工业机器人技术人才的培养首当其冲。

目前，结合《中国制造 2025》的全面实施和国家职业教育改革，许多应用型本科、职业院校和技工院校纷纷开设工业机器人相关专业，但作为一门专业知识面很广的实用型学科，普遍存在师资力量缺乏、配套教材资源不完善、工业机器人实训装备不系统、技能考核体系不完善等问题，导致无法培养出企业需要的专业机器人技术人才，严重制约了我国机器人技术的推广和智能制造业的发展。江苏哈工海渡工业机器人有限公司依托哈尔滨工业大学在机器人方向的研究实力，顺应形势需要，产、学、研、用相结合，组织企业专家和一线科研人员开展了一系列企业调研，面向企业需求，联合高校教师共同编写了“工业机器人技术专业‘十三五’规划教材”系列图书。

该系列图书具有以下特点：

（1）循序渐进，系统性强。该系列图书从工业机器人的入门实用、技术基础、实训指导，到工业机器人的编程与高级应用，由浅入深，有助于系统学习工业机器人技术。

（2）配套资源，丰富多样。该系列图书配有相应的电子课件、视频等教学资源，以及配套的工业机器人教学装备，构建了立体化的工业机器人教学体系。

（3）通俗易懂，实用性强。该系列图书言简意赅，图文并茂，既可用于应用型本科、职业院校和技工院校的工业机器人应用型人才培养，也可供从事工业机器人操作、编程、运行、维护与管理等工作的技术人员参考学习。

（4）覆盖面广，应用广泛。该系列图书介绍了国内外主流品牌机器人的编程、应用等相关内容，顺应国内机器人产业人才发展需要，符合制造业人才发展规划。

“工业机器人技术专业‘十三五’规划教材”系列图书结合实际应用，教、学、用有机结合，有助于读者系统学习工业机器人技术和强化提高实践能力。本系列图书的出版发行，必将提高我国工业机器人专业的教学效果，全面促进“中国制造 2025”国家战略下我国工业机器人技术人才的培养和发展，大力推进我国智能制造产业变革。

中国工程院院士 蔡鹤皋

2017 年 6 月于哈尔滨工业大学

序 二

自出现至今短短几十年中，机器人技术的发展取得长足进步，伴随产业变革的兴起和全球工业竞争格局的全面重塑，机器人产业发展越来越受到世界各国的高度关注，主要经济体纷纷将发展机器人产业上升为国家战略，提出“以先进制造业为重点战略，以‘机器人’为核心发展方向”，并将此作为保持和重获制造业竞争优势的重要手段。

作为人类在利用机械进行社会生产史上的一个重要里程碑，工业机器人是目前技术发展最成熟且应用最广泛的一类机器人。工业机器人现已广泛应用于汽车及零部件制造，电子、机械加工，模具生产等行业以实现自动化生产线，并参与焊接、装配、搬运、打磨、抛光、注塑等生产制造过程。工业机器人的应用，既保证了产品质量，提高了生产效率，又避免了大量工伤事故，有效推动了企业和社会生产力发展。作为先进制造业的关键支撑装备，工业机器人影响着人类生活和经济发展的方方面面，已成为衡量一个国家科技创新和高端制造业水平的重要标志。

伴随着工业大国相继提出机器人产业政策，如德国的“工业 4.0”、美国的先进制造伙伴计划、中国的“‘十三五’规划”与“中国制造 2025”等国家政策，工业机器人产业迎来了快速发展态势。当前，随着劳动力成本上涨，人口红利逐渐消失，生产方式向柔性、智能、精细转变，中国制造业转型升级迫在眉睫。全球新一轮科技革命和产业变革与中国制造业转型升级形成历史性交汇，中国已经成为全球最大的机器人市场。大力发展工业机器人产业，对于打造我国制造业新优势、推动工业转型升级、加快制造强国建设、改善人民生活水平具有深远意义。

我国工业机器人产业迎来爆发性的发展机遇，然而，现阶段我国工业机器人领域人才储备数量严重不足，对企业而言，从工业机器人的基础操作维护人员到高端技术人才普遍存在巨大缺口，缺乏经过系统培训、能熟练安全应用工业机器人的专业人才。现代工业是立国的基础，需要有与时俱进的职业教育和人才培养配套资源。

“工业机器人技术专业‘十三五’规划教材”系列图书由江苏哈工海渡工业机器人有限公司联合众多高校和企业共同编写完成。该系列图书依托于哈尔滨工业大学的先进机器人研究技术，综合企业实际用人需求，充分贯彻了现代应用型人才培养“淡化理论，技能培养，重在运用”的指导思想。该系列图书既可作为工业机器人技术或机器人工程专业的教材，也可作为机电一体化、自动化专业开设工业机器人相关课程的教学用书；系列图书涵盖了国际主流品牌和国内主要品牌机器人的入门实用、实训指导、技术基础、高级编程等系列教材，注重循序渐进与系统学习，强化学生的工业机器人专业技术能力和实践操作能力。

该系列教材“立足工业，面向教育”，填补了我国在工业机器人基础应用及高级应用系列教材中的空白，有助于推进我国工业机器人技术人才的培养和发展，助力中国智造。

中国科学院院士 韩杰才

2017年6月

前　言

机器人是先进制造业的重要支撑装备，也是未来智能制造业的关键切入点，工业机器人作为机器人家族中的重要一员，是目前技术最成熟、应用最广泛的一类机器人。作为衡量科技创新和高端制造发展水平的重要标志，工业机器人的研发和产业化应用被很多发达国家作为抢占未来制造业市场、提升竞争力的重要途径。在汽车工业、电子电器行业、工程机械等众多行业大量使用工业机器人自动化生产线，在保证产品质量的同时，改善了工作环境，提高了社会生产效率，有力推动了企业和社会生产力发展。

当前，随着我国劳动力成本上涨，人口红利逐渐消失，生产方式向柔性、智能、精细转变，构建新型智能制造体系迫在眉睫，对工业机器人的需求呈现大幅增长。大力发展工业机器人产业，对于打造我国制造业新优势，推动工业转型升级，加快制造强国建设，改善人民生活水平具有深远意义。《中国制造 2025》将机器人作为重点发展领域的总体部署，机器人产业已经上升到国家战略层面。

在全球范围内的制造产业战略转型期，我国工业机器人产业迎来爆发性的发展机遇，然而，现阶段我国工业机器人领域人才供需失衡，缺乏经系统培训的、能熟练安全使用和维护工业机器人的专业人才。《制造业人才发展规划指南》提出：要把人才作为实施制造业发展战略的重要支撑，加大人力资本投资，改革创新教育与培训体系，大力培养技术技能紧缺人才，支持基础制造技术领域人才培养，提升工业机器人应用人才等先进制造业人才的关键能力和素质。针对现有国情，为了更好地推广工业机器人技术运用和加速推进人才培养，亟须编写一套系统的工业机器人技术教材。

本书基于 ABB 工业机器人，从机器人应用中需掌握的技能出发，由浅入深、循序渐进地介绍了 ABB 机器人编程及操作知识。书中配合丰富的实物图片，以 IRB 120 为典型产品，系统介绍了 ABB 机器人基本知识、示教器、手动操纵机器人、零点校准、工具及工件坐标系定义、IO 配置及相关应用、指令与编程、离线仿真等内容。基于实际项目案例，深入解剖各个实训项目，灵活分配指令及任务，让读者学的充实，学的轻松，易于接受。并介绍了离线仿真知识，讲解了机器人虚拟系统的创建、编程及调试。通过学习本书，读者对机器人的编程及操作会更加熟悉，理解更深刻。

鉴于机器人技术专业具有知识面广、实操性强等显著特点，为了提高教学效果，在教学方法上，建议重视实操演练、小组讨论；在学习过程中，建议结合本书配套的教学辅助资源，如仿真软件、实训设备、教学课件及视频素材、教学参考与拓展资料等。以上资源可通过书末所附“教学资源获取单”咨询获取。

本书由哈工海渡机器人学院张明文任主编，王璐欢和王伟任副主编，参加编写的还有庄咸霜和宁金等，由霰学会和于振中主审。全书由王璐欢和王伟统稿，具体编写分工如下：宁金编写第 1～3 章，王伟编写第 4～6 章，庄咸霜编写第 7～9 章，王璐欢编写第 10～13 章。本书在编写过程中，得到了哈工大机器人集团、上海 ABB 工程有限公司等单位的有关领导、工程技术人员，以及哈尔滨工业大学相关教师的鼎力支持与帮助，在此表示衷心的感谢！

由于编者水平有限，书中难免存在不足，敬请读者批评指正。任何意见和建议可反馈至 E-mail:edubot_zhang@126.com。

编　者

2017 年 7 月

目　录

第1章 ABB机器人简介

1.1 ABB发展历程

1.1.1 ABB企业介绍

ABB集团总部位于瑞士苏黎世，位列全球500强企业，由瑞典的阿西亚公司和瑞士的布朗勃法瑞公司于1988年合并而成。作为电力和自动化技术领域的领导企业，ABB集团下设5大业务部门，分别为电力产品部、电力系统部、离散自动化与运动控制部、低压产品部和过程自动化部，业务遍布100多个国家。其企业文化为“用电力和效率创造美好世界（Power and productivity for a better world）”。

※ ABB机器人简介

1.1.2 ABB机器人发展历程

➢ 1974：向瑞典南部一家小型机械工程公司交付全球首台微机控制电动工业机器人IRB 6。

➢ 1983：推出新型控制系统S2，该系统具有出色的人机界面（HMI），采用菜单式编程，配备TCP（工具中心点）控制功能和操纵杆，可实现多轴控制。

➢ 1994：推出S4控制系统，该系统方便易用（采用Windows人机界面），采用全动态模型（控制性能十分突出）和Flexible Rapid编程语言。

➢ 2004：推出新型机器人控制器IRC 5，该控制器采用模块化结构设计，是一种全新的按照人机工程学原理设计的Windows界面装置。

➢ 2015：推出全球首款真正实现人机协作的双臂工业机器人YuMi。

1.2 ABB机器人的应用领域和未来前景

1.2.1 ABB机器人的应用领域

自从20世纪60年代初人类创造了第一台工业机器人以后，机器人就显示出它极强的生命力，在短短 40 多年的时间中，机器人技术得到了迅速的发展。目前，工业机器人已广泛应用于汽车及汽车零部件制造业、机械加工行业、电子电气行业、橡胶及塑料工业、食品工业、木材与家具制造业等领域中。在工业生产中，弧焊机器人、点焊机器人、分拣机器人、装配机器人、喷漆机器人及搬运机器人等工业机器人都已被大量采用，如图 1.1 所示。

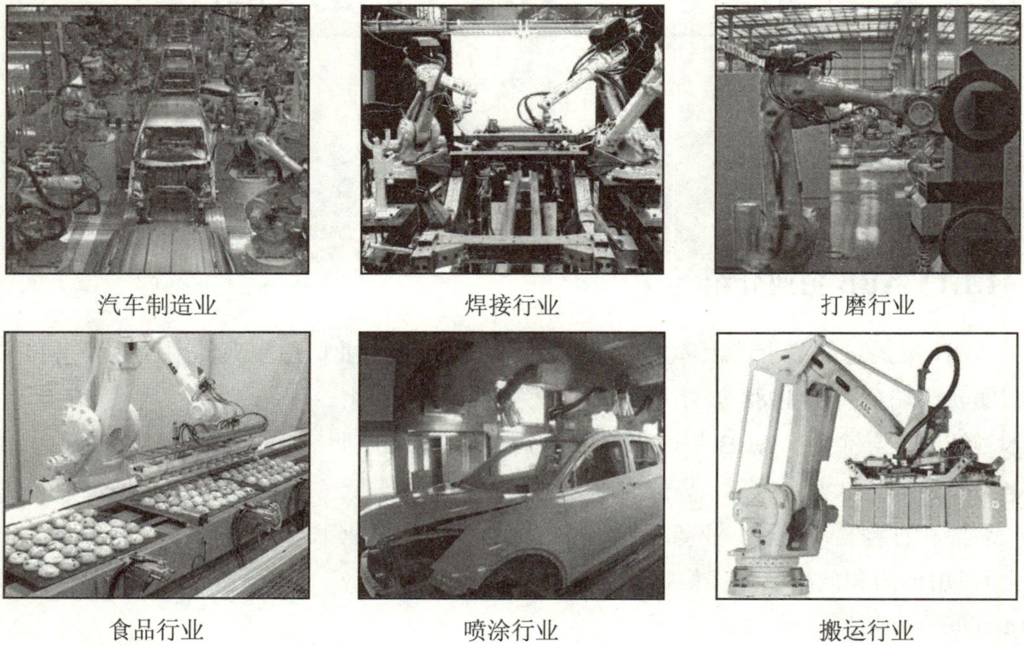

图 1.1 ABB 机器人应用领域

1.2.2 ABB 机器人的未来前景

1. 汽车与电子制造是主要驱动

汽车工业依旧是工业机器人的最大用户。自从 2010 年以来，汽车业投资摆脱了周期性的影响，持续增长，并有望继续下去，如图 1.2 所示。

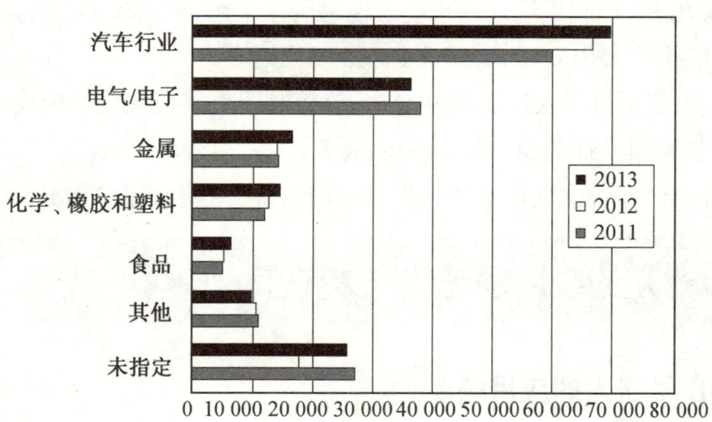

图 1.2 全球机器人年工业量

2. 中国机器人市场是一个大市场

IFR（国际机器人联盟）最新报告显示，2017 中国工业机器人销量将超 100 000 台，中国机器人市场大爆发。

工业机器人在中国的销售增长势头喜人，2016 年销量达到 79 824 台，如图 1.3 所示。

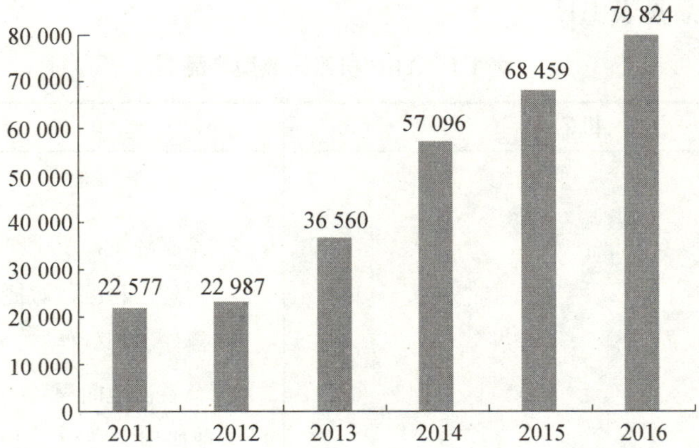

图 1.3　2011～2016 年中国工业机器人产业销售量情况（单位：台）

3. 中国机器人市场最大的瓶颈是人才

ABB 积极开展与哈尔滨工业大学、清华大学、上海交通大学等知名院校之间的校企合作，共同推进机器人教育事业的发展。

在工业 4.0 时代背景下，教育面临更多非传统领域的挑战，除了通过学校课堂的教授，还可以通过在线教育平台视频授课等模式，积极开展校企合作，以解决中国机器人市场的人才瓶颈问题（图 1.4）。

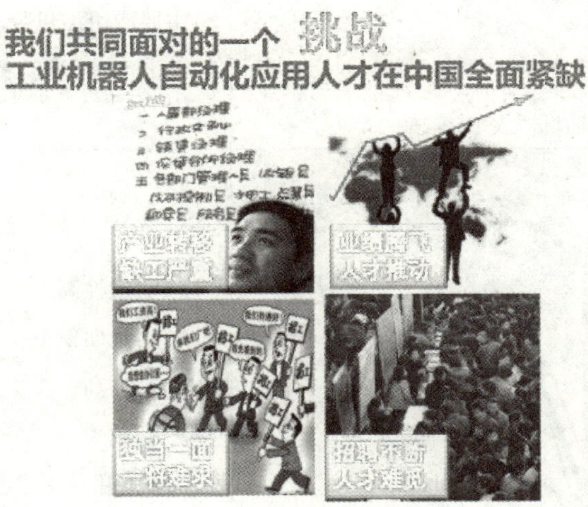

图 1.4　人才瓶颈

1.3 ABB 机器人产品系列

ABB 机器人产品包括通用六轴、Delta、SCARA、四轴码垛等多个构型，负载涵盖 3～800 kg，其典型产品见表 1.1。

表 1.1　ABB 机器人典型产品

序号	机器人	特　点
1	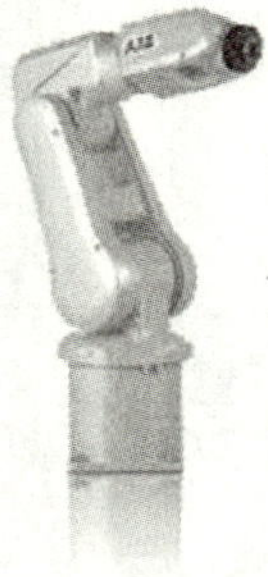 六轴机器人 IRB 120	➢ 紧凑轻量，易于集成 ➢ 快速，精准，敏捷 ➢ 离线编程软件 ➢ 节省占地面积 **主要应用：**装配，上下料，物料搬运，包装/涂胶
2	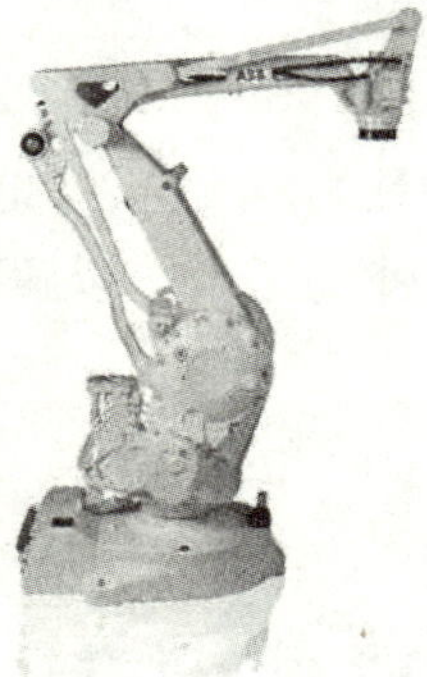 四轴机器人 IRB 260	➢ 可靠性强——正常运行时间长 ➢ 速度快——操作周期时间短 ➢ 精度高——零件生产质量稳定 ➢ 功能强——适用范围广 ➢ 坚固耐用——适合恶劣生产环境 **主要应用：**包装，堆垛，拆垛，物料搬运，上下料，机床管理
3	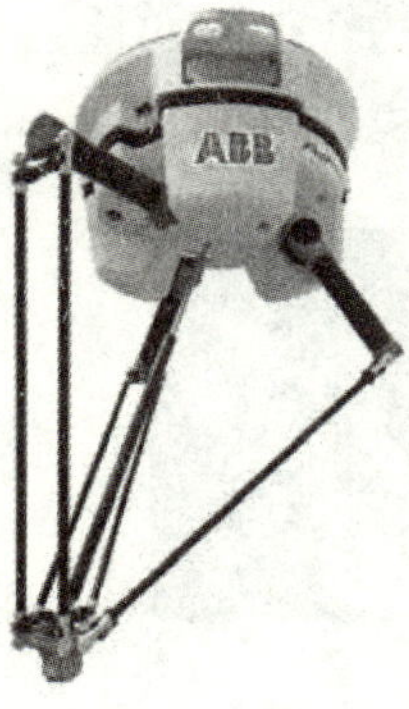 Delta 并联机器人 IRB 360	➢ 灵活性高 ➢ 占地面积小 ➢ 精度高 ➢ 负载大 **主要应用：**流水线包装、搬运、拾料

续表 1.1

序号	机器人	特　点
4	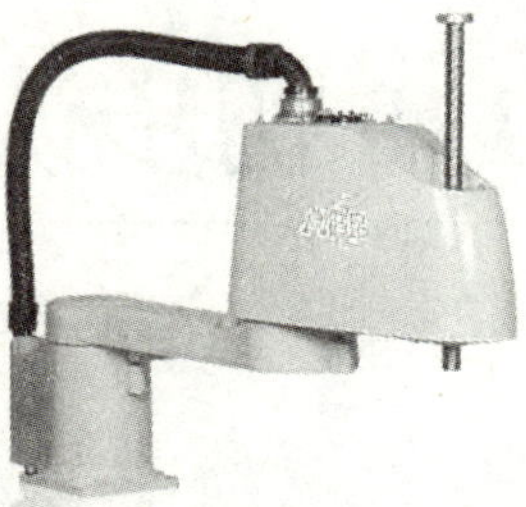 SCARA 机器人 IRB 910SC	➢ 台面安装 ➢ 易于集成 ➢ 自定义接口 ➢ 模块化设计 **主要应用**：电子行业搬运、装配等
5	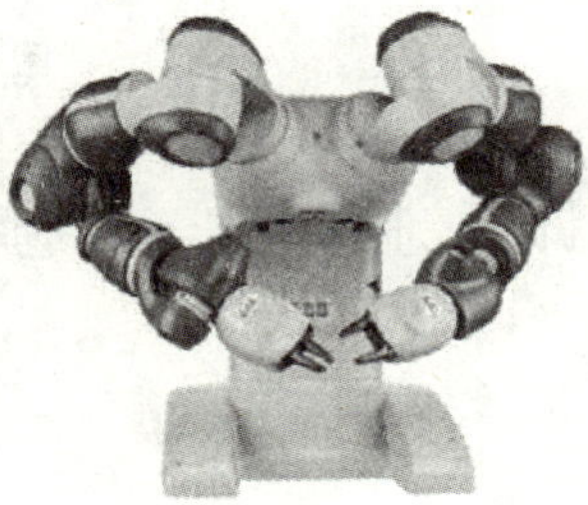 双臂协作机器人 IRB 14000	➢ 柔性机械手 ➢ 基于相机的工件定位系统 ➢ 节省厂房占地面积 **主要应用**：协作型小件装配

1.4　本章小节

工业机器人是集机械、电子、控制、计算机、传感器等多学科先进技术于一体的现代制造业重要的自动化装备。自从 1962 年美国研制出世界上第一台工业机器人以来，机器人技术及其产品发展很快，已成为柔性制造系统（FMS）、自动化工厂（FA）、计算机集成制造系统（CIMS）的自动化工具。

本章首先介绍了 ABB 机器人的发展历程，其次简介了机器人的应用领域和未来前景，最后介绍了 ABB 机器人的产品系列。通过本章的学习，可使读者建立起机器人的基本概念。

思考题

1. 简述 ABB 机器人的发展史。
2. 简述工业机器人的应用领域。
3. 谈谈自己对工业机器人未来前景的看法。
4. ABB 机器人产品中最小的是哪个型号？

第2章 IRB 120 初步认识

2.1 IRB 120 介绍

2.1.1 IRB 120 组成

目前工业机器人主要由 3 个部分组成：操作机、控制器和示教器，图 2.1 所示为 IRB 120 系统组成。

❋ IRB 120 介绍

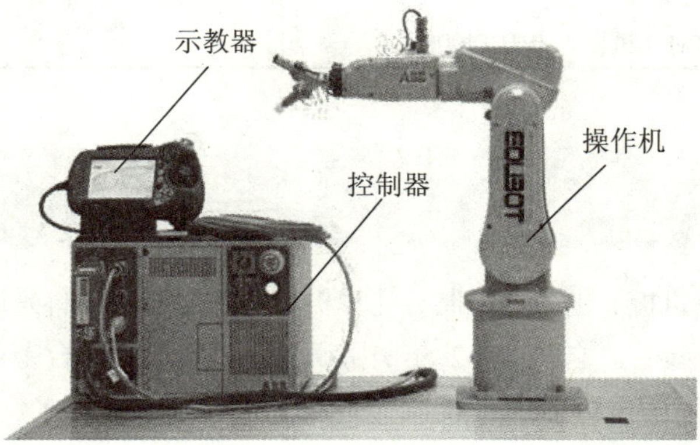

图 2.1 IRB 120 系统组成

各部分功能如下：

➢ **操作机**：操作机又称机器人本体，是工业机器人的机械主体，是用来完成规定任务的执行机构。

➢ **控制器**：控制器用来控制工业机器人按规定要求动作，是机器人的核心部分，它类似于人的大脑，控制着机器人的全部动作。

➢ **示教器**：示教器是工业机器人的人机交互接口，针对机器人的所有操作基本上都是通过示教器来完成的，如点动机器人，编写、测试和运行机器人程序，设定、查阅机器人状态设置和位置等。

2.1.2 IRB 120 机器人本体

IRB 120 属于小型通用工业六轴机器人。该机器人本体共有 6 个轴，每个轴均由单独的电机驱动，该构型是目前工业应用领域最常见的构型，各轴名称如图 2.2 所示。

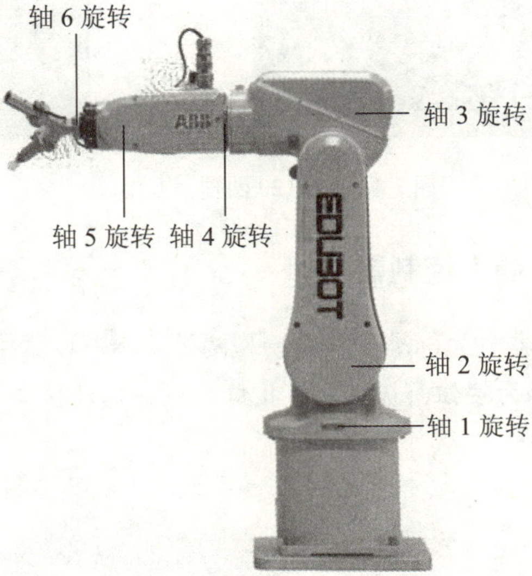

图 2.2 IRB 120 各轴定义

机器人本体基座上包含动力电缆接口、编码器电缆接口、4 路集成气源接口（最大压力 0.5 MPa）和 10 路集成信号接口，如图 2.3 所示。

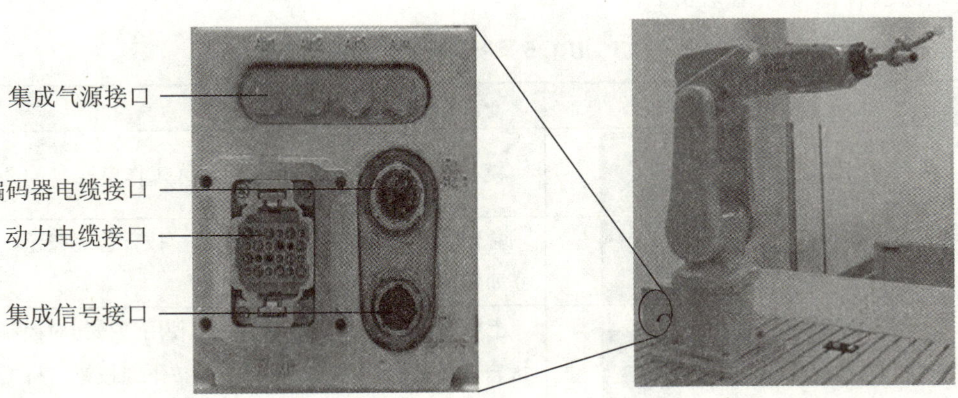

图 2.3 机器人本体基座接口

IRB 120 四轴上包含 4 路集成气源接口和 10 路集成信号接口，如图 2.4 所示。

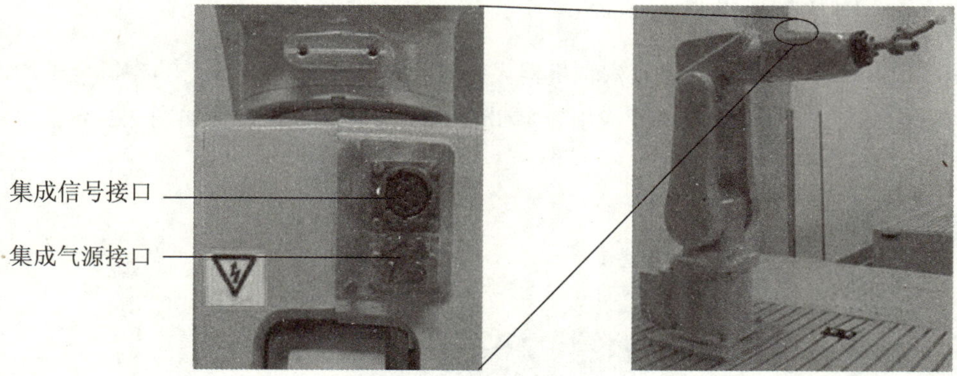

图 2.4　IRB 120 四轴上方接口

2.1.3　IRB 120 机器人控制器

IRB 120 机器人控制器分为标准型和紧凑型两种，本书以紧凑型（IRC 5 Compact）控制器为例，其面板布局分为按钮面板、电缆接口面板、电源接口面板三部分，如图 2.5 所示。

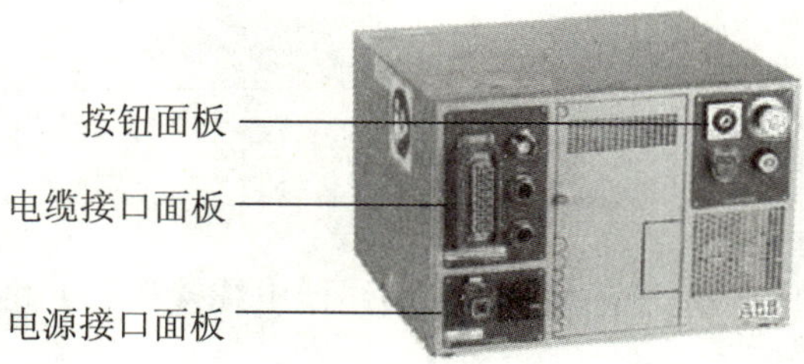

图 2.5　IRC 5 紧凑型控制器

面板各部分介绍见表 2.1。

表 2.1　IRC 5 紧凑型控制器面板各部分介绍

面板	图片	说明
按钮面板		**模式选择旋钮**：用于切换机器人工作模式
	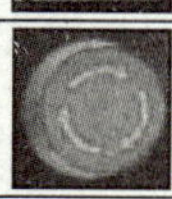	**急停按钮**：在任何工作模式下，按下急停按钮，机器人立即停止，无法运动
		**上电/复位按钮**：发生故障时，使用该按钮对控制器内部状态进行复位；在自动模式下，按下该按钮，机器人电机上电，按键灯常亮
	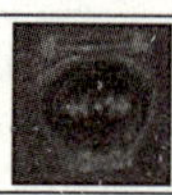	**制动闸按钮**：机器人制动闸释放单元。通电状态下，按下该按钮，可用手旋转机器人任何一个轴运动

续表 2.1

<table>
<tr><th>面板</th><th>图片</th><th>说明</th></tr>
<tr><td rowspan="4">电缆接口面板</td><td>
</td><td>XS4：示教器电缆接口，连接机器人示教器</td></tr>
<tr><td>
</td><td>XS41：外部轴电缆接口，连接外部轴电缆信号时使用</td></tr>
<tr><td>
</td><td>XS2：编码器电缆接口，连接外部编码器接口</td></tr>
<tr><td>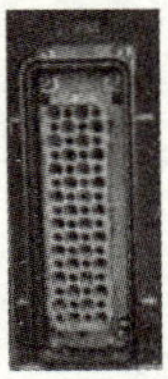</td><td>XS1：电机动力电缆接口，连接机器人驱动器接口</td></tr>
<tr><td rowspan="2">电源接口面板</td><td></td><td>XP0：电源电缆接口，用于给控制器供电</td></tr>
<tr><td></td><td>电源开关：控制器电源开关。ON：开；OFF：关</td></tr>
</table>

2.1.4　主要技术参数

IRB 120 机器人是 ABB 于 2009 年 9 月推出的一款小型多用途机器人，本体质量为 25 kg，额定负荷为 3 kg，工作范围为 580 mm，其规格和特性见表 2.2。

表 2.2　IRB 120 机器人规格和特性

<table>
<tr><th colspan="4">规　格</th></tr>
<tr><td>型号</td><td>工作范围</td><td>额定负荷</td><td>※手臂荷重</td></tr>
<tr><td>IRB 120</td><td>580 mm</td><td>3 kg</td><td>0.3 kg</td></tr>
<tr><th colspan="4">特　性</th></tr>
<tr><td>集成信号源</td><td colspan="3">手腕设 10 路信号</td></tr>
<tr><td>集成气源</td><td colspan="3">手腕设 4 路空气（0.5 MPa）</td></tr>
<tr><td>重复定位精度</td><td colspan="3">±0.01 mm</td></tr>
<tr><td>机器人安装</td><td colspan="3">任意角度</td></tr>
<tr><td>防护等级</td><td colspan="3">IP30</td></tr>
<tr><td>控制器</td><td colspan="3">IRC 5 紧凑型</td></tr>
</table>

续表 2.2

性　　能	
1 kg 拾料节拍	
25 mm×300 mm×25 mm	0.58 s
TCP 最大速度	6.2 m/s
TCP 最大加速度	28 m/s^2
加速时间 0～1 m/s	0.07 s

※手臂荷重指小臂上安装设备的最大总质量，表中指 IRB 120 机器人小臂安装总质量不能超过 0.3 kg

IRB 120 机器人工作空间如图 2.6 所示。

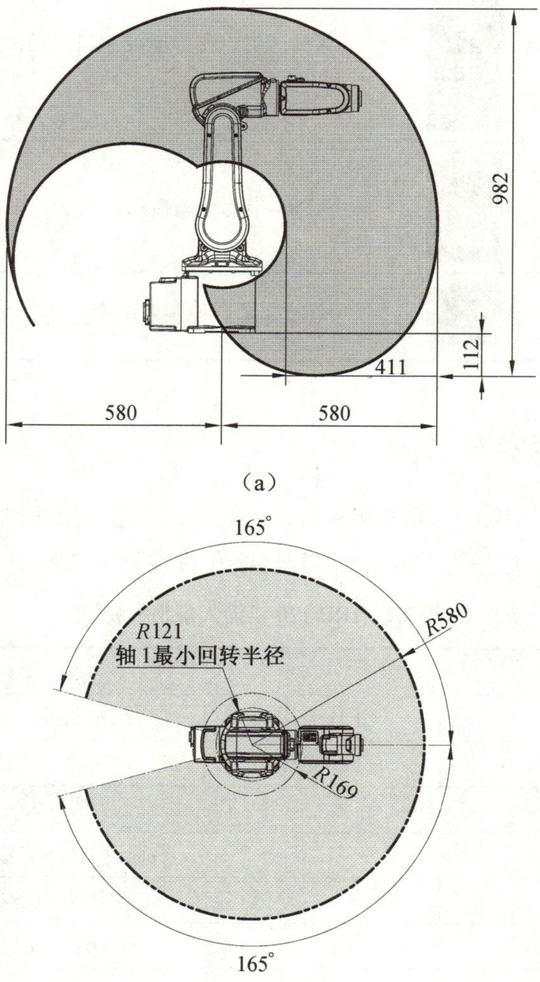

图 2.6　IRB 120 工作空间

IRB 120 机器人运动范围及性能见表 2.3。

表 2.3 机器人运动范围及性能

运动		
轴运动	工作范围	最大速度/[（°）• s^{-1}]
轴 1 旋转	+165°～-165°	250
轴 2 手臂	+110°～-110°	250
轴 3 手腕	+70°～-90°	250
轴 4 旋转	+160°～-160°	320
轴 5 弯曲	+120°～-120°	320
轴 6 翻转	+400°～-400°	420

IRB 120 额定负荷为 3 kg，加装工具后机器人工具重心将会转移，从而导致负载减小，在设计时应当合理考虑工具的质量和重心，以保证机器人稳定运行。其负载与重心位置的关系如图 2.7 所示。坐标系中 *Z* 距离指工具重心与机器人第 6 轴法兰平面的距离，*L* 距离指工具重心与机器人第 6 轴重心线的距离。

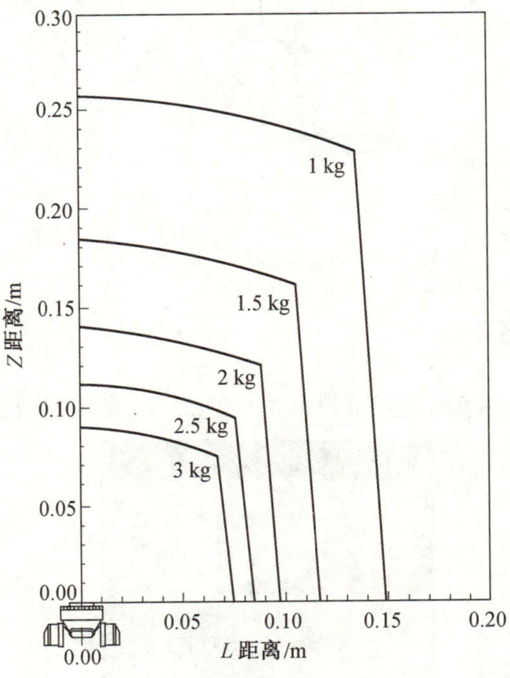

图 2.7 工具重心位置与负载关系图

2.2 IRB 120 安装

2.2.1 常见安装方式

工业机器人有四种常见的安装方式，如图 2.8 所示。IRB 120 机器人本体支持各种角度的安装，在非地面安装时需要设置相关参数以优化机器人运动最佳性能。

※ IRB 120 安装

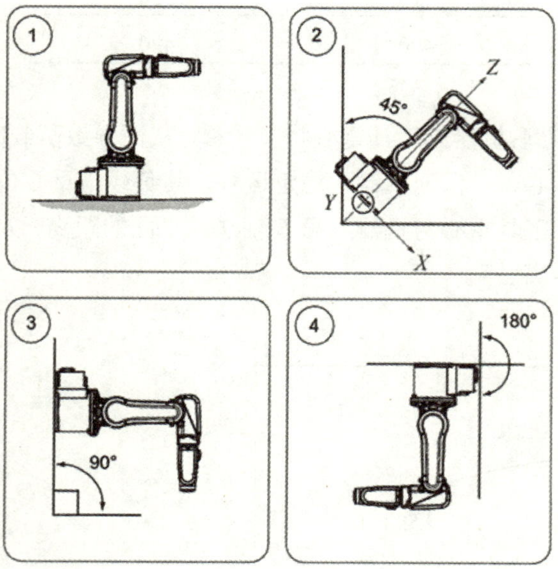

① 地面安装 0°（垂直）
② 安装角度 45°（倾斜）
③ 安装角度 90°（壁挂）
④ 安装角度 180°（悬挂）

图 2.8　工业机器人常见安装方式

2.2.2 机器人拆箱

IRB 120 机器人拆箱前参见其完整装箱图（图 2.9），部分配件如图 2.10 所示。

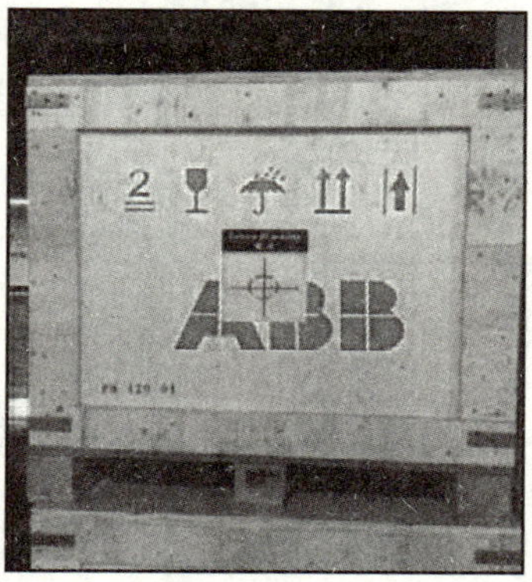

图 2.9　完整装箱图

（a）资料光盘

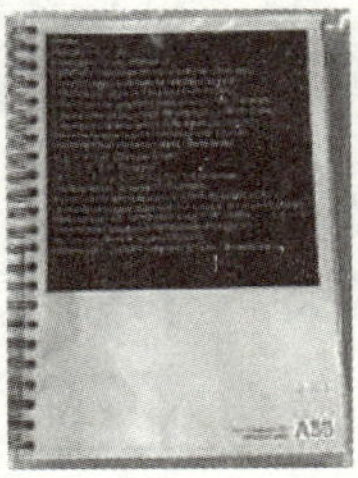
（b）说明书

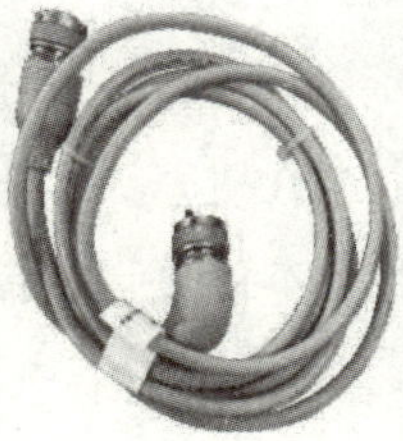
（c）编码器电缆

（d）电机动力电缆

图 2.10 部分配件图

2.2.3 电缆连接

机器人硬件电缆线主要包括电机动力电缆线、编码器电缆线、示教器电缆线和电源线，各电缆线作用及连接点见表 2.4。

表 2.4 电缆线作用及连接点

序号	图片	名称	作用	控制器连接点	机器人连接点
1		电机动力电缆线	用于将机器人电机的电源和控制装置与机器人控制器连接	XS1	R1.MP
2		编码器电缆线	将机器人伺服电机编码器接口板数据传送给控制器	XS2	R1.SMB
3		示教器电缆线	将示教器和控制器连接	XS4	–
4	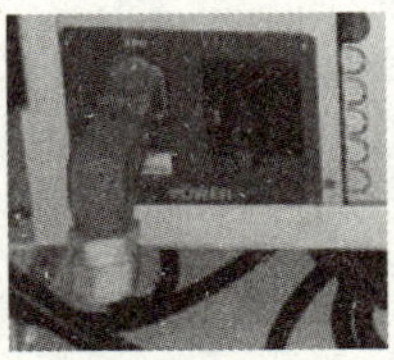	电源线	AC 220 V/50 Hz 电源进线	XP0	–

2.3 本章小结

本章主要讲解了 IRB 120 机器人主要技术参数及安装方式。由工业机器人主要组成入手，介绍了 IRB 120 机器人本体接口、控制器面板及其主要技术参数，最后介绍了机器人安装方式及电缆连接过程。

思考题

1. 如何安全使用机器人？
2. 如何固定机器人？有哪些主要事项？
3. 简述连接机器人电缆线的步骤。
4. 简述机器人通电前的检查事项。
5. 简述机器人六个轴关节的位置。
6. IRB 120 机器人工作空间是多少？各个关节轴的运动范围是多少？
7. IRB 120 机器人的最大载荷是多少？

第 3 章 认识示教器

3.1 示教器

3.1.1 示教器简介

示教器（FlexPendant）是一种手持式操作装置，用于执行与操作机器人系统相关的许多任务，如运行程序、手动操纵机器人移动、修改机器人程序等，也可用于备份与恢复、配置机器人、查看机器人系统信息等。FlexPendant 可在恶劣的工业环境下持续运作，其触摸屏易于清洁，且防水、防油、防溅锡。详细参数见表 3.1。

❋ 示教器初识

表 3.1 示教器详细参数

示教器（FlexPendant）	
屏幕尺寸	6.5 英寸彩色触摸屏
屏幕分辨率	640×480
质量	1.0 kg
防护等级	标配：IP54
按钮	12
语言种类	20（支持简体中文）
操作杆	支持
USB 内存支持	支持
紧急停止按钮	支持
热插拔	支持
是否配备触摸笔	是
支持左右手使用	支持

3.1.2 示教器结构

ABB 机器人示教器外形结构如图 3.1 所示，各物理按键功能如图 3.2 所示。

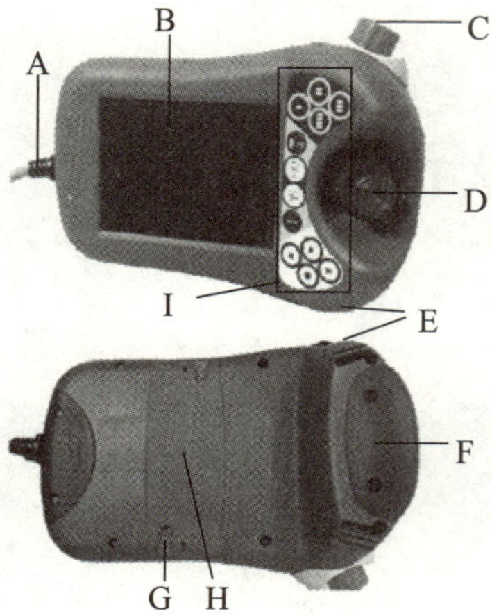

各部分名称如下：

A：电缆线连接器

B：触摸屏

C：紧急停止按钮

D：操纵杆

E：USB 接口

F：使能按钮

G：触摸笔

H：重置按钮

I：按键区

图 3.1 示教器外形结构图

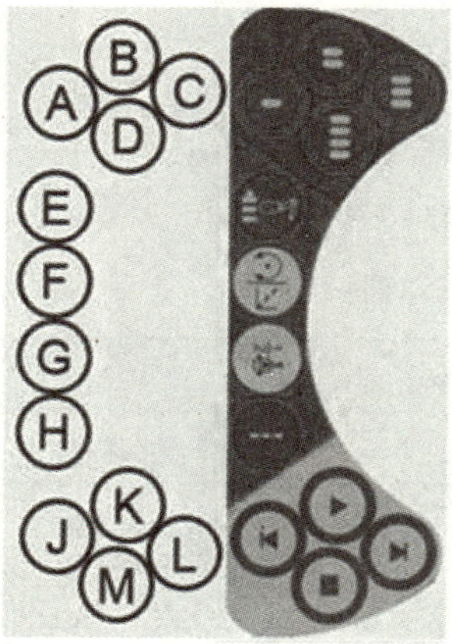

按键区各按键功能如下：

A～D：自定义按键

E：选择机械单元

F、G：选择操纵模式

H：切换增量

J：步退执行程序

K：执行程序

L：步进执行程序

M：停止执行程序

图 3.2 示教器按键功能

3.1.3 示教器手持方法

操作 FlexPendant 时，通常会手持该设备。惯用右手者用左手持设备，右手在触摸屏上执行操作；而惯用左手者可以轻松通过将显示器旋转 180°，使用右手持设备。正确的手持方法如图 3.3 所示。

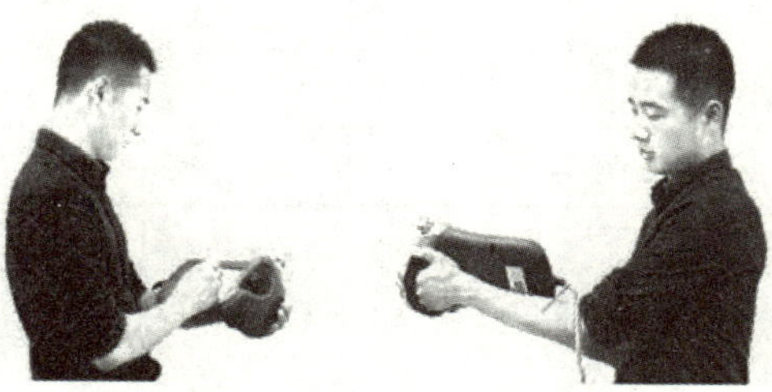

图 3.3 示教器手持方法

3.2 示教器画面

3.2.1 示教器主画面

ABB 机器人开机完成后示教器进入开机完成界面，如图 3.4 所示，控制面板界面如图 3.5 所示。

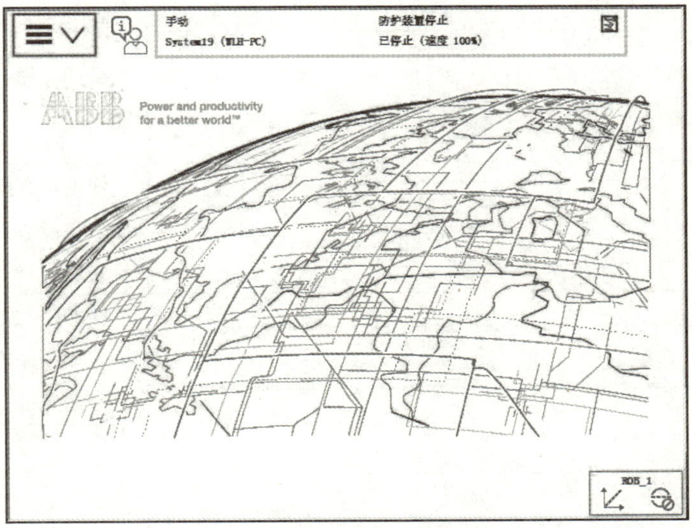

图 3.4　开机完成界面

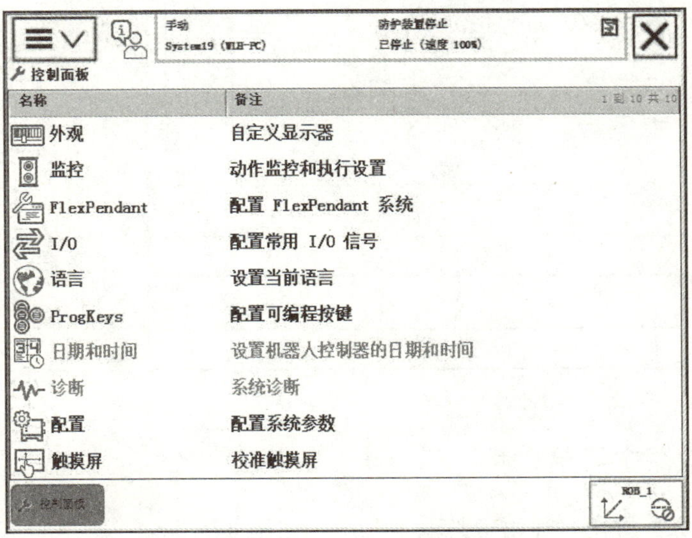

图 3.5　控制面板界面

示教器界面各部分说明见表 3.2。

表 3.2　示教器界面各部分说明

序号	图例	说明
1		**主菜单**：显示机器人各个功能主菜单界面
2		**操作员窗口**：机器人与操作员交互界面，显示当前状态信息
3		**关闭按钮**：关闭当前窗口按钮
4	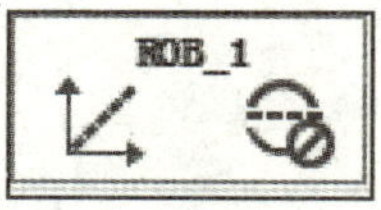	**快速设置菜单**：快速设置机器人功能界面，如速度、运行模式、增量等
5		**状态栏**：显示机器人当前状态，如工作模式、电机状态、报警信息等
6	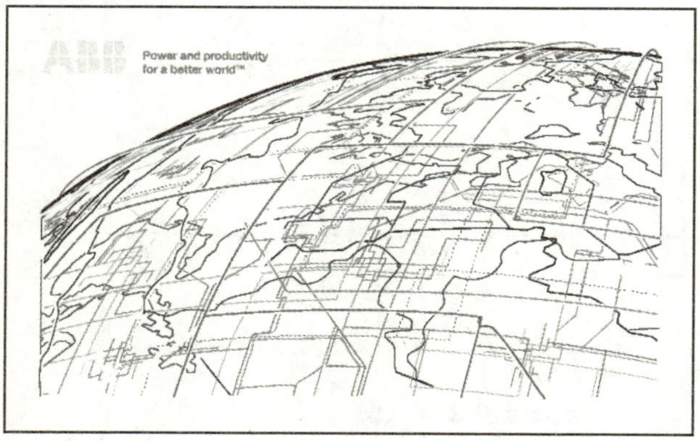	**主界面**：示教器人机交互的主要窗口，根据不同的状态显示不同的信息
7		**任务栏**：当前打开界面的任务列表，最多支持打开 6 个界面

3.2.2　示教器主菜单

点击【主菜单】按钮，弹出示教器主菜单，如图 3.6 所示。

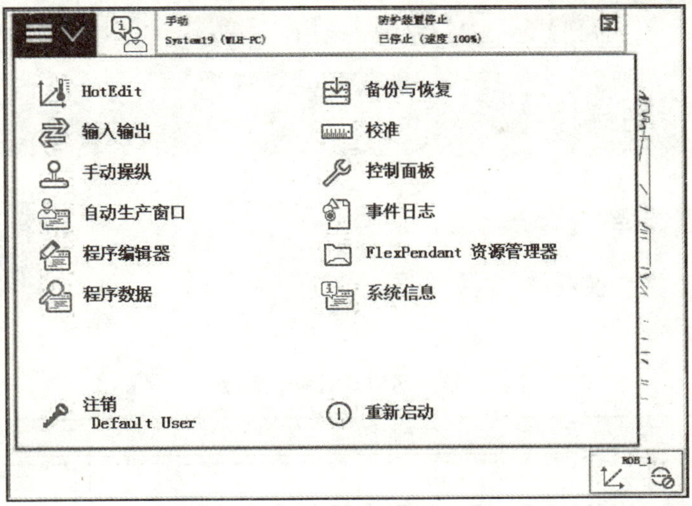

图 3.6 主菜单界面

主菜单各部分说明见表 3.3。

表 3.3 主菜单各部分说明

序号	图例	说明
1	HotEdit	用于对编写的程序中的点做一定的补偿
2	输入输出	用于查看并操作 I/O 信号
3	手动操纵	用于查看并配置手动操作属性
4	自动生产窗口	用于自动运行时显示程序界面
5	程序编辑器	用于对机器人进行编程调试
6	程序数据	用于查看并配置变量数据
7	备份与恢复	用于对系统数据进行备份和恢复
8	校准	用于对机器人机械零点进行校准
9	控制面板	用于对系统参数进行配置
10	事件日志	用于查看系统所有事件
11	FlexPendant 资源管理器	用于对系统资源、备份文件等进行管理
12	系统信息	用于查看系统控制器属性及硬件和软件信息
13	注销 Default User	用于退出当前用户权限
14	重新启动	用于重新启动系统

3.3 示教器常用操作

3.3.1 语言选择

示教器语言选择步骤见表 3.4。

※ 示教器常用操作

表 3.4 示教器语言选择步骤

序号	图片示例	说明
1	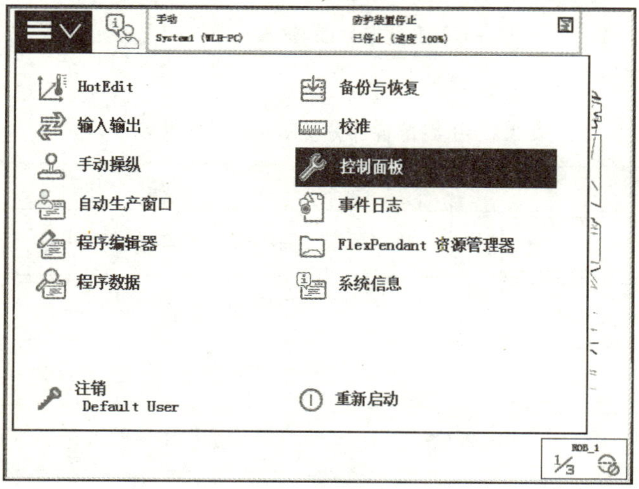	点击【主菜单】，点击【控制面板】
2	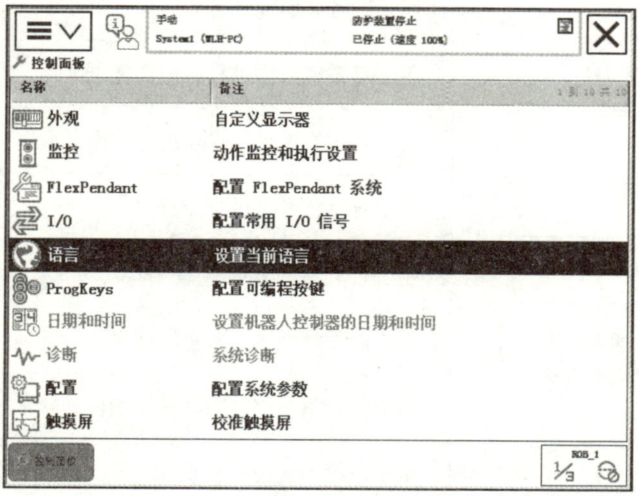	点击【语言】

续表 3.4

序号	图片示例	说明
3	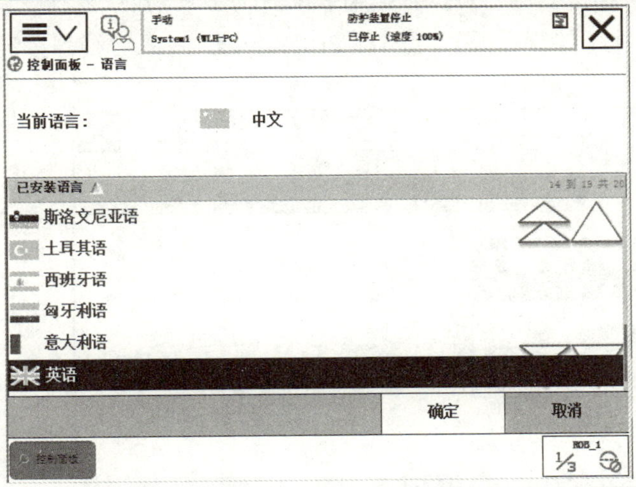	选择需要的语言，点击【确定】
4	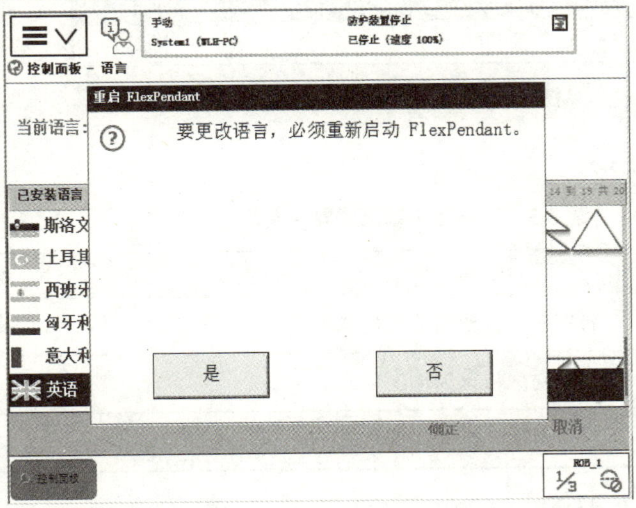	在弹出的【重启】对话框中，点击【是】
5	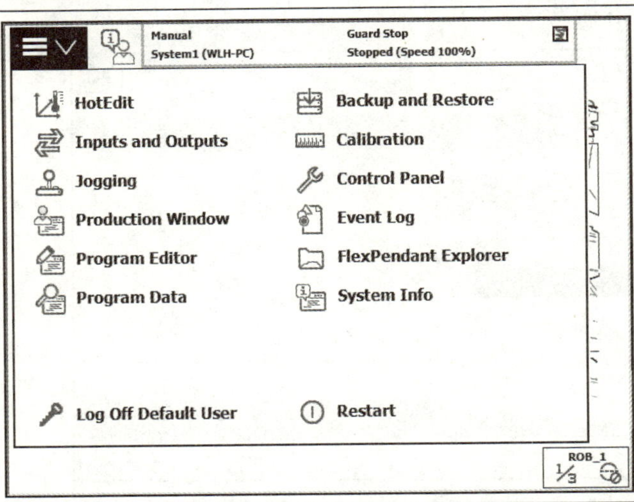	重启完成后，示教器语言完成修改

3.3.2 预留功能键设置

示教器预留了 4 个可编程控制键，可以根据需要配置为多种功能，实现对 I/O 操作等功能。点击【主菜单】，选择【控制面板】，点击【ProgKeys】，进入可编程按键配置界面，如图 3.7 所示。

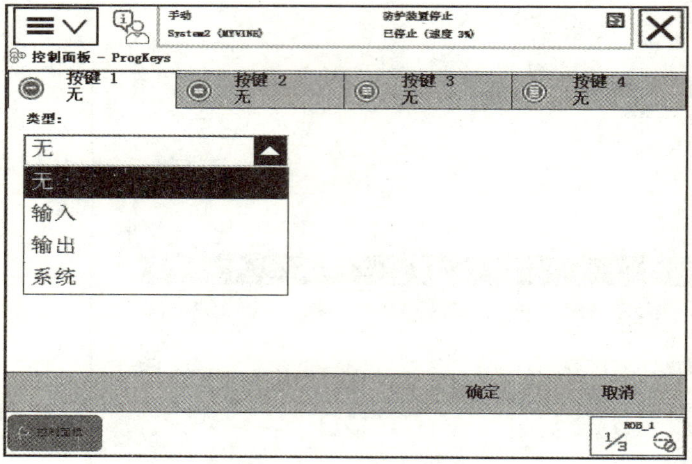

图 3.7 可编程按键配置界面

图 3.7 中各项说明见表 3.5。

表 3.5 可编程按键配置界面说明

序号	功能	说明
1	输入	设定对应按键为输入功能
2	输出	设定对应按键为输出功能
3	系统	设定对应按键为系统功能

表 3.5 中输出功能配置界面如图 3.8 所示。

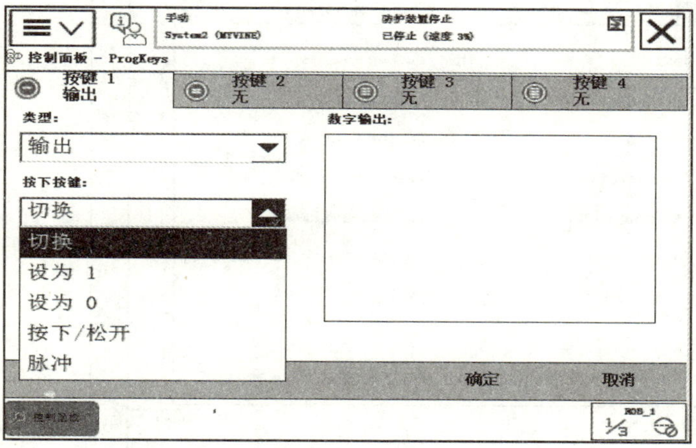

图 3.8 输出功能配置界面

图 3.8 中各项说明见表 3.6。

表 3.6　输出功能配置界面各项说明

序号	功能	说明
1	切换	设定输出值为 0，1 交替
2	设为 1	设定输出值为 1
3	设为 0	设定输出值为 0
4	按下/松开	设定按下为 1，松开为 0
5	脉冲	设定为输出一个脉冲

3.3.3　校准触摸屏

如果触摸屏出现点击错位，就需要进行触摸屏校准。在校准的过程中需要准确地点击校准点，以达到满意结果，操作步骤见表 3.7。

表 3.7　校准触摸屏操作步骤

序号	图片示例	说明
1	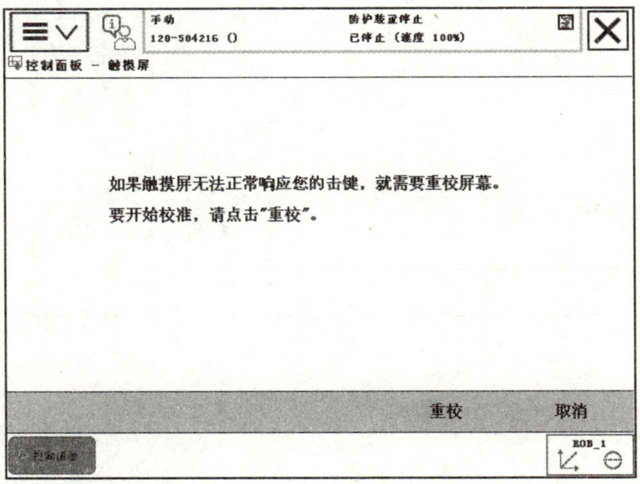	点击【主菜单】，选择【控制面板】，点击【触摸屏】，进入触摸屏校准界面，点击【重校】

续表 3.7

序号	图片示例	说明
2	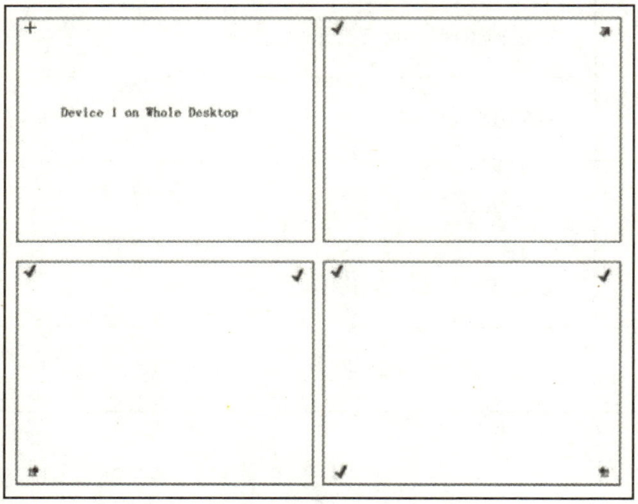	根据提示完成 4 个点校准
3	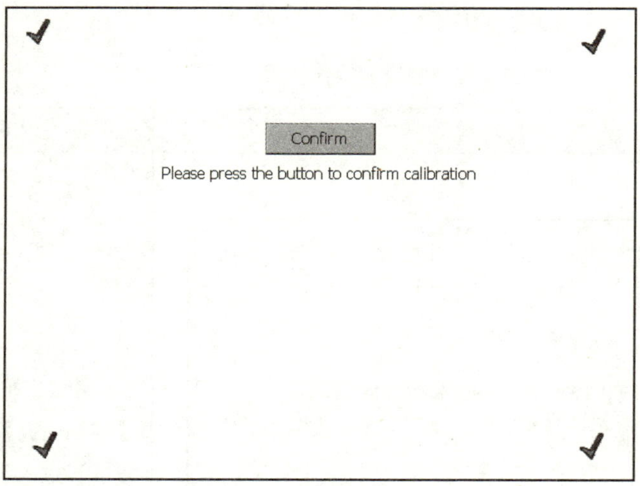	点击【confirm】确认校准结果

3.3.4　锁定屏幕

当需要防止触摸屏误操作时，可通过触摸屏锁定功能实现，操作步骤见表 3.8。

表 3.8　锁定屏幕操作步骤

<table>
<tr><th>序号</th><th>图片示例</th><th>说明</th></tr>
<tr><td>1</td><td>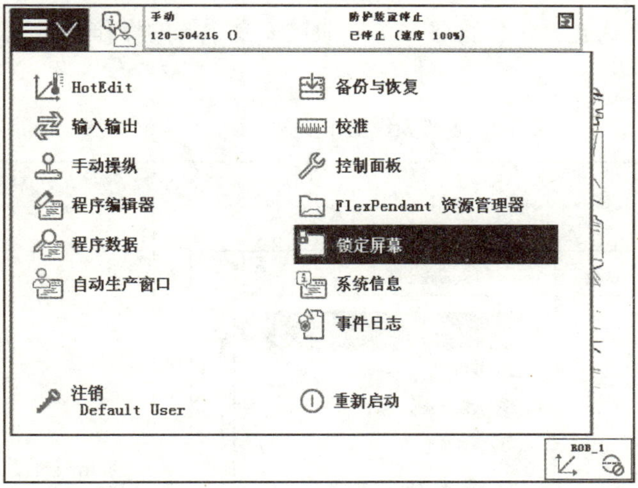
</td><td>点击【主菜单】，点击【锁定屏幕】</td></tr>
<tr><td>2</td><td>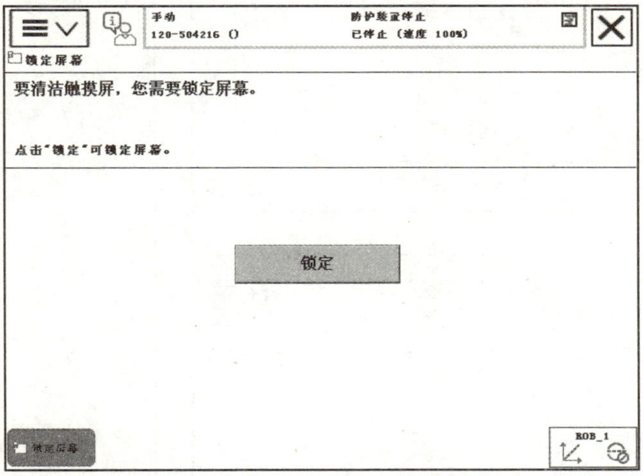
</td><td>点击【锁定】</td></tr>
<tr><td>3</td><td>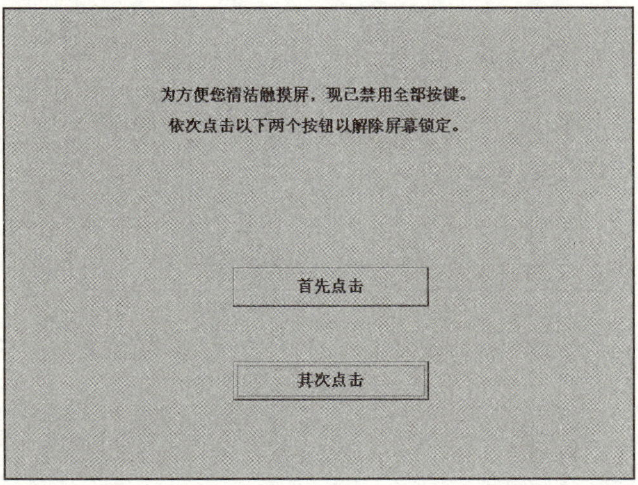
</td><td>解除锁定方法如下：点击【首先点击】，点击【其次点击】</td></tr>
</table>

3.3.5　系统备份与恢复

当完成机器人调试工作后，需要对程序进行备份处理，以方便后续维护。当机器人出现问题时，需要返回到机器人正常工作程序，可以通过恢复系统的操作来实现。

备份系统操作步骤见表 3.9。

表 3.9　备份系统操作步骤

序号	图片示例	说明
1	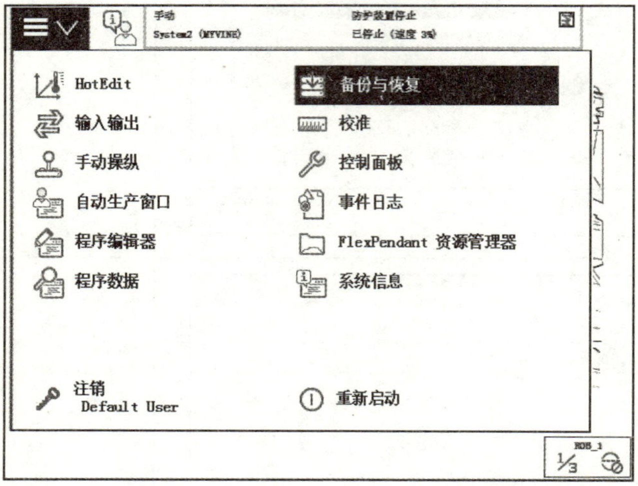	点击【主菜单】，选择【备份与恢复】
2	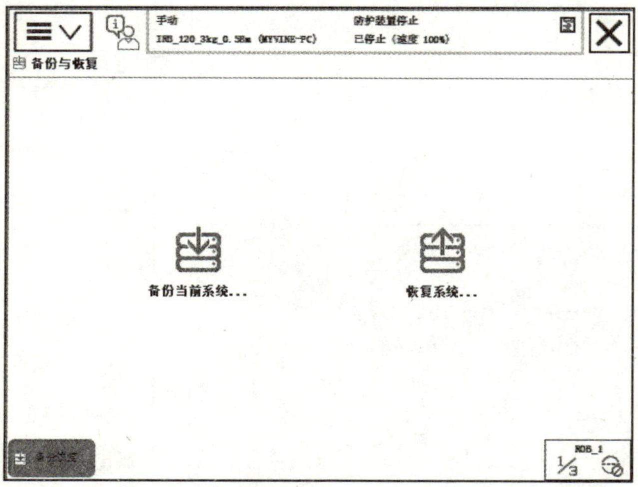	点击【备份当前系统】

续表 3.9

序号	图片示例	说明
3	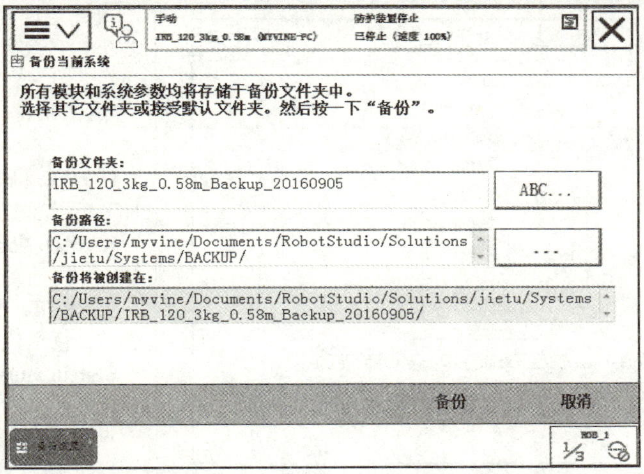	点击【备份】，备份完成返回上一界面

恢复系统操作步骤见表 3.10。

表 3.10 恢复系统操作步骤

序号	图片示例	说明
1	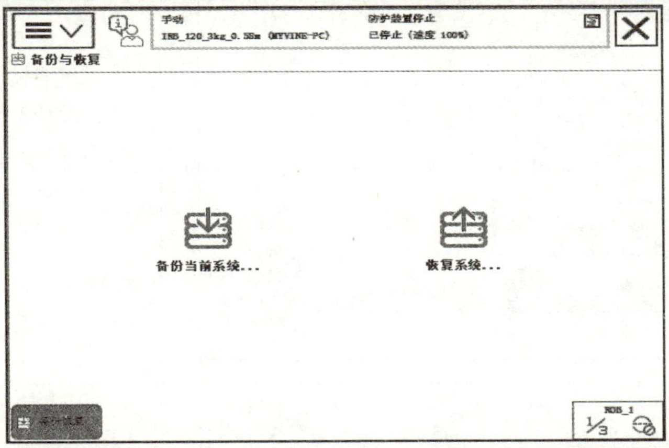	点击【主菜单】，选择【备份与恢复】，选择【恢复系统】
2	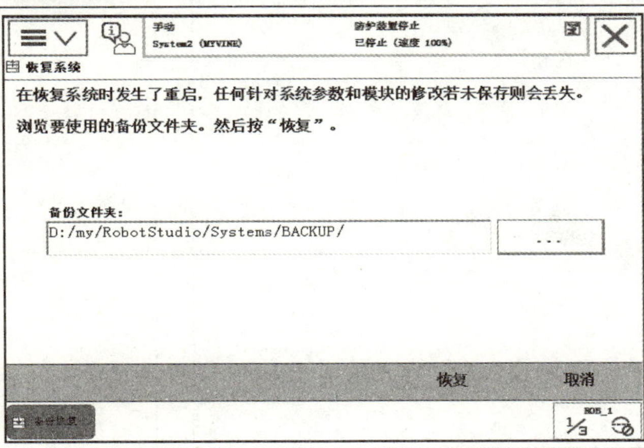	点击【...】，选择要恢复的系统备份文件夹

续表 3.10

<table>
<tr><th>序号</th><th>图片示例</th><th>说明</th></tr>
<tr><td>3</td><td>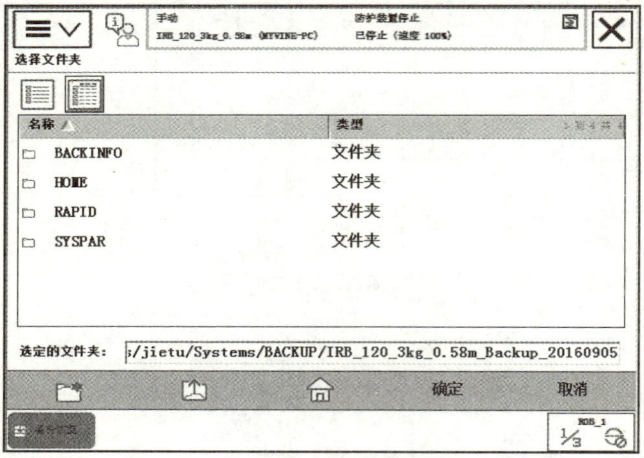
</td><td>找到要恢复的系统文件夹，各文件夹含义如下：
BACKINFO：备份信息
HOME: 机器人硬盘上 HOME 文件夹
RAPID: 机器人程序代码
SYSPAR: 机器人配置参数，包含 I/O 配置文件
System.xml: 机器人系统信息
点击【确定】，返回上一界面，点击【恢复】</td></tr>
<tr><td>4</td><td>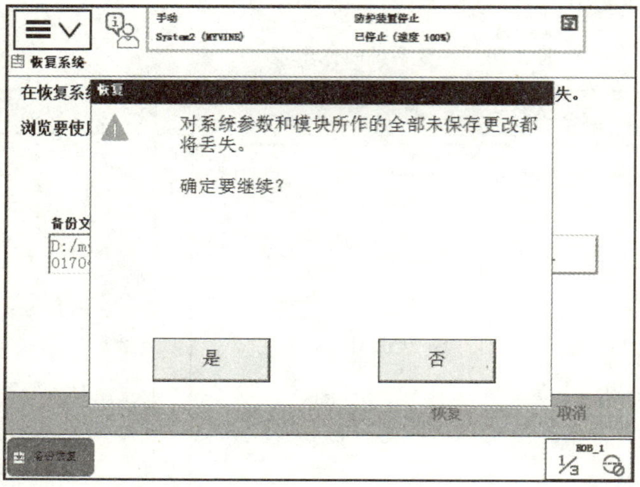
</td><td>点击【是】，控制器即对所选择的系统进行恢复</td></tr>
<tr><td>5</td><td>
</td><td>等待系统恢复完成，机器人将重新启动，等待系统重启完成</td></tr>
</table>

3.4　本章小节

掌握机器人的应用，熟练地使用示教器必不可少。本章针对机器人示教器做了重点介绍，为后续课程的手动操纵及编程调试奠定基础。首先介绍了示教器的结构，对各按键及手持方法进行了讲解；其次介绍了示教器的界面，对主界面及主菜单进行了讲解；最后介绍了示教器的常用操作，以方便读者真正熟悉示教器的使用。

思考题

1. 简述示教器主界面所包含内容及其功能。
2. 简述示教器各个实体按键的功能。
3. 如何备份系统和恢复系统？
4. 如何切换示教器语言？

第4章 机器人操作

4.1 工业机器人基本概念

4.1.1 工作模式

ABB 机器人工作模式分为手动模式和自动模式两种。

手动模式：主要用于调试人员进行系统参数设置、备份与恢复、程序编辑调试等操作，在手动减速模式下，运动速度限制在 250 mm/s 以下，要激活电机上电，必须按下使动按钮。

※ 工业机器人基本概念

自动模式：主要用于工业自动化生产作业，此时机器人使用现场总线或者系统 I/O 与外部设备进行信息交互，可以由外部设备控制运行。

机器人工作模式通过控制器面板上的切换开关进行切换，如图 4.1 所示。示教器状态栏显示当前工作模式。

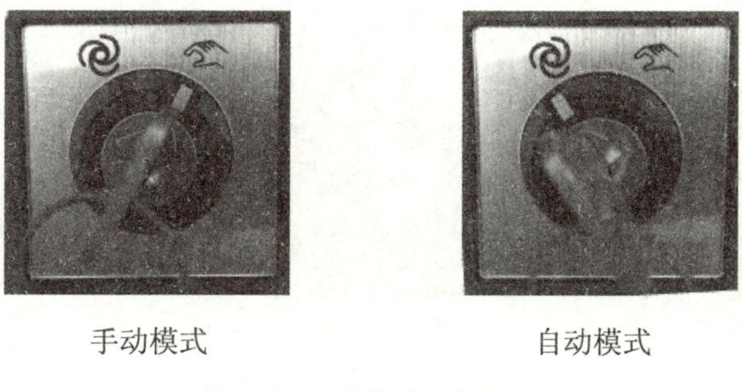

手动模式　　　　自动模式

图 4.1　工作模式切换开关

4.1.2 动作模式

1. 动作模式的分类

动作模式用于描述手动操纵时机器人的运动方式，动作模式分为 3 种，见表 4.1。

表 4.1　动作模式的分类

序号	图例	说明
1	 	**单轴运动：**用于控制机器人各轴单独运动，方便调整机器人的位姿
2		**线性运动：**用于控制机器人在选择的坐标系空间中进行直线运动，便于调整机器人的位置
3		**重定位运动：**用于控制机器人绕选定的工具 TCP 进行旋转，便于调整机器人的姿态

2. 动作模式的切换方式

动作模式有 3 种切换方式，见表 4.2。

表 4.2　动作模式的切换方式

序号	图片示例	说明
1	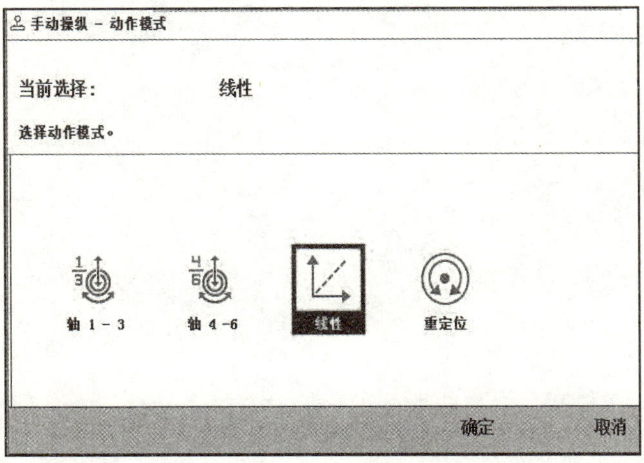	通过手动操纵界面下的动作模式选择界面进行切换

续表 4.2

序号	图片示例	说明
2	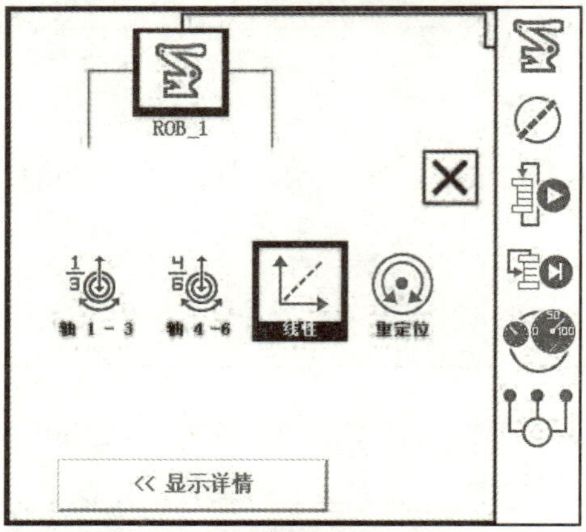	通过快速设置菜单中机械单元下的动作模式界面切换
3		通过示教器上的动作模式切换按键进行快速切换

4.1.3 运动参考坐标系

1. 空间直角坐标系

空间直角坐标系是以一个固定点为原点 O，过原点作三条互相垂直且具有相同单位长度的数轴所建立起的坐标系。三条数轴分别称为 X 轴、Y 轴和 Z 轴，统称为坐标轴。按照各轴之间的顺序不同，空间直角坐标系分为左手坐标系和右手坐标系，机器人系统中使用的坐标系为右手坐标系，即右手食指指向 X 轴的正方向，中指指向 Y 轴的正方向，拇指指向 Z 轴的正方向，如图 4.2 所示。

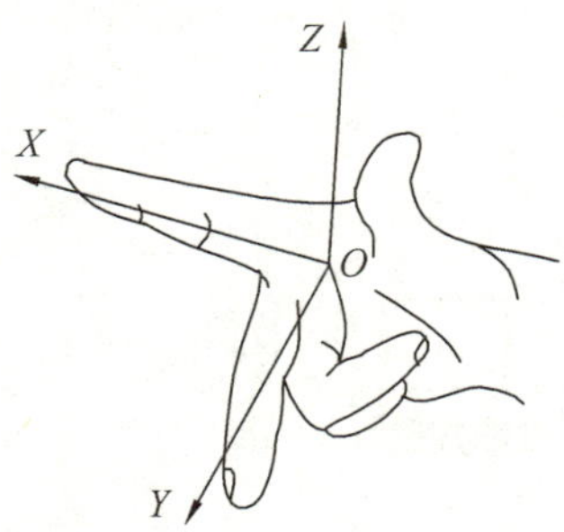

图 4.2　空间右手坐标系

2. 坐标系分类

机器人系统中存在多种坐标系，分别适用于特定类型的移动和控制。各坐标系含义见表 4.3。

表 4.3　各坐标系含义

序号	图片示例	说明
1		**大地坐标系：**大地坐标系可定义机器人单元，所有其他的坐标系均与大地坐标系直接或间接相关，适用于手动控制及处理具有若干机器人或外轴移动机器人的工作站和工作单元
2		**基坐标系：**在机器人基座中确定相应的零点，使得固定安装的机器人移动具有可预测性，因此最方便机器人从一个位置移动到另一个位置
3		**工具坐标系：**工具坐标系是以机器人法兰盘所装工具的有效方向为 Z 轴，以工具尖端点作为原点所得的坐标系，方便调试人员调整机器人位姿
4		**工件坐标系：**工件坐标系定义了工件相对于大地坐标系（或其他坐标系）的位置，方便调试人员调试编程

4.2　手动操纵

4.2.1　手动操纵界面

通过示教器手动操纵界面可以查看机器人当前位置和姿态，查看当前操纵杆方向以及选择机器人操作相关参数。点击示教器【主菜单】下的【手动操纵】菜单，进入手动操纵界面，如图 4.3 所示。

❈ 机器人手动操纵

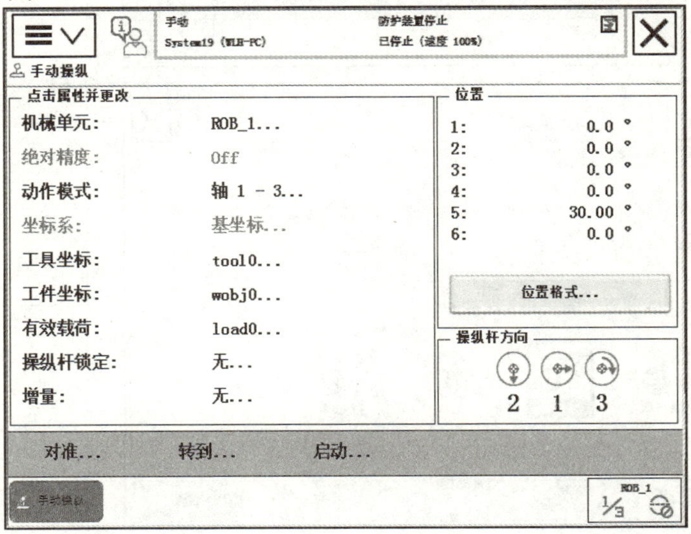

图 4.3　手动操纵界面

其属性含义见表 4.4。

表 4.4　手动操纵界面的属性含义

序号	图片示例	说明
1	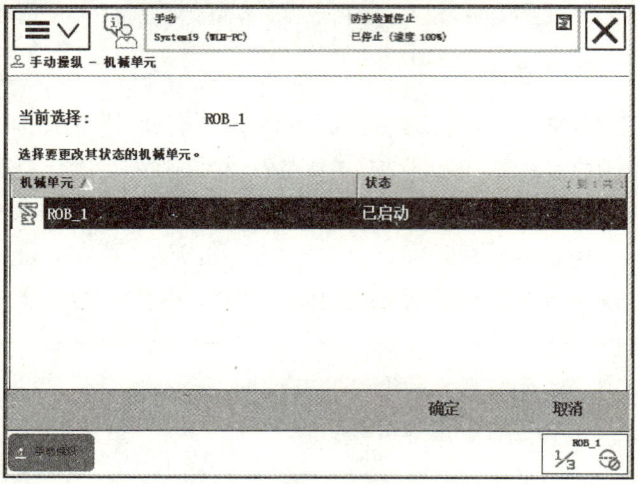	**机械单元**：机器人系统可能由一个以上的机器人组成，同时也可能包含附加轴等机械单元，可通过该选项进行选择切换，默认情况下，机械单元为“ROB_1”
2	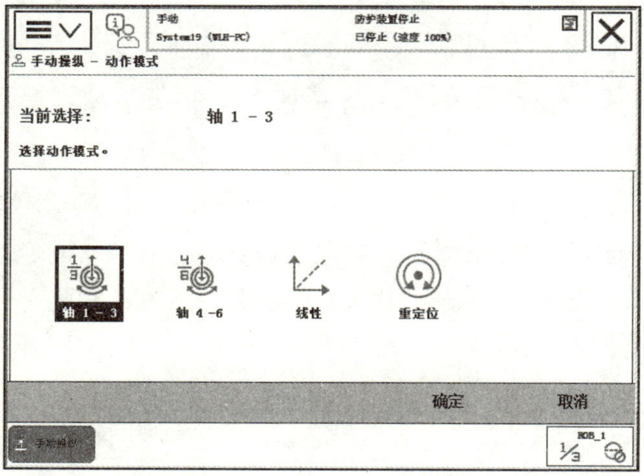	**动作模式**：ABB 机器人动作模式分为三种，分别为单轴运动模式、线性运动模式和重定位运动模式。其中单轴运动模式包含轴 1-3、轴 4-6 两项
3	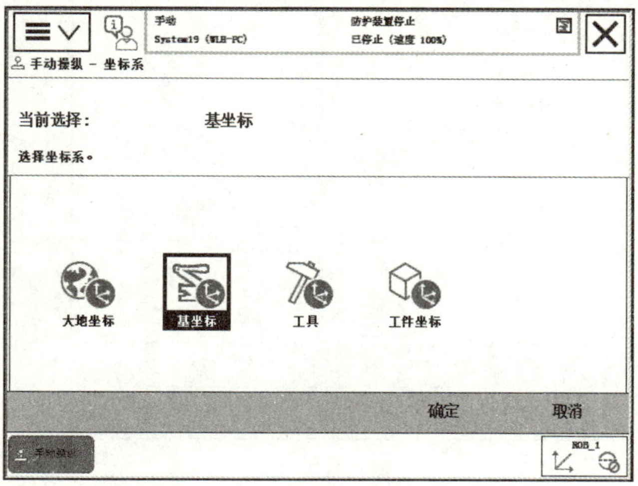	**坐标系**：选择机器人当前的运动参考坐标系，仅在“线性”和“重定位”运动模式下有效

续表 4.4

序号	图片示例	说明
4	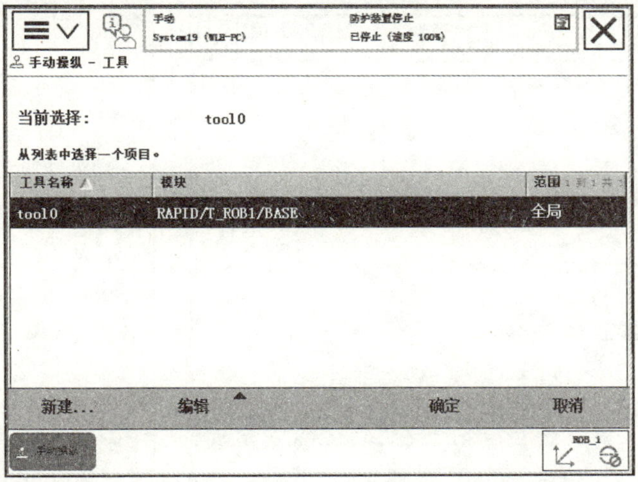	**工具坐标**：选择或定义机器人当前使用的工具坐标数据
5	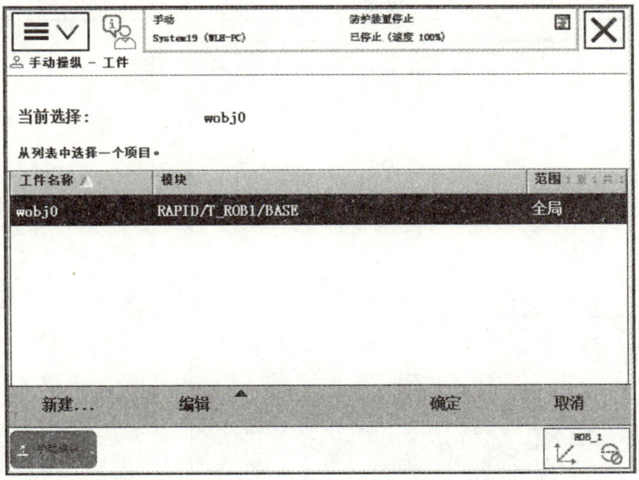	**工件坐标**：选择或定义机器人当前使用的工件坐标数据
6	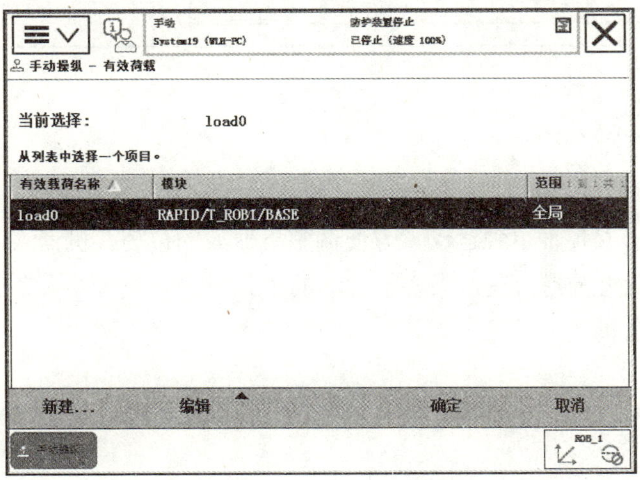	**有效载荷**：选择或定义机器人当前使用的有效载荷数据

续表 4.4

序号	图片示例	说明
7	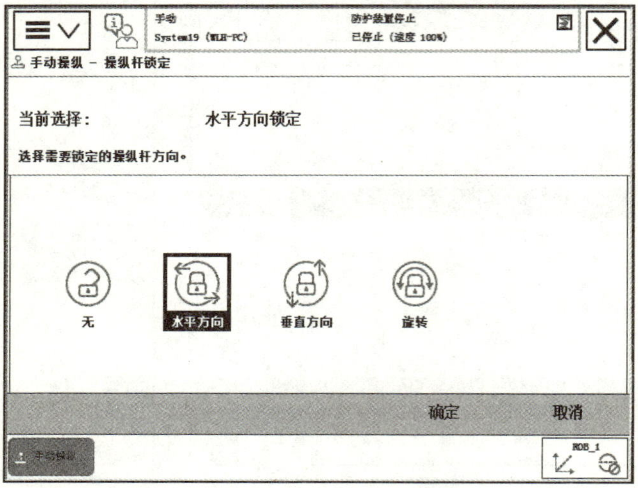	**操纵杆锁定**：选择并锁定控制杆的特定方向，从而阻止一个或多个轴运动，可以多项选择
8	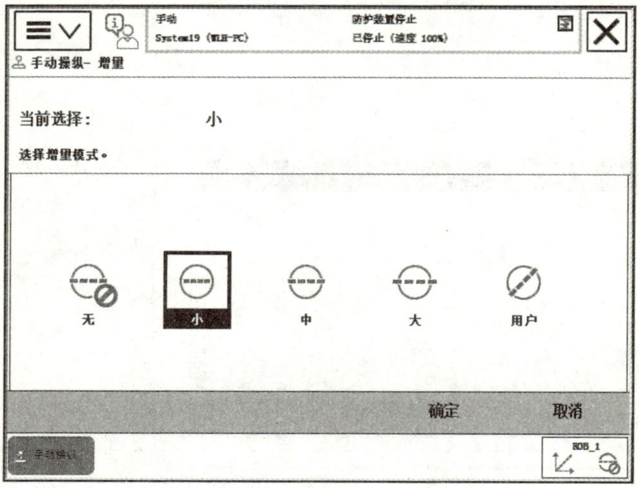	**增量**：选择或取消机器人的增量移动模式。在增量模式下，控制杆每偏转一次，机器人移动一步，当控制杆偏转持续一秒钟或数秒钟时，机器人将会以 10 步/s 的速率持续运动

4.2.2 手动操纵机器人

1. 单轴运动

单轴运动用于控制机器人各轴单独运动，方便调整机器人的位姿。机器人各轴分布情况，如图 4.4 所示。图中箭头所指为机器人各轴运动的正方向，熟记机器人各轴运动方向有助于更加安全高效地操纵机器人。

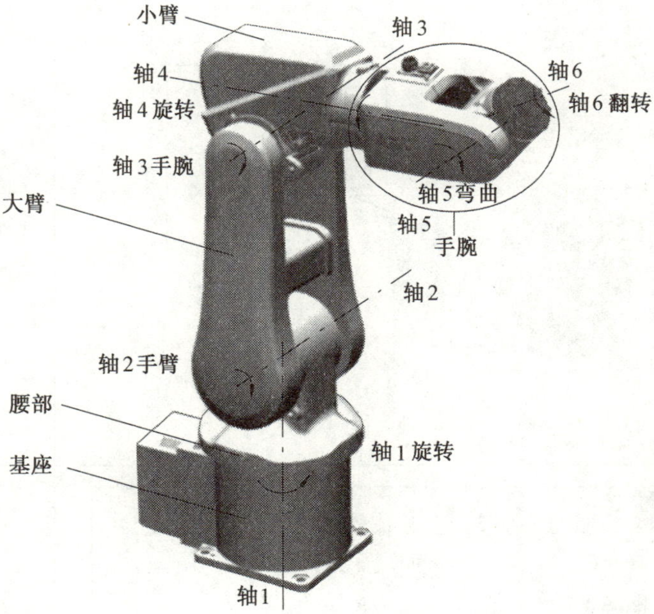

图 4.4 机器人各轴运动方向

在单轴运动模式下，手动操纵界面中可以以度数或者弧度方式显示关节角度，如图 4.5 所示。可以通过点击【位置格式...】进入位置格式界面切换显示方式。

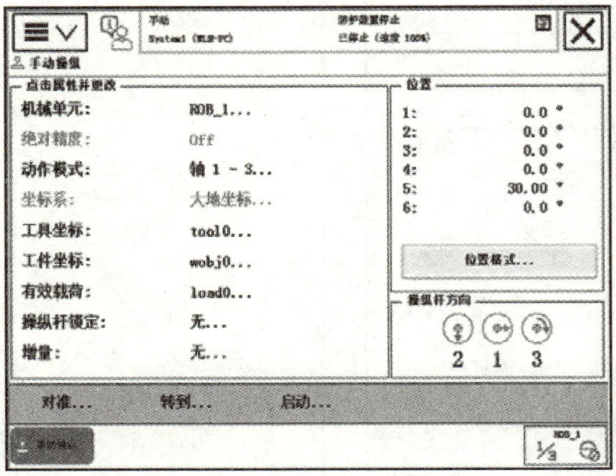

（a）度数方式显示界面

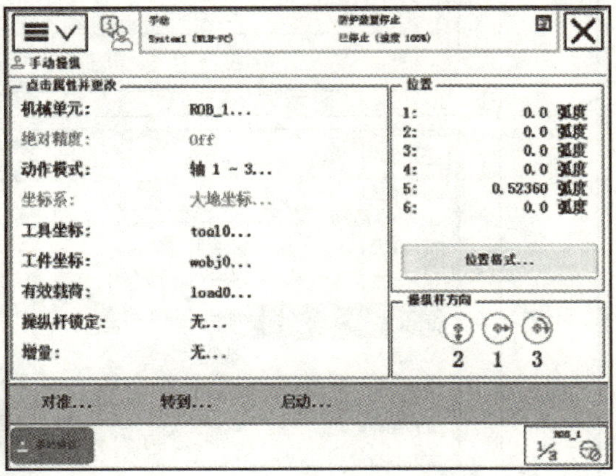

（b）弧度方式显示界面

图 4.5 度数显示方式

机器人单轴运动的操作步骤见表 4.5。

表 4.5　机器人单轴运动的操作步骤

序号	图片示例	操作步骤
1	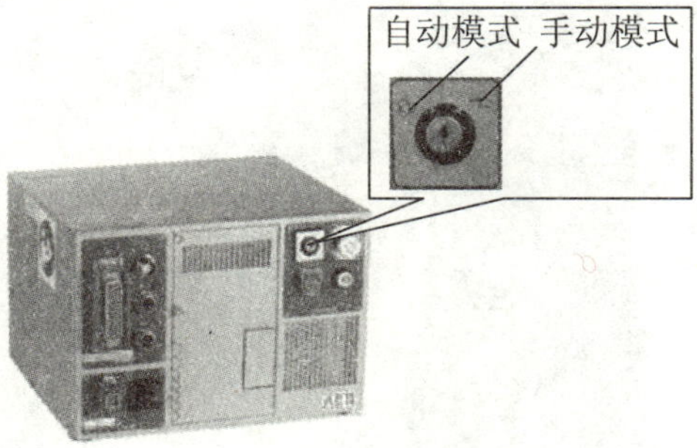	将控制器上的【模式选择】旋钮切换至“手动模式”
2	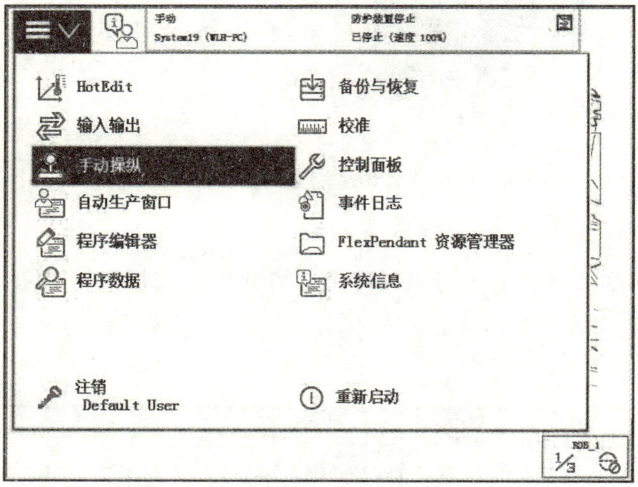	点击【主菜单】下【手动操纵】按钮
3	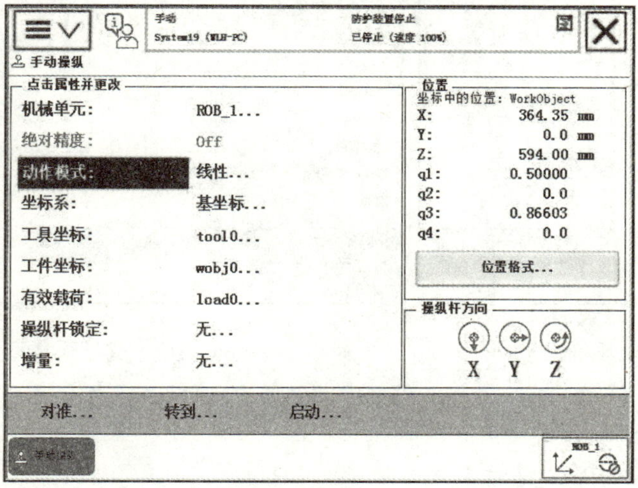	点击【动作模式】

续表 4.5

序号	图片示例	操作步骤
4	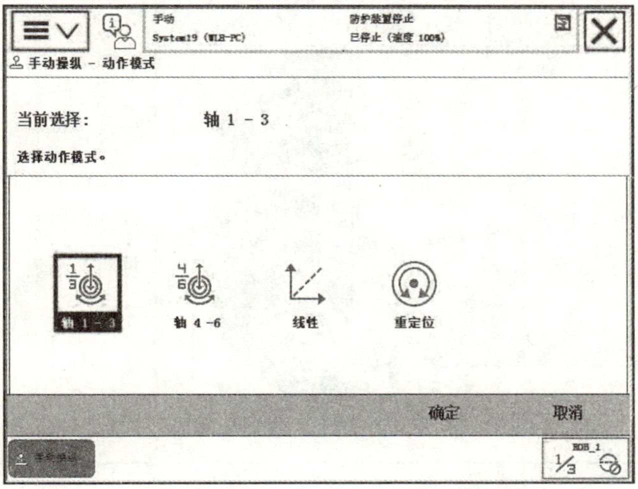	点击【轴 1-3】，点击【确定】
5	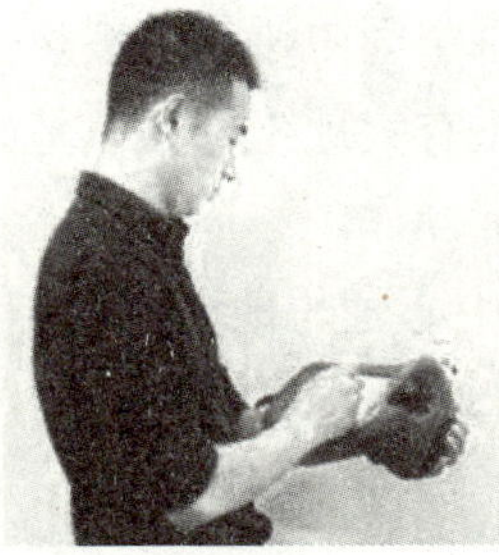	半按住示教器背面的【使能按钮】
6	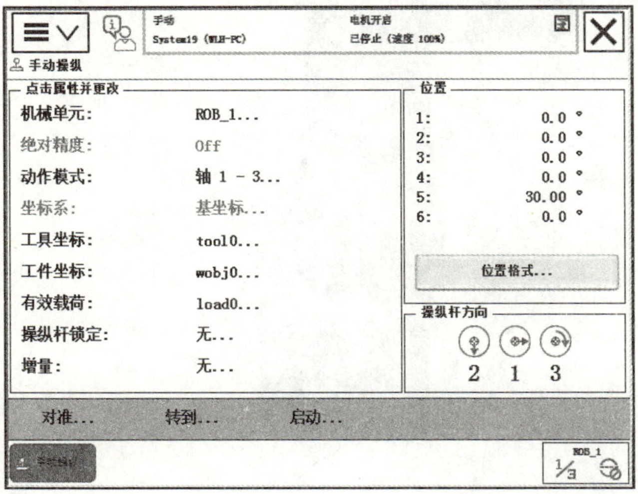	示教器状态栏显示“电机开启”

续表 4.5

<table>
<tr><th>序号</th><th>图片示例</th><th>操作步骤</th></tr>
<tr><td>7</td><td>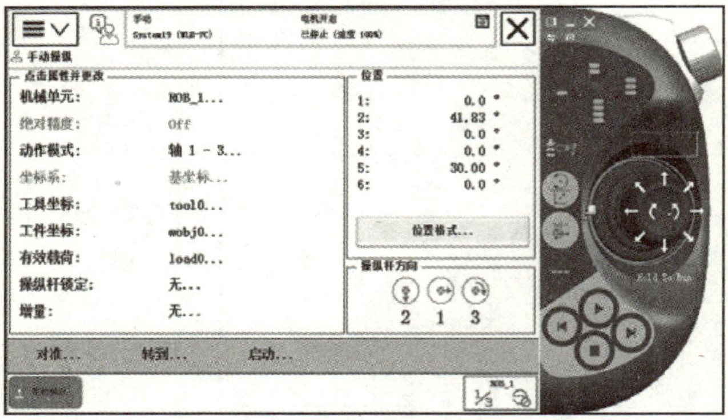
</td><td>分别按照操纵杆方向指示栏中所指示的方向移动操纵杆，机器人各轴将会沿着对应的方向运动</td></tr>
</table>

2. 线性运动

线性运动用于控制机器人在对应坐标系空间中进行直线运动，便于操作者定位。ABB 机器人在线性运动模式下可以参考的坐标系有大地坐标系、基坐标系、工具坐标系和工件坐标系四种，本节课程以基坐标系为例进行操作。

ABB 机器人基坐标系原点位于底座的中心轴与地面的交点处，当机器人水平安装且各轴角度均为 0° 时，朝向第六轴中心线的方向即为 X 轴正方向，竖直向上为 Z 轴正方向，使用右手定则即可确定机器人 Y 轴正方向，如图 4.6 所示。

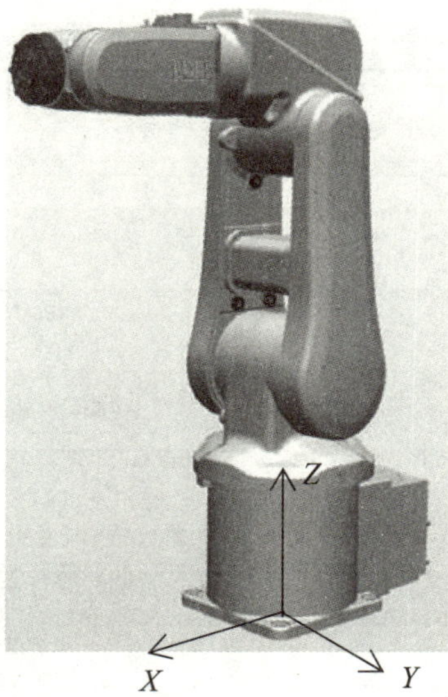

图 4.6　IRB 120 基坐标系方向

在正常配置的机器人系统中，当操作人员站在机器人的正前方面对机器时，使用基坐标系微动控制机器人，操纵杆平移方向与机器人 TCP 实际移动方向相同，即将操纵杆拉向自己时，机器人将沿 X 轴正向移动，向两侧移动操纵杆时，机器人将沿 Y 轴移动。基本操作步骤见表 4.6。

表 4.6 线性模式操作步骤

序号	图片示例	操作步骤
1	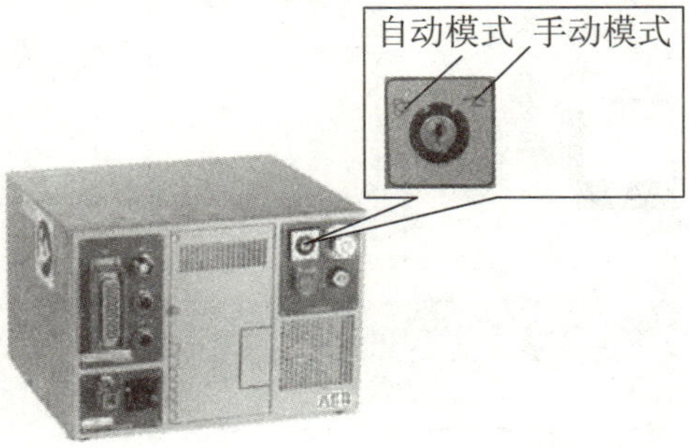	将控制器上的【模式选择】旋钮切换至“手动模式”
2	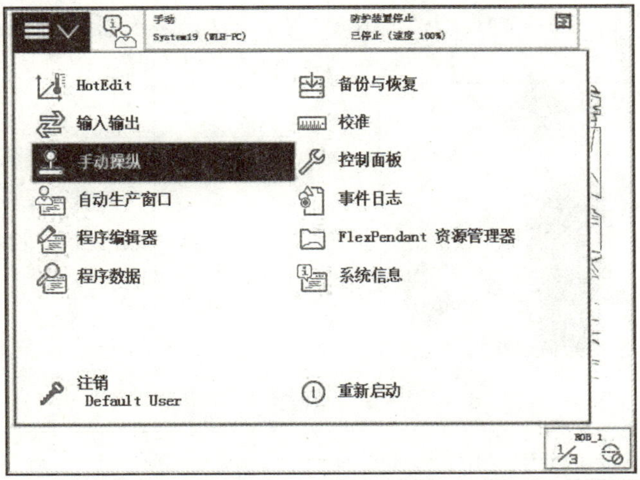	点击【主菜单】下【手动操纵】按钮
3	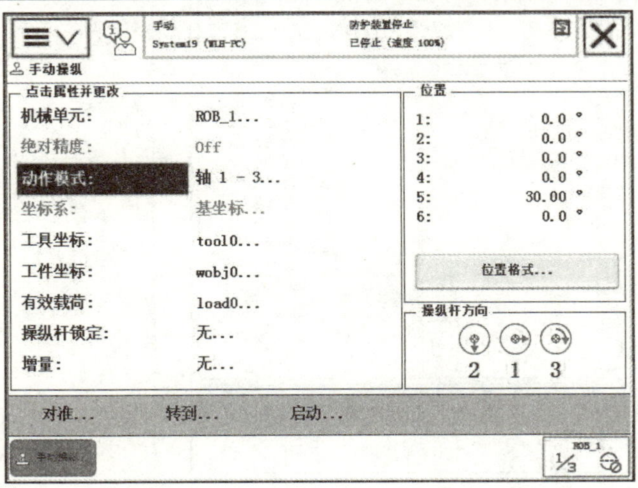	点击【动作模式】

续表 4.6

序号	图片示例	操作步骤
4	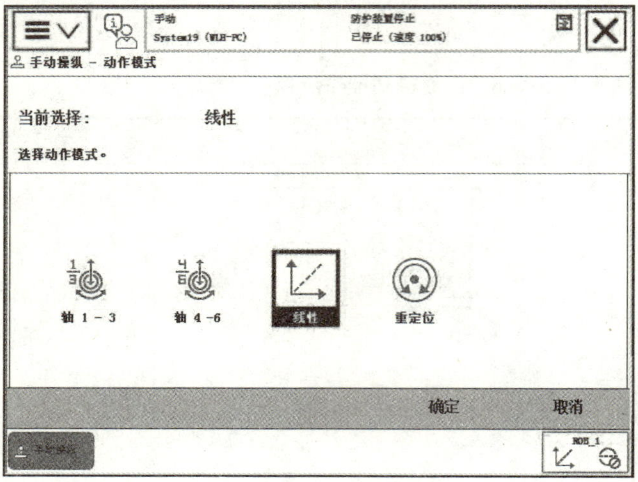	点击【线性】，点击【确定】
5	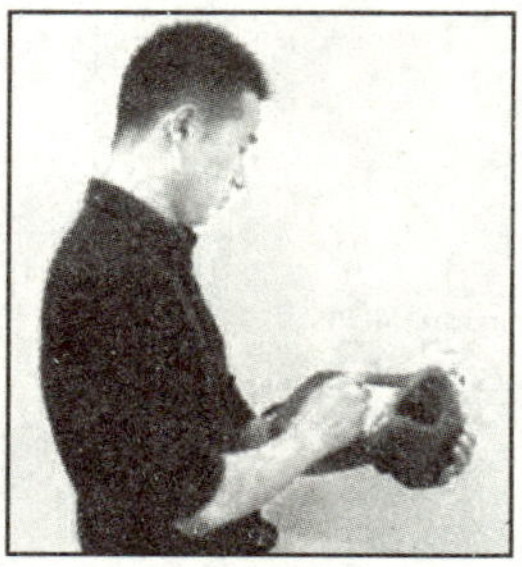	半按住示教器背面的【使能按钮】
6	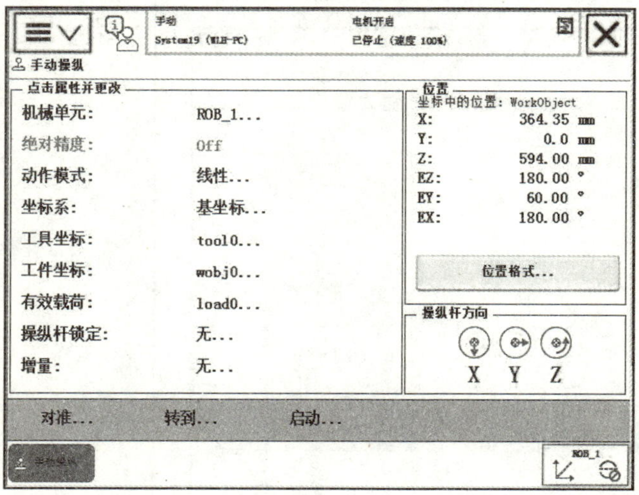	示教器状态栏显示“电机开启”

续表 4.6

序号	图片示例	操作步骤
7	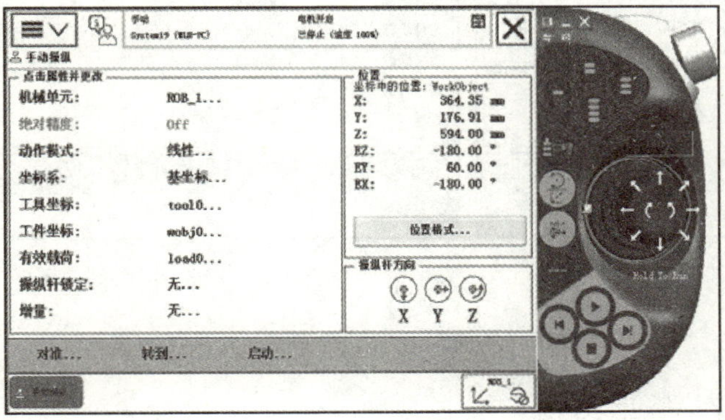	分别按照操纵杆方向指示栏中所指示的方向移动操纵杆，机器人将会沿着对应的方向运动

3. 重定位运动

重定位运动即机器人选定的机器人工具 TCP 绕着对应工具坐标系进行旋转运动，在运动时机器人工具 TCP 位置保持不变，姿态发生变化，因此用于对机器人姿态的调整，如图 4.7 所示。

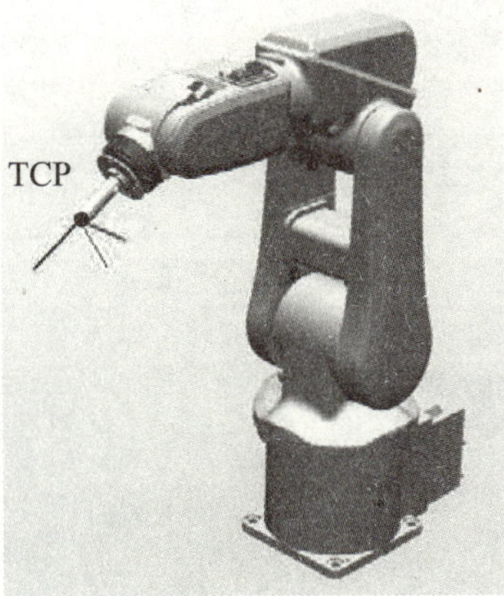

图 4.7　机器人工具 TCP

在线性及重定位运动模式下，手动操纵界面中可以四元数或者欧拉角方式显示机器人 TCP 姿态，如图 4.8 所示。可以通过点击【位置格式...】进入位置格式界面切换显示方式。

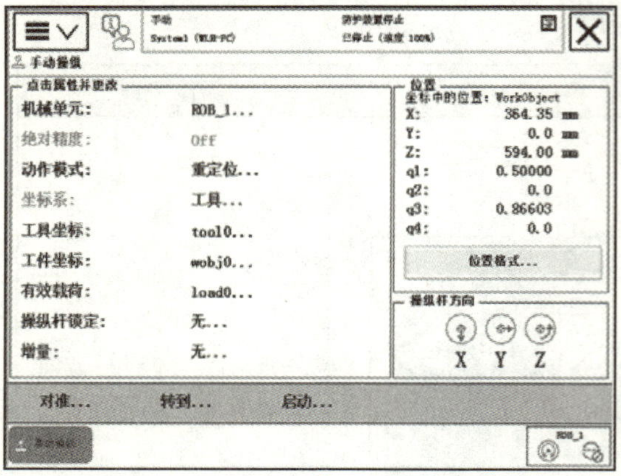

（a）度数方式显示界面

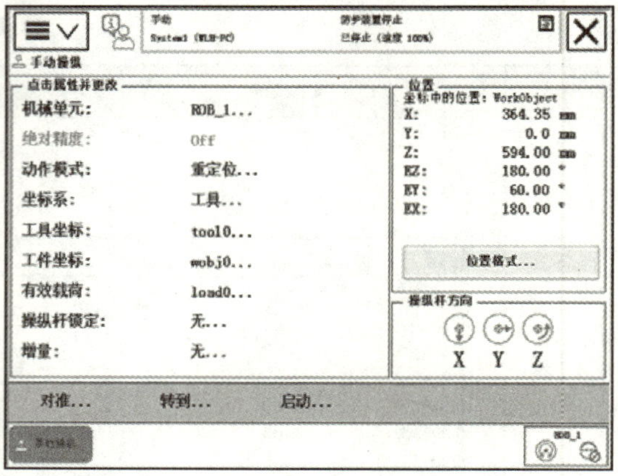

（b）弧度方式显示界面

图 4.8　姿态显示方式

机器人重定位运动操作步骤见表 4.7。

表 4.7　重定位运动操作步骤

序号	图片示例	操作步骤
1	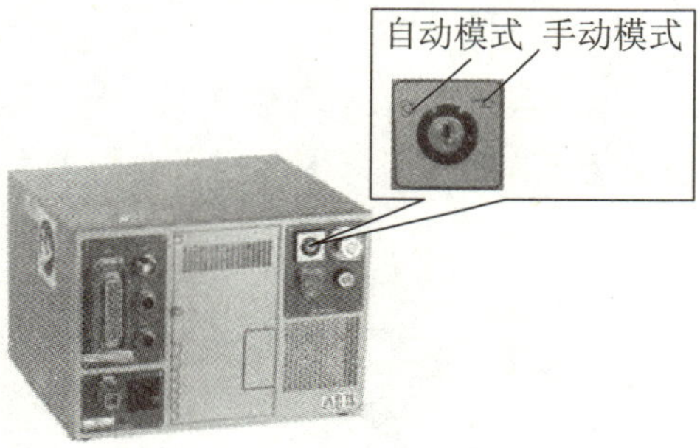	将控制器上的【模式选择】旋钮切换至“手动模式”
2	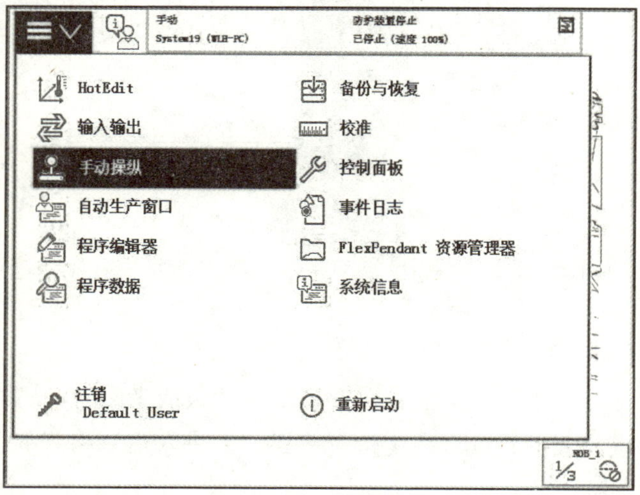	点击【主菜单】下【手动操纵】按钮

续表 4.7

序号	图片示例	操作步骤
3	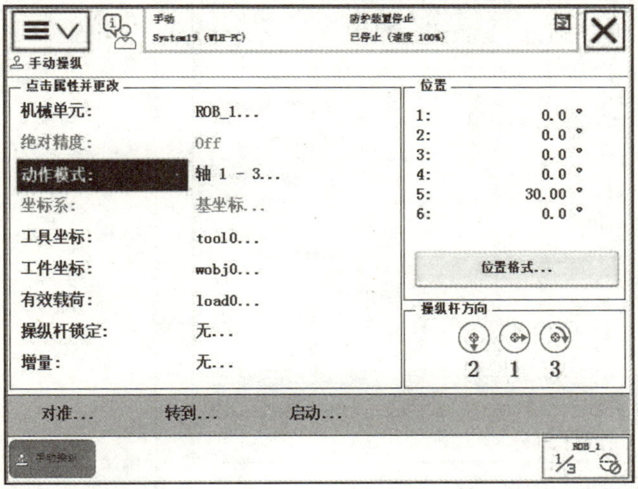	点击【动作模式】
4	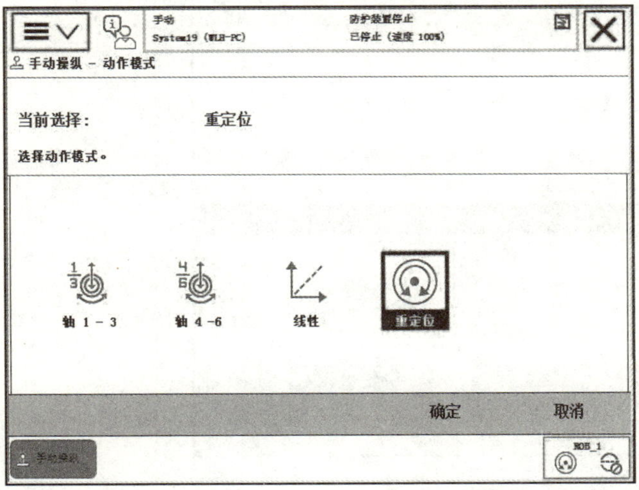	点击【重定位】，点击【确定】
5	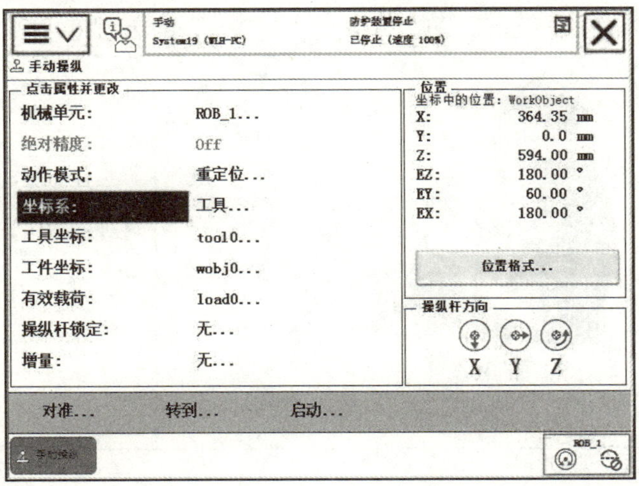	【坐标系】自动变为工具坐标

续表 4.7

序号	图片示例	操作步骤
6	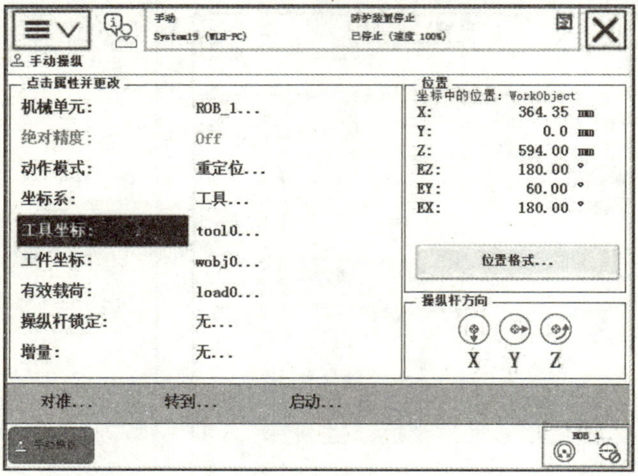	点击【工具坐标】
7	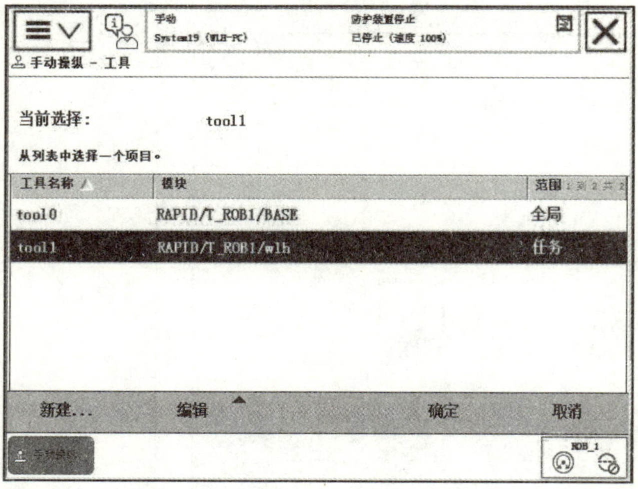	选择需要的工具坐标系，如“tool1”，点击【确定】
8	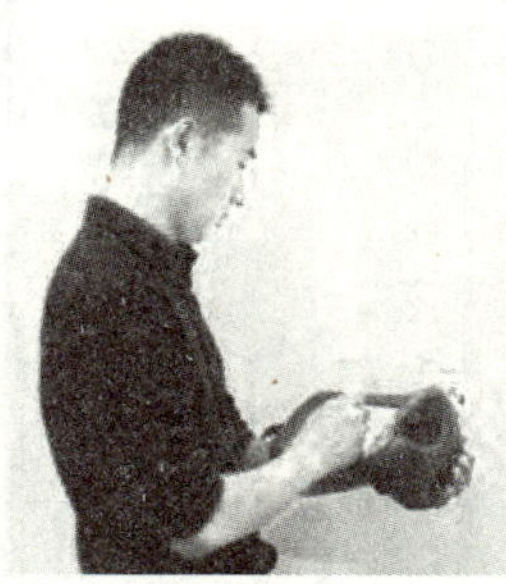	半按住示教器背面的【使能按钮】

续表 4.7

序号	图片示例	操作步骤
9	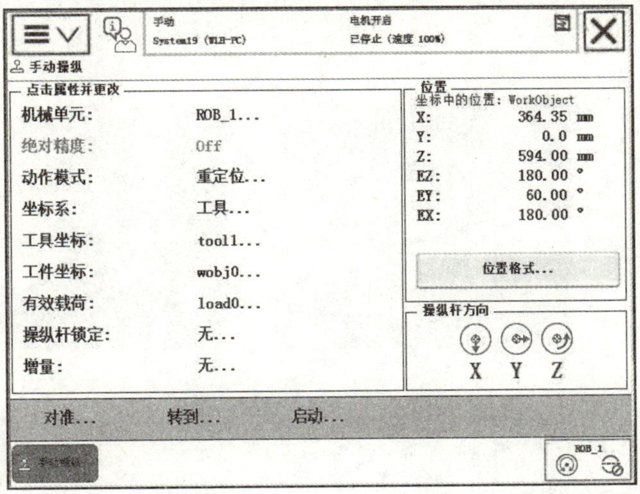	示教器状态栏显示“电机开启”
10	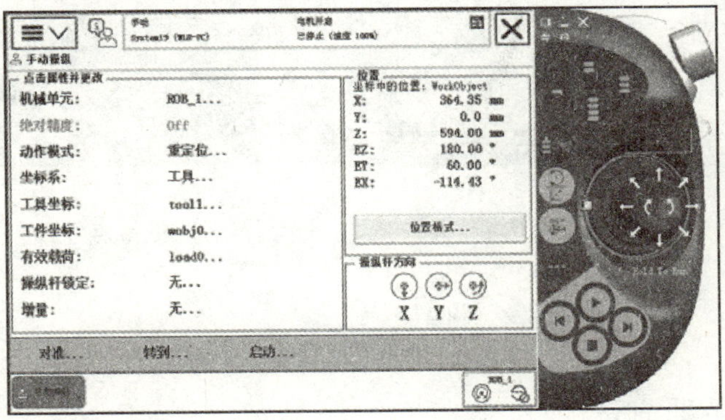	分别按照操纵杆方向指示栏中所指示的方向移动操纵杆，机器人将会沿着对应的方向运动

4.3 转数计数器更新

4.3.1 转数计数器更新意义

使控制器里的内部位置数据和电机编码器反馈的数据保持一致。只有在两者数据一致的情况下，才表示机器人是正常状态。

在以下几种情况下，机器人需要校准机械零点，执行转数计数器更新操作。

- 新购买机器人时，厂家未进行机器人零点校准。
- 电池电量不足，更换电池。
- 更换机器人本体或控制器。

※ 机器人零点校准

➢ 转数计数器数据丢失。

IRB 120 机器人本体的六个轴均有零点标记，如图 4.9 所示。手动将机器人各轴零点标记对准，记录当前转数计数器数据，控制器内部将自动计算出该轴的零点位置，并以此作为各轴的基准进行控制。

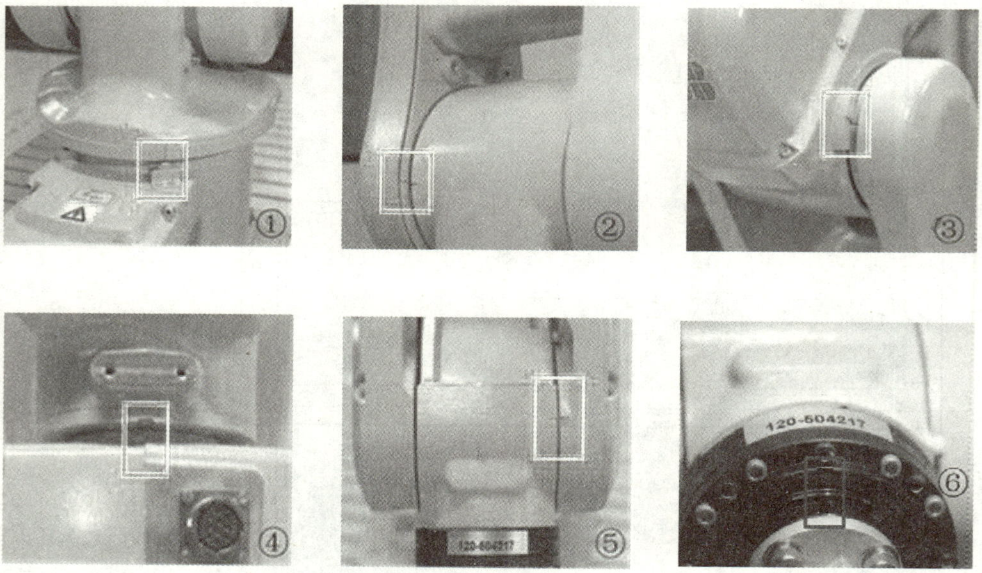

①～⑥分别对应 IRB 120 机器人轴 1～6，方框内显示对应轴机械零点位置

图 4.9　零点位置

4.3.2　转数计数器更新方法

转数计数器更新步骤见表 4.8。

表 4.8　转数计数器更新步骤

序号	图片示例	操作步骤
1	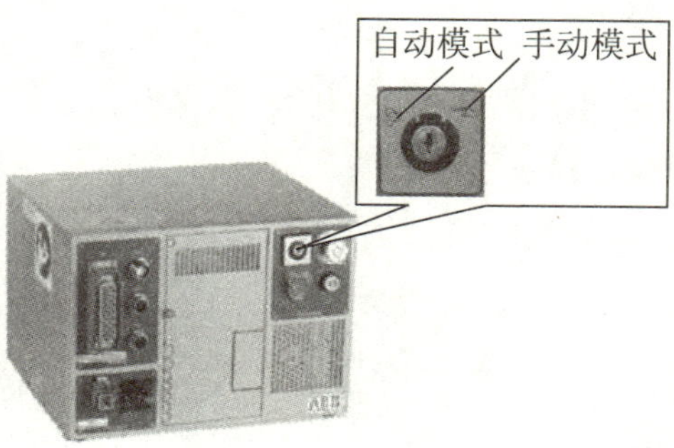	将控制器上的【模式选择】旋钮切换至“手动模式”

续表 4.8

序号	图片示例	操作步骤
2	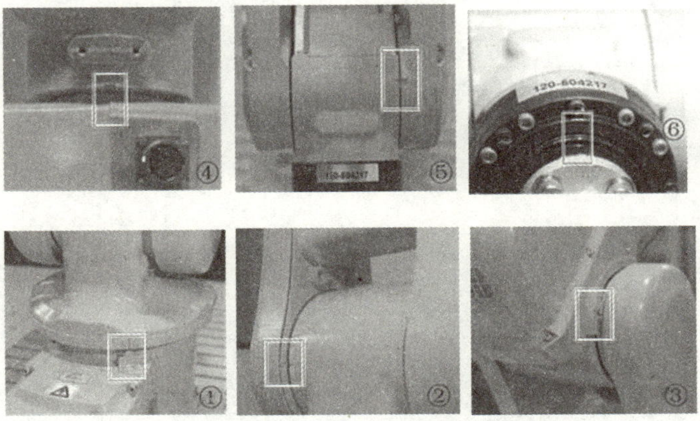	按照“轴 4～6”、“轴 1～3”的顺序分别将机器人各轴零点标记对准
3	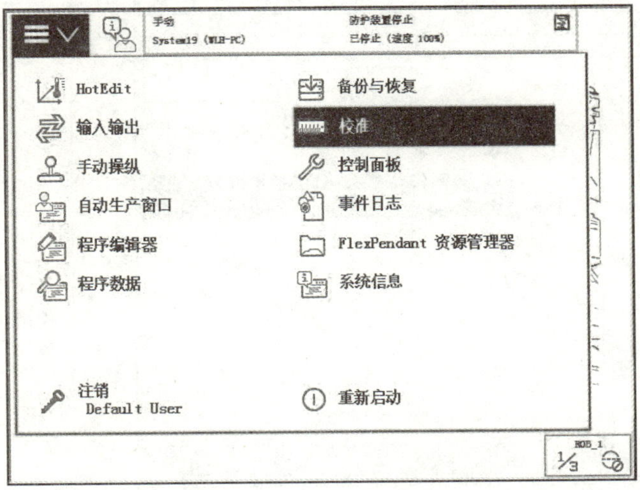	点击【主菜单】下【校准】按钮，进入“机械单元选择”界面
4	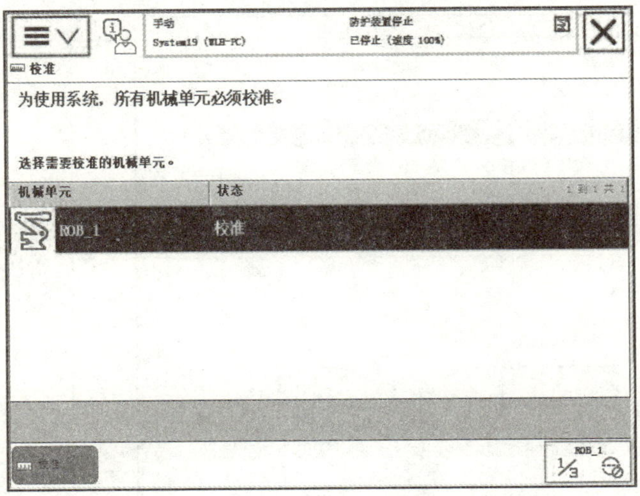	点击【ROB_1】机械单元

续表 4.8

序号	图片示例	操作步骤
5	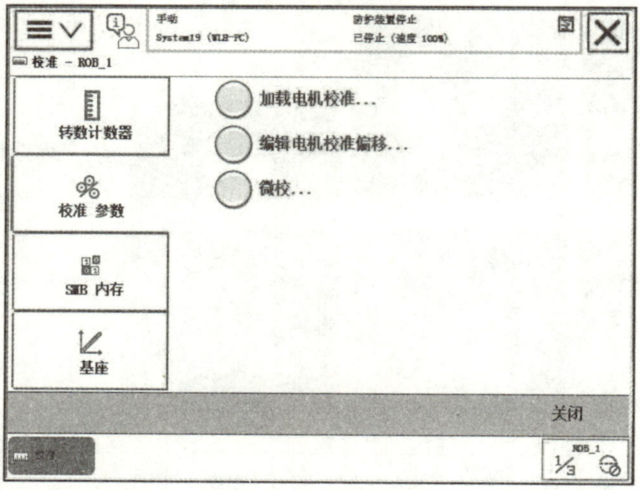	点击【校准 参数】选项
6	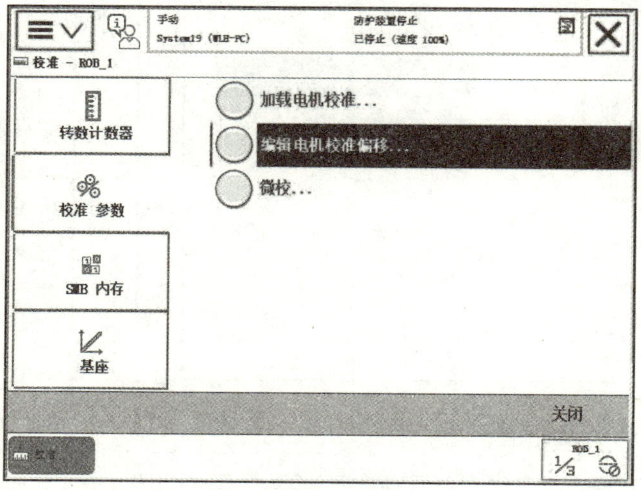	点击【编辑电机校准偏移...】
7	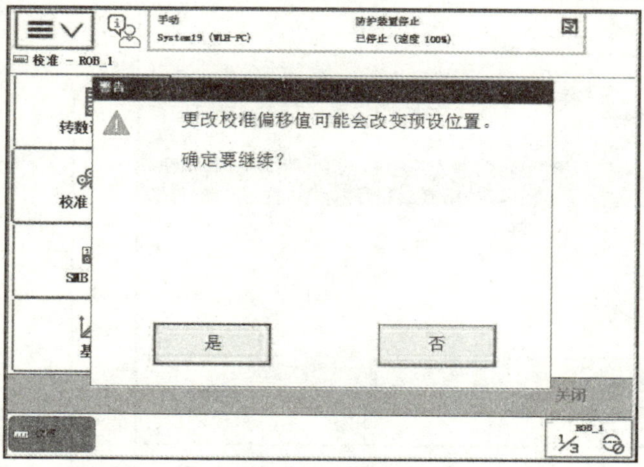	在弹出的警告窗口中点击【是】

续表 4.8

<table>
<tr><th>序号</th><th>图片示例</th><th>操作步骤</th></tr>
<tr><td>8</td><td>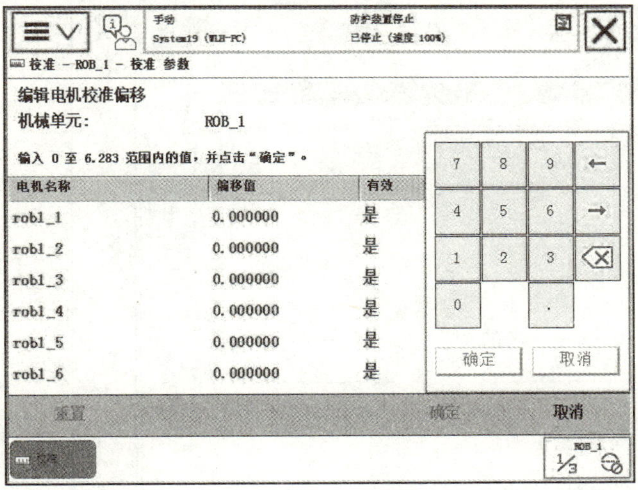
</td><td>进入“编辑电机校准偏移”界面</td></tr>
<tr><td>9</td><td>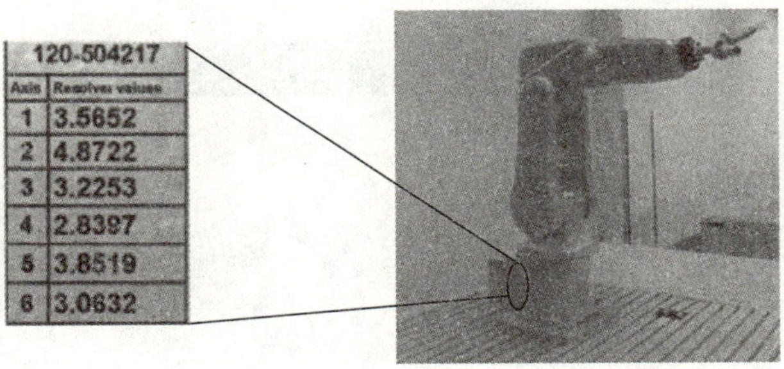
</td><td>将机器人本体标签上的校准偏移值写入示教器对应轴参数中，如果相同则无需修改</td></tr>
<tr><td>10</td><td>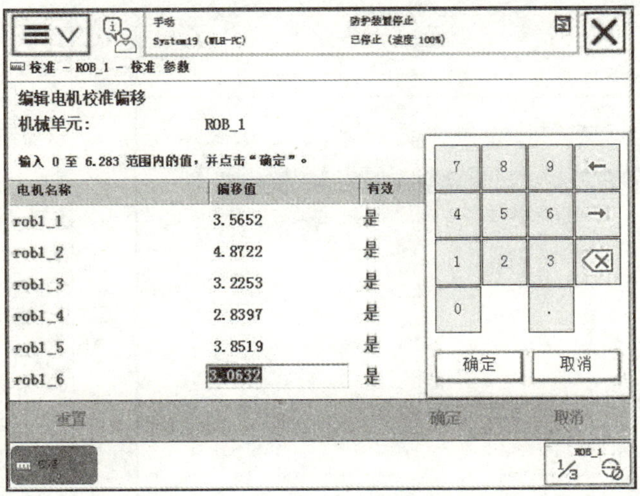
</td><td>依次修改完成后点击【确定】按钮</td></tr>
</table>

续表 4.8

序号	图片示例	操作步骤
11	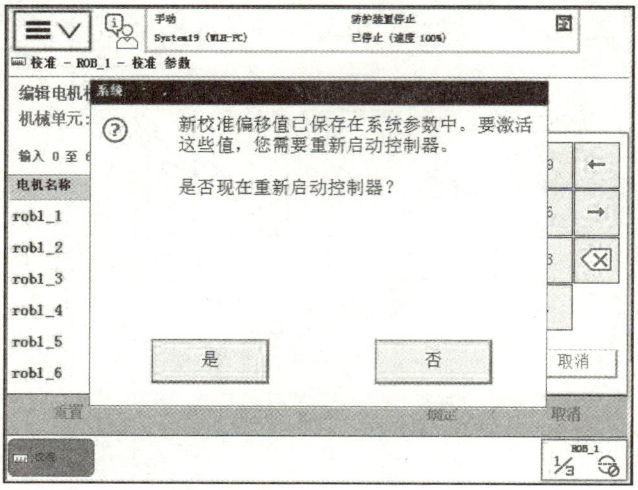	在弹出的系统提示对话框中选择【是】，重启机器人控制器
12	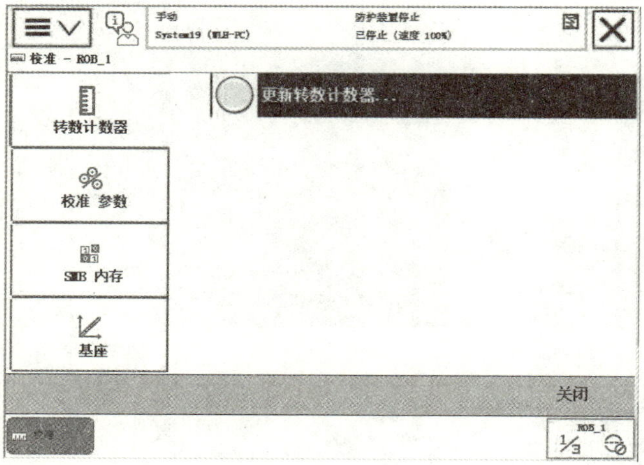	重启完成后再次进入“校准”界面，点击【更新转数计数器】
13	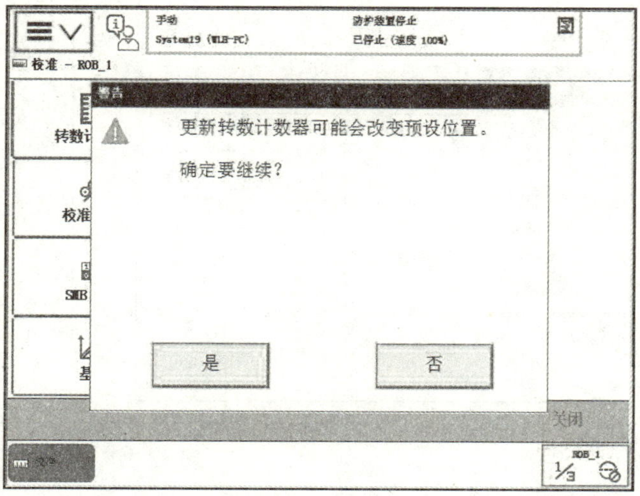	在弹出的警告窗口中点击【是】

续表 4.8

序号	图片示例	操作步骤
14	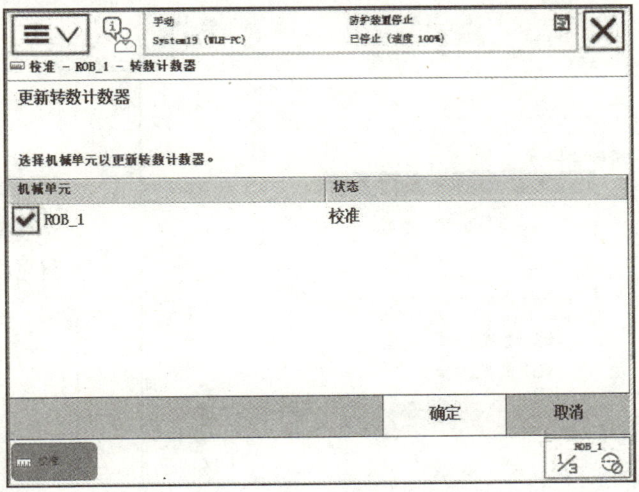	选择【ROB_1】机械单元，点击【确定】按钮
15	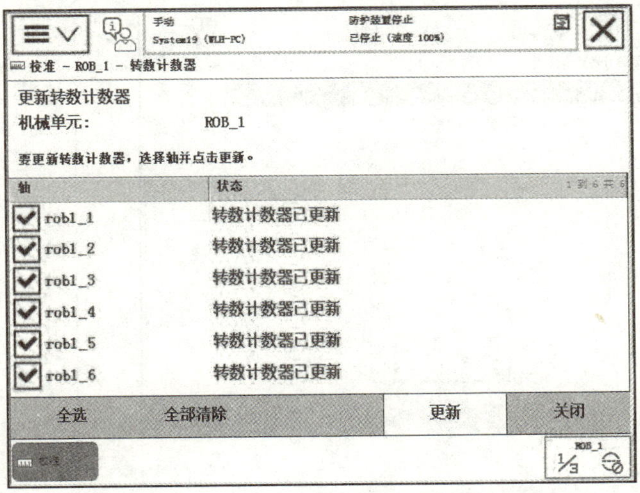	点击【全选】按钮选中所有轴，然后点击【更新】按钮
16	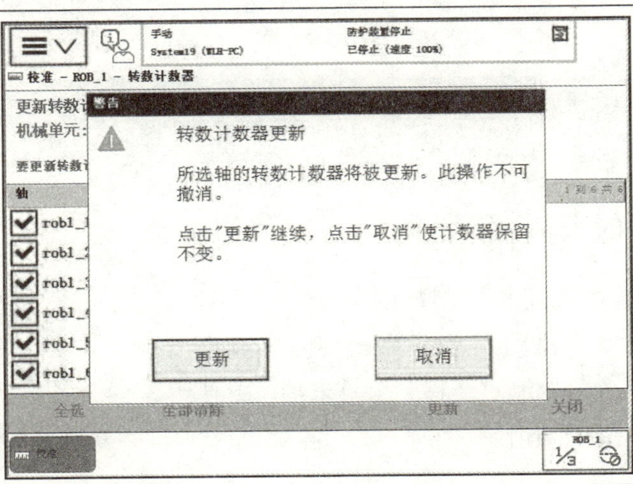	在弹出的警告对话框中点击【更新】按钮

续表 4.8

序号	图片示例	操作步骤
17	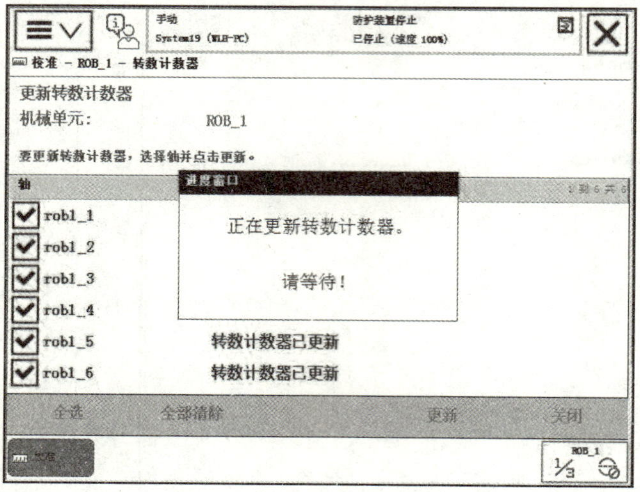	等待控制器更新完成
18	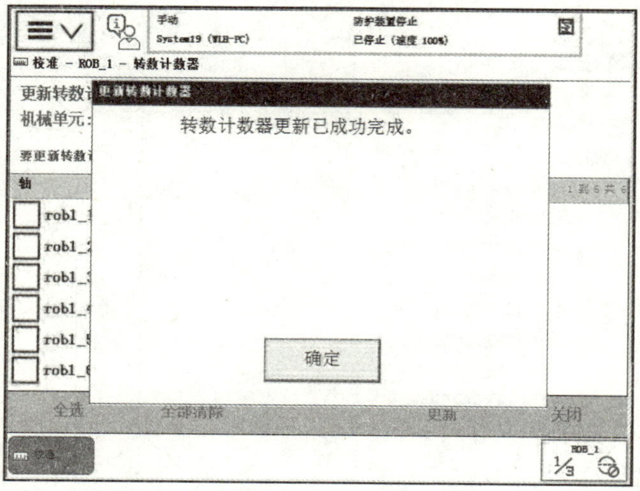	更新完成后弹出确认对话框，点击【确定】按钮完成转数计数器更新

4.4　工具坐标系定义

4.4.1　工具坐标系的概念

机器人系统对其位置的描述和控制是以机器人的工具 TCP（Tool Center Point）为基准的，为机器人所装工具建立工具坐标系，可以将机器人的控制点转移到工具末端，方便手动操纵和编程调试，如图 4.10 所示。

※ 工具坐标系标定

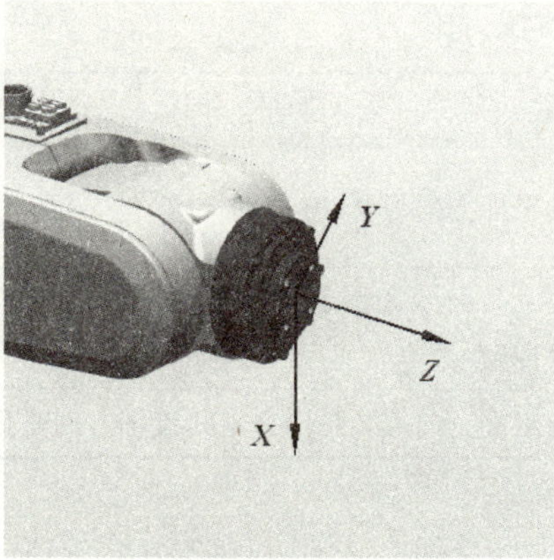

（a）默认工具坐标系

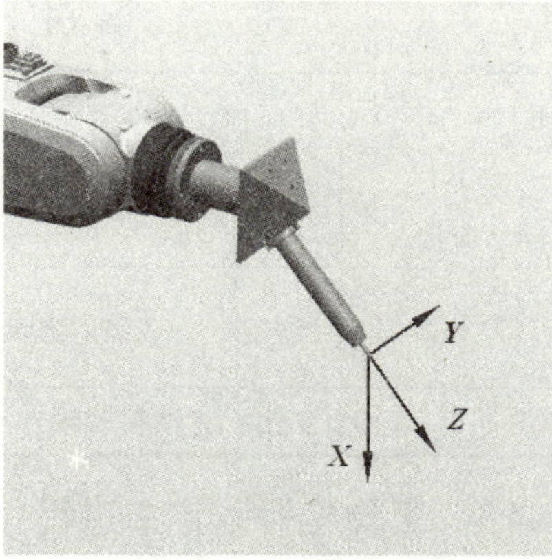

（b）自定义工具坐标系

图 4.10 工具坐标系对比

4.4.2 工具坐标系定义原理及方法

1. 定义原理

① 在机器人工作空间内找一个精确的固定点作为参考点。

② 确定工具上的参考点。

③ 手动操纵机器人，至少以 4 种不同的工具姿态，使机器人工具上的参考点尽可能与固定点刚好接触。

④ 通过 4 个位置点的位置数据，机器人可以自动计算出 TCP 的位置，并将 TCP 的位姿数据保存在 tooldata 程序数据中被程序调用。

2. 定义方法

机器人工具坐标系常用定义方法有 3 种：**【TCP（默认方向）】**、**【TCP 和 Z】**、**【TCP 和 Z、X】**，如图 4.11 所示。

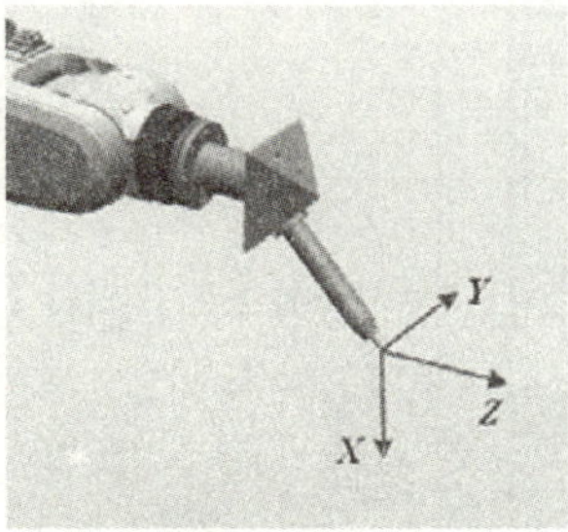

（a）TCP（默认方向）

（b）TCP 和 Z

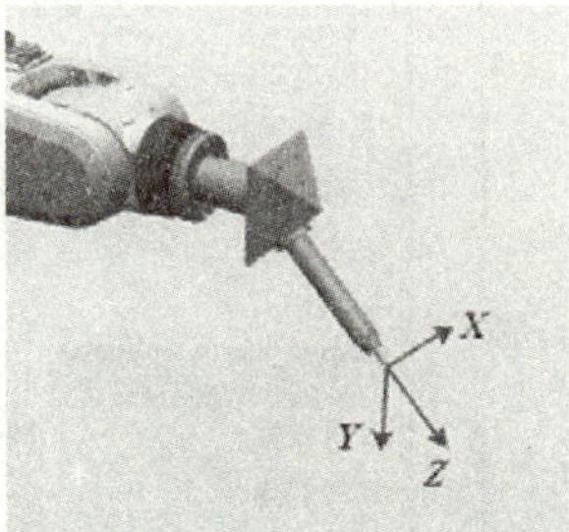

（c）TCP 和 Z、X

图 4.11 定义工具坐标系的 3 种方法

3 种工具坐标系定义方法的区别见表 4.9。

表 4.9　3 种工具坐标系定义对比

坐标系定义方法	原点	坐标系方向	主要场合
TCP （默认方向）	变化	不变	工具坐标方向与 tool0 方向一致
TCP 和 *Z*	变化	*Z* 轴方向改变	需要工具坐标 *Z* 轴方向与 tool0 的 *Z* 轴方向不一致时使用
TCP 和 *Z*、*X*	变化	*Z* 轴和 *X* 轴方向改变	工具坐标方向需要更改 *Z* 轴和 *X* 轴方向时使用

4.4.3　工具坐标系定义过程

1. 新建工具坐标系

新建工具坐标系的操作步骤见表 4.10。

表 4.10　新建工具坐标系的操作步骤

序号	图片示例	操作步骤
1	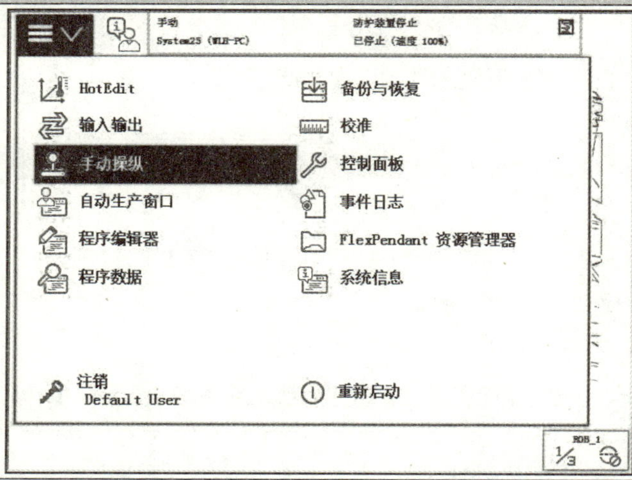	在手动模式下点击【主菜单】下【手动操纵】按钮，进入“手动操纵”界面
2	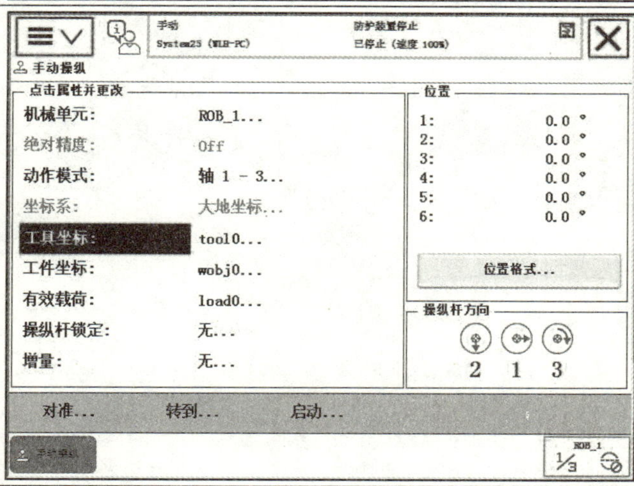	点击【工具坐标】选项，进入“工具选择”界面

续表 4.10

<table>
<tr><th>序号</th><th>图片示例</th><th>操作步骤</th></tr>
<tr><td>3</td><td>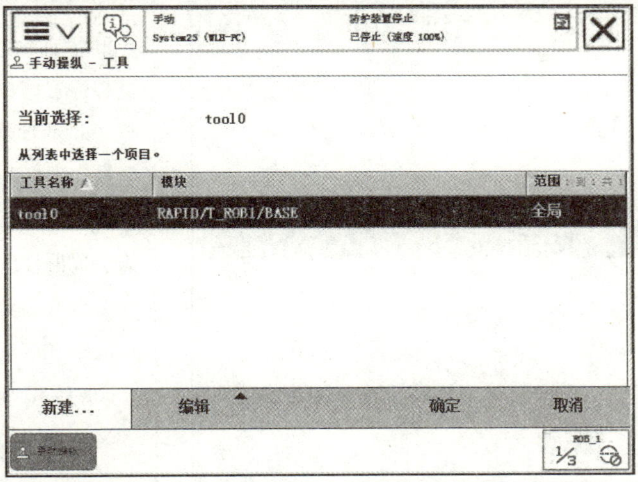
</td><td>点击【新建】按钮，进入“新建工具数据”界面</td></tr>
<tr><td>4</td><td>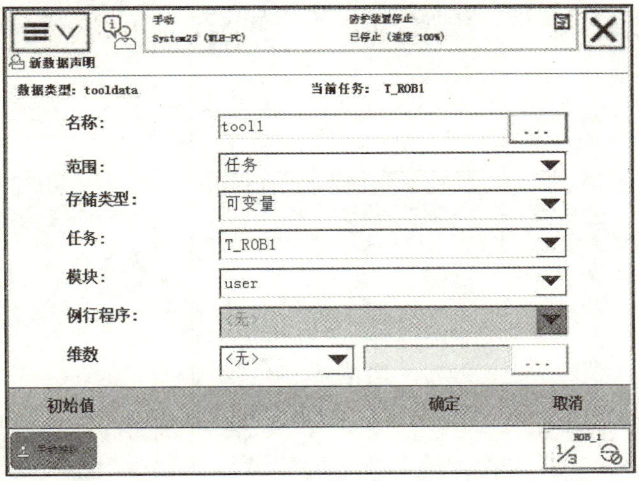
</td><td>点击 ... ，可修改工具名称</td></tr>
<tr><td>5</td><td>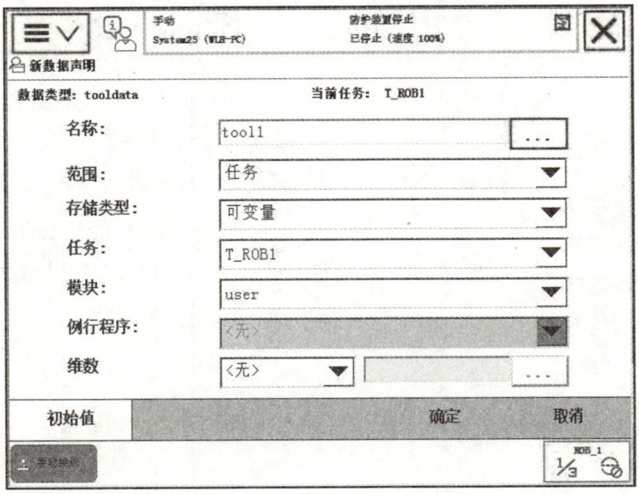
</td><td>点击【初始值】按钮，进入“初始值设置”界面</td></tr>
</table>

续表 4.10

序号	图片示例	操作步骤
6	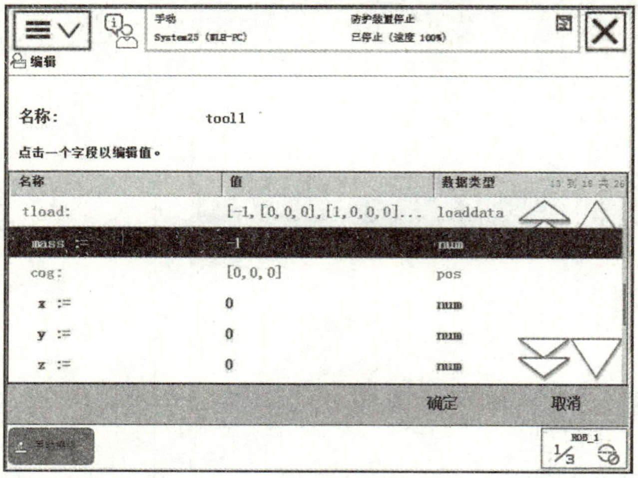	根据工具实际质量与重心位置修改“mass”与“cog”参数，前者为质量，后者为工具重心相对于默认工具坐标系的位置偏移值。本例中分别写入 mass=0.5 kg， cog.x=50 mm， cog.z =100 mm
7	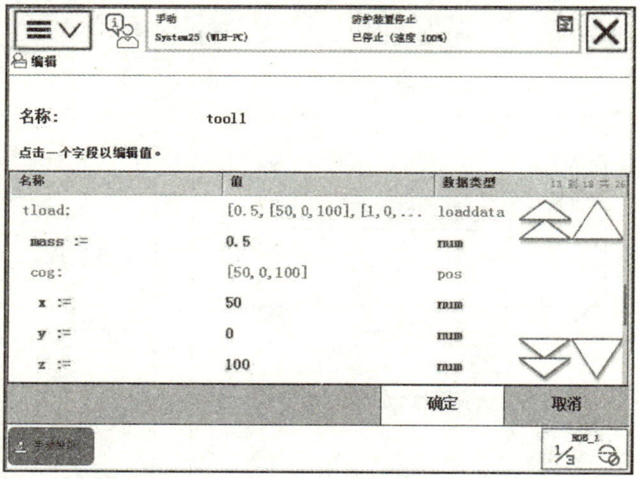	点击【确定】按钮保存数据
8	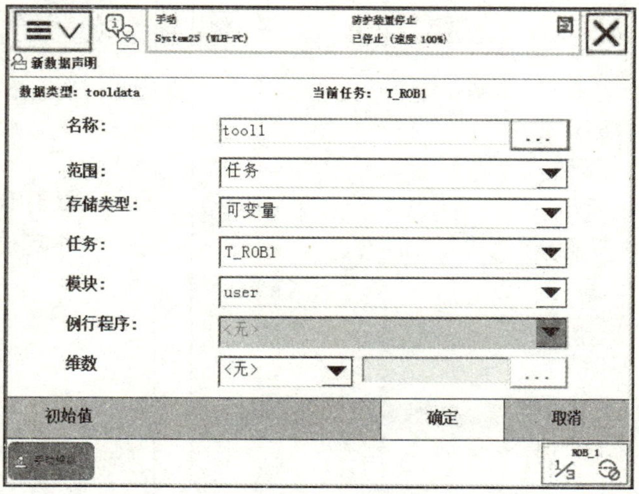	点击【确定】按钮完成工具坐标系数据新建

2. 定义工具坐标系

定义工具坐标系的操作步骤见表 4.11。

表 4.11 定义工具坐标系的操作步骤

<table>
<tr><th>序号</th><th>图片示例</th><th>操作步骤</th></tr>
<tr><td>1</td><td>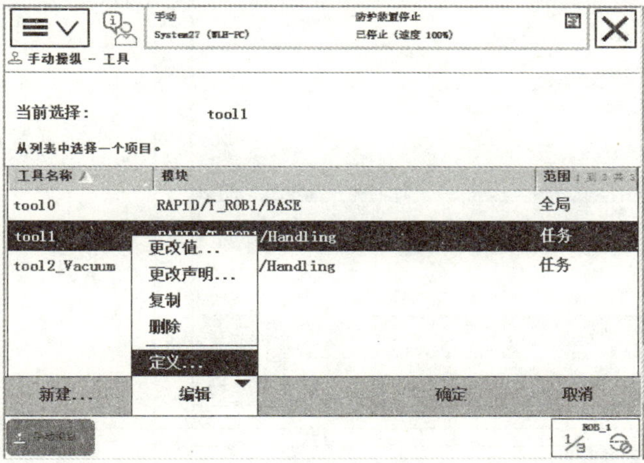
</td><td>选择新建的“tool1”工具坐标系，点击【编辑】子菜单下的【定义】，进入“坐标系定义”界面</td></tr>
<tr><td>2</td><td>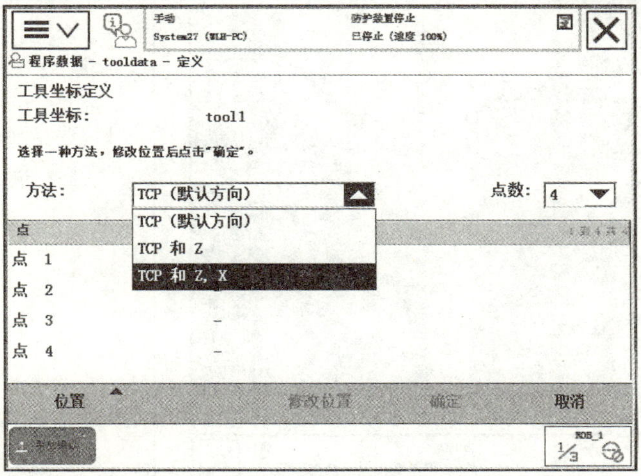
</td><td>在方法中选择“TCP 和 Z，X”，点数可选范围为 3~9，一般选择 4 即可</td></tr>
<tr><td>3</td><td>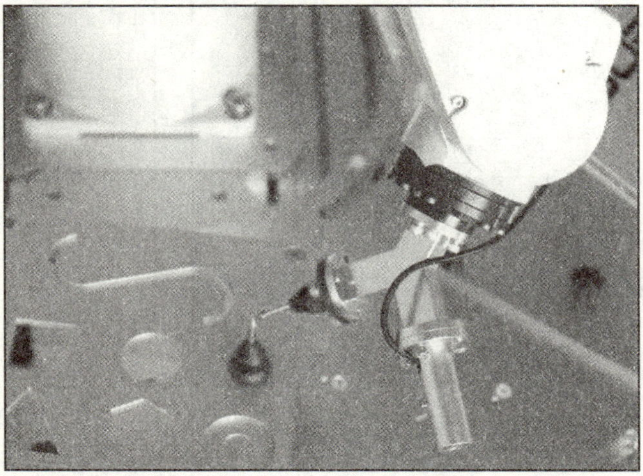</td><td>以第一种姿态将机器人手动移动至两尖端相接触，当距离较近时，采用增量模式移动</td></tr>
</table>

续表 4.11

<table>
<tr><th>序号</th><th>图片示例</th><th>操作步骤</th></tr>
<tr><td>4</td><td>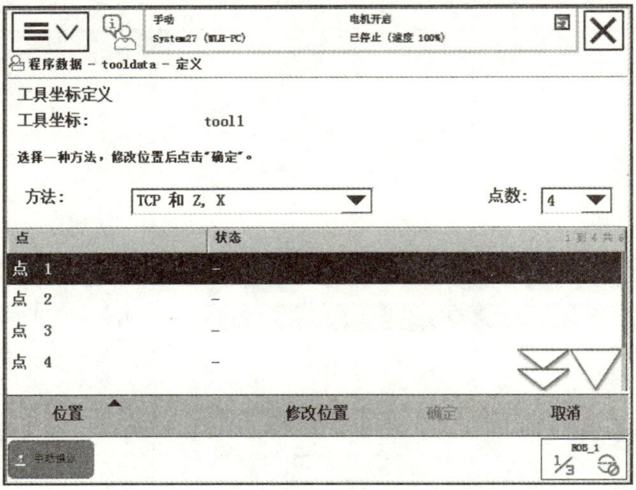
</td><td>选择示教器中的点1，点击【修改位置】</td></tr>
<tr><td>5</td><td>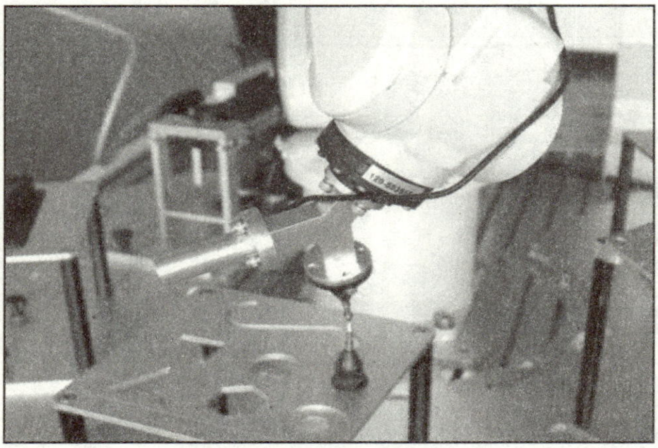</td><td>以第二种姿态将机器人手动移动至两尖端相接触</td></tr>
<tr><td>6</td><td>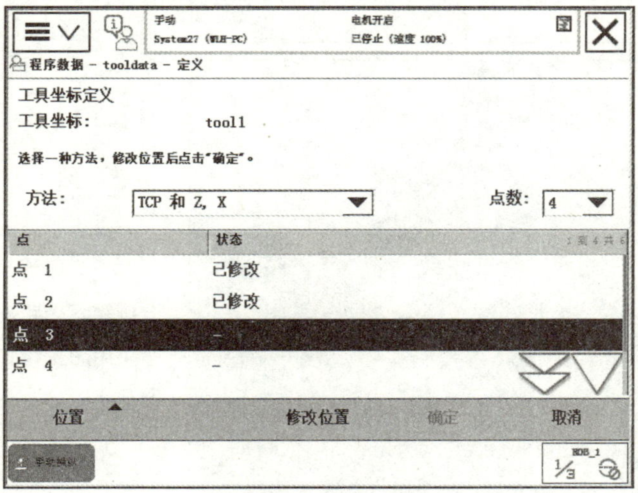
</td><td>选择示教器中的点2，点击【修改位置】</td></tr>
</table>

续表 4.11

<table>
<tr><th>序号</th><th>图片示例</th><th>操作步骤</th></tr>
<tr><td>7</td><td>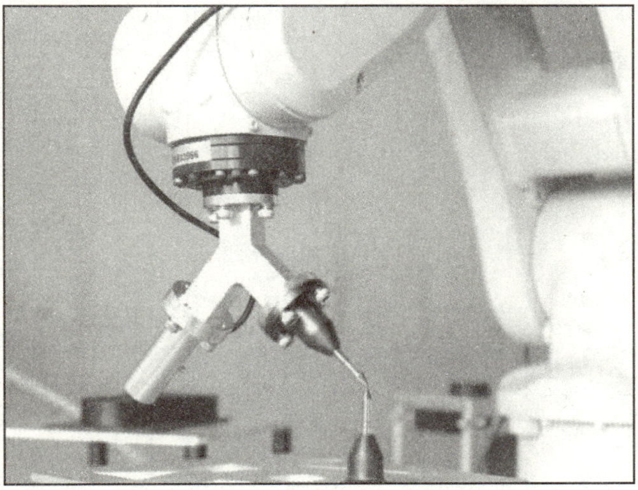</td><td>以第三种姿态将机器人手动移动至两尖端相接触</td></tr>
<tr><td>8</td><td>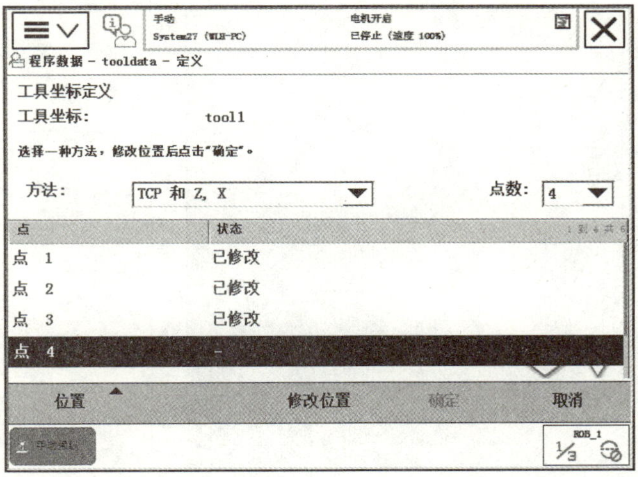
</td><td>选择示教器中的点 3，点击【修改位置】</td></tr>
<tr><td>9</td><td>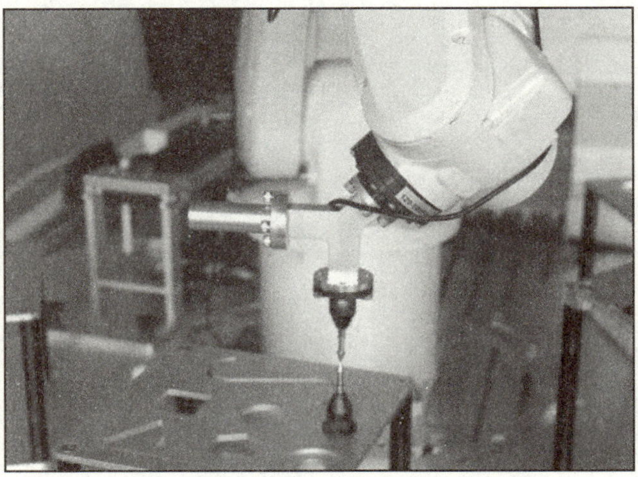</td><td>以第四种姿态将机器人手动移动至两尖端相接触</td></tr>
</table>

续表 4.11

序号	图片示例	操作步骤
10	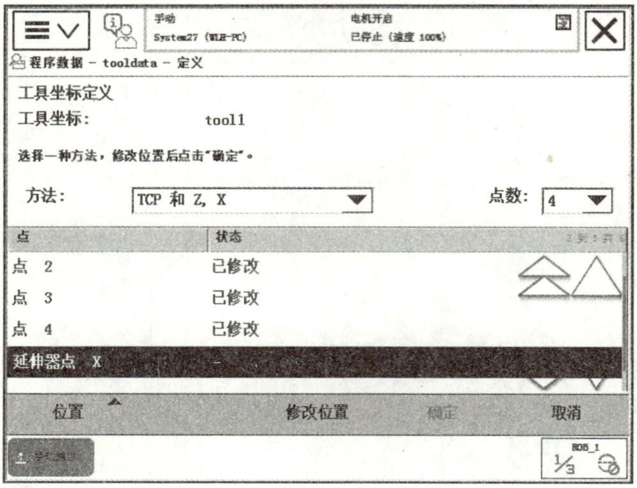	选择示教器中的点 4，点击【修改位置】
11	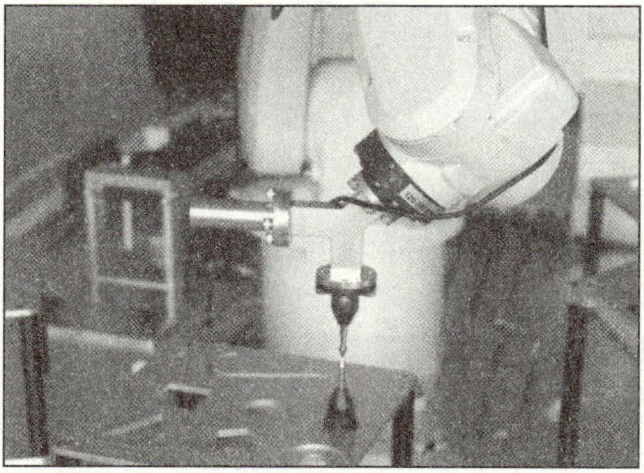	将工具方向调整为竖直，使工具尖端与固定点接触
12	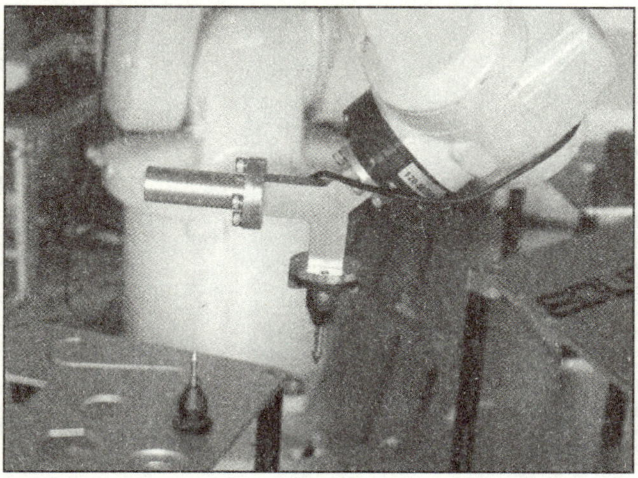	向右移动机器人至一点，则机器人以该点至固定点的方向作为工具坐标系 *X* 轴的正方向

续表 4.11

<table>
<tr><th>序号</th><th>图片示例</th><th>操作步骤</th></tr>
<tr><td>13</td><td>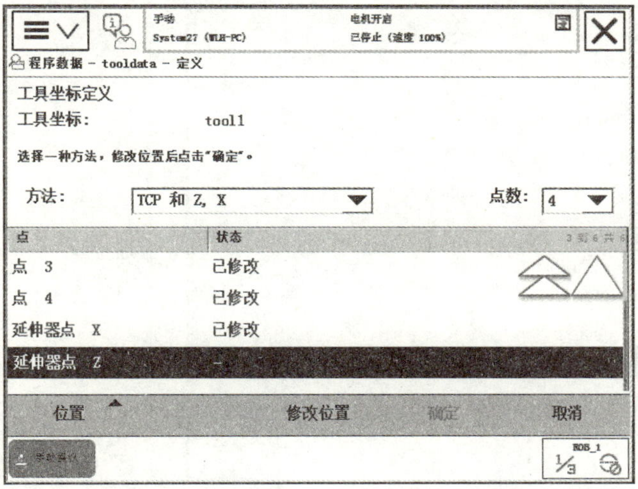
</td><td>选择示教器中的“延伸器点 X”，点击【修改位置】</td></tr>
<tr><td>14</td><td>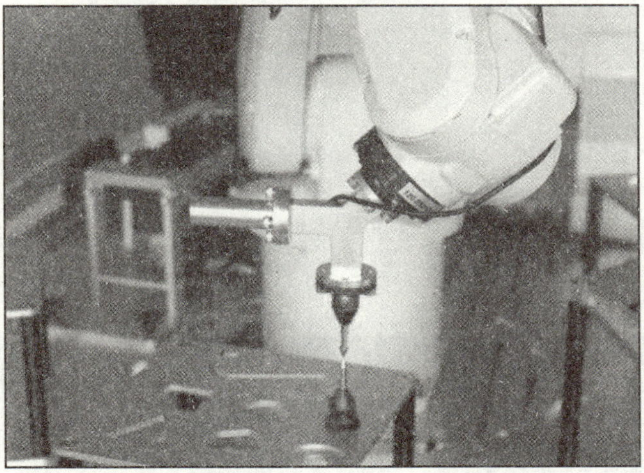</td><td>将工具方向调整为竖直，使工具尖端与固定点接触</td></tr>
<tr><td>15</td><td>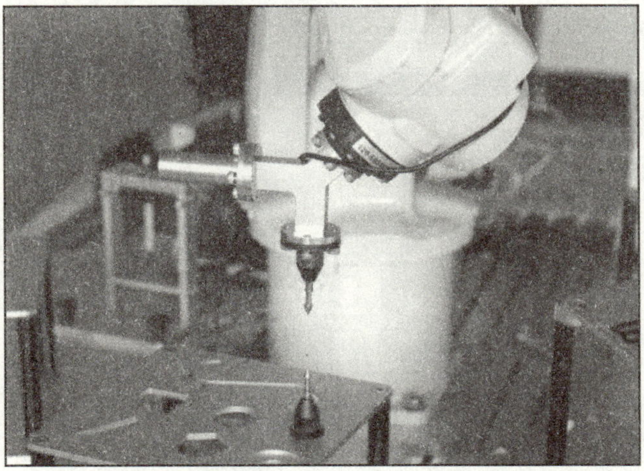</td><td>向上移动机器人至一点，则机器人以该点至固定点的方向作为工具坐标系 Z 轴的正方向</td></tr>
</table>

续表 4.11

序号	图片示例	操作步骤
16	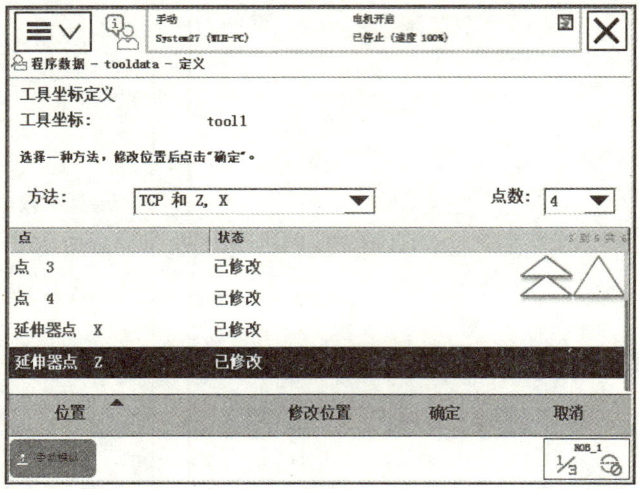	选择示教器中的“延伸器点 Z”，点击【修改位置】
17	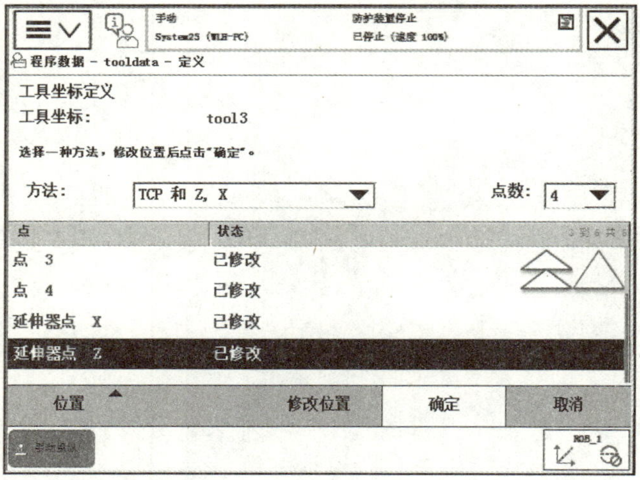	点击【确定】按钮
18	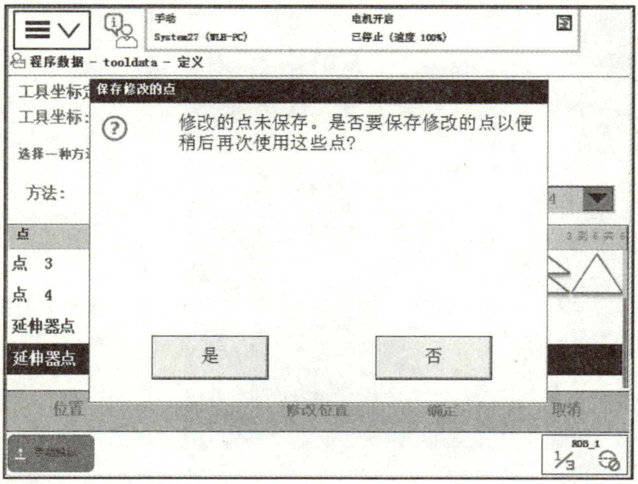	在弹出的对话框中点击【是】，保存坐标数据点

续表 4.11

<table>
<tr><th>序号</th><th>图片示例</th><th>操作步骤</th></tr>
<tr><td>19</td><td>
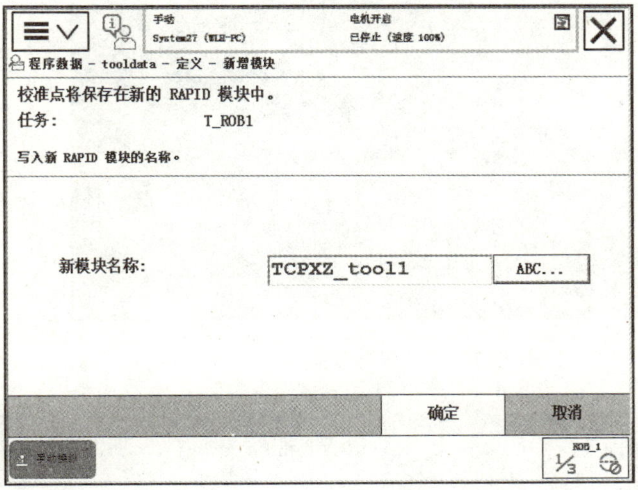

</td><td>为新模块定义一个名称，点击【确定】，系统开始计算工具坐标系数据</td></tr>
<tr><td>20</td><td>
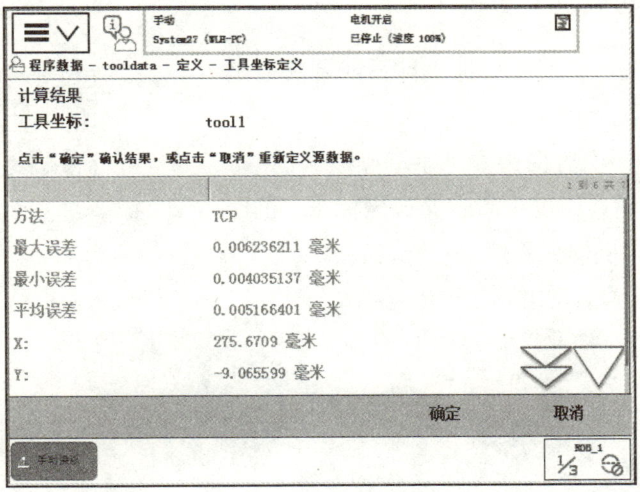

</td><td>系统计算完成后显示坐标系数据信息，查看误差信息是否满足需要，满足需要时点击【确定】完成工具坐标系定义，否则点击【取消】重新定义</td></tr>
</table>

3. 验证工具坐标系

当建好工具坐标系后，查看建立工具坐标系平均误差是否在允许范围内，再选择对应的工具坐标系，通过重定位功能，让机器人沿 X、Y、Z 轴进行重定位运动。然后查看末端执行器的末端是否发生位移。如果没有发生位移，则建立的坐标系是正确的；如果末端执行器的末端发生明显移动（dx 指偏移距离），则建立的工具坐标系不适用，需要按上述步骤重新建立工具坐标系，如图 4.12 所示。

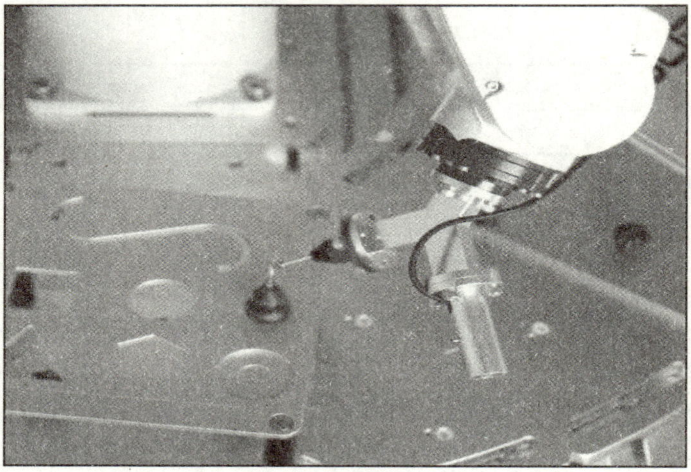

图 4.12　工具坐标系验证

4.5　工件坐标系定义

4.5.1　工件坐标系的概念

工件坐标系用于定义工件相对于大地坐标系或者其他坐标系的位置，具有两个作用：

（1）方便用户以工件平面方向为参考手动操纵调试；

（2）当工件位置更改后，通过重新定义该坐标系，机器人即可正常作业，不需要对机器人程序进行修改。

※ 工件坐标系标定

基础模块工件坐标系示意图如图 4.12 所示。

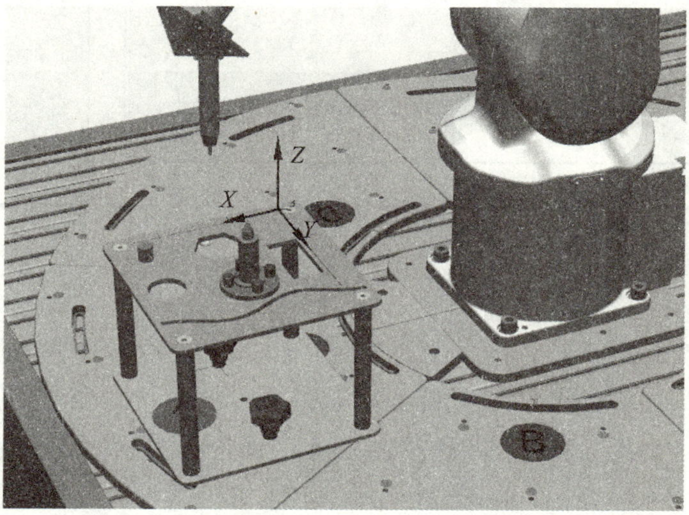

图 4.12　基础模块工件坐标系示意图

4.5.2 工件坐标系定义原理及方法

ABB 机器人工件坐标系定义采用三点法，分别为 *X* 轴上第一点 *X*1，*X* 轴上第二点 *X*2，*Y* 轴上第三点 *Y*1。所定义的工件坐标系原点为 *Y*1 与 *X*1、*X*2 所在直线的垂足处，*X* 正方向为 *X*1 至 *X*2 射线方向，*Y* 正方向为垂足至 *Y*1 射线方向，如图 4.13 所示。一般地，可以使 *X*1 点与原点重合进行示教。

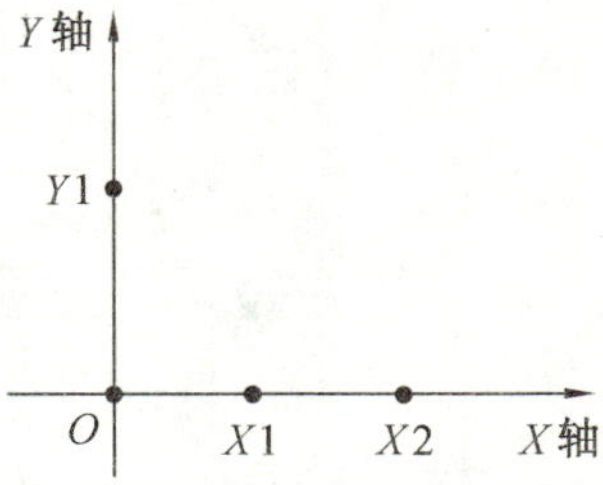

图 4.13 工件坐标系

其基本步骤如下：

① 选定所用工具的工具坐标系。

② 找到工件平面内 *X* 轴和 *Y* 轴上的三点作为参考点。

③ 手动操纵机器人分别至三个目标点，记录对应位置。

④ 通过三点位置数据，机器人自动计算出对应工件坐标系值。

⑤ 手动操纵进行校验。

4.5.3 工件坐标系定义过程

1. 新建工件坐标系

新建工件坐标系的操作步骤见表 4.12。

表 4.12 新建工件坐标系的操作步骤

序号	图片示例	操作步骤
1	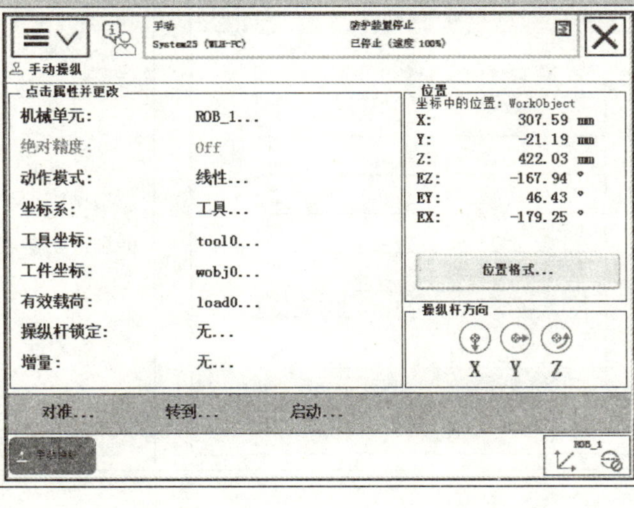	在手动模式下点击【主菜单】下的【手动操纵】按钮，进入“手动操纵”界面

续表 4.12

序号	图片示例	操作步骤
2	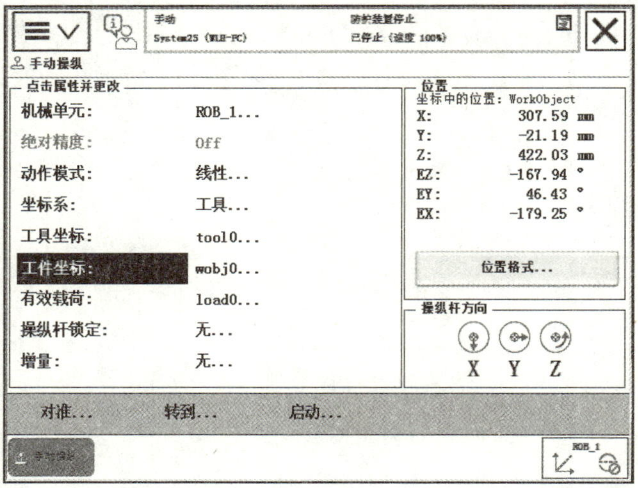	点击【工件坐标】选项，进入“工件选择”界面
3	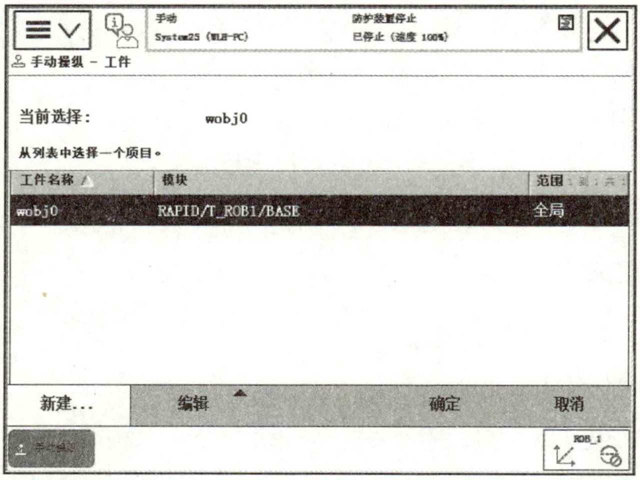	点击【新建】按钮，进入“工件数据新建”界面
4	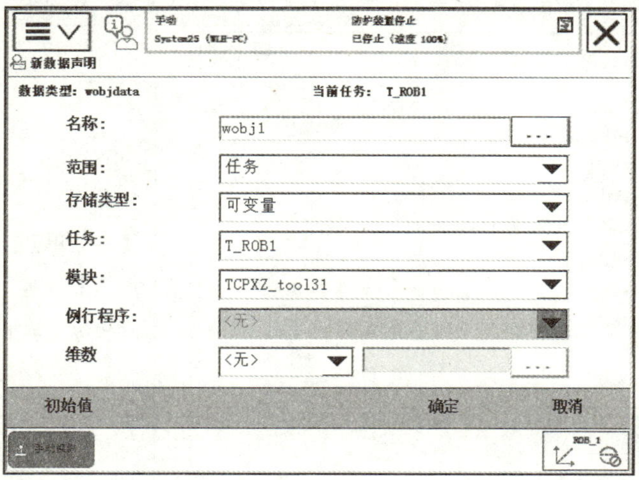	根据需要设定工件坐标系声明参数及初始值

续表 4.12

<table>
<tr><th>序号</th><th>图片示例</th><th>操作步骤</th></tr>
<tr><td>5</td><td>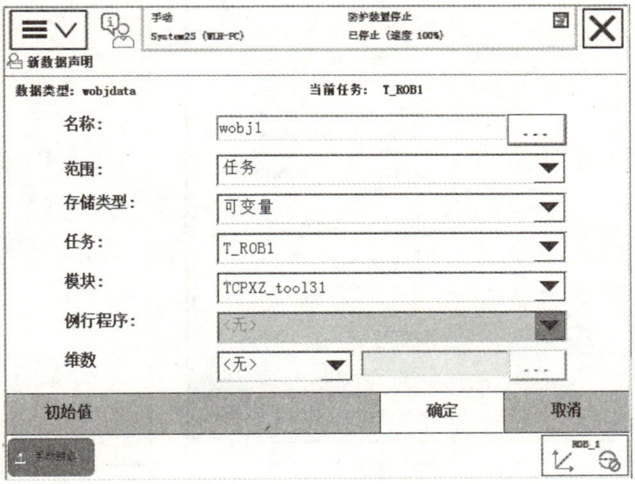</td><td>点击【确定】按钮保存数据</td></tr>
<tr><td>6</td><td>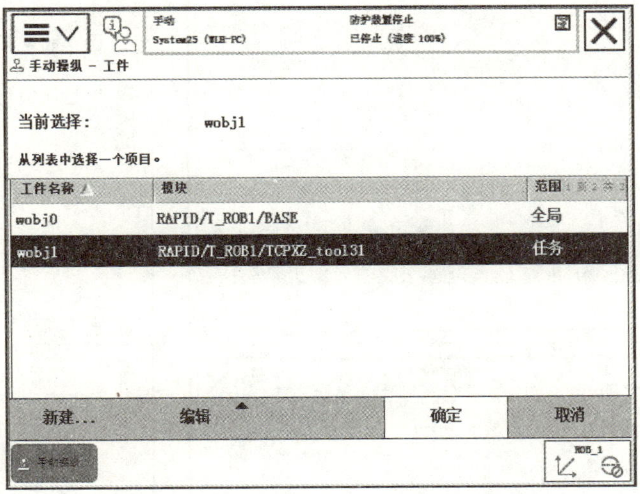</td><td>点击【确定】按钮完成工件坐标系数据新建</td></tr>
</table>

2. 定义工件坐标系

定义工件坐标系的操作步骤见表 4.13。

表 4.13　定义工件坐标系的操作步骤

序号	图片示例	操作步骤
1	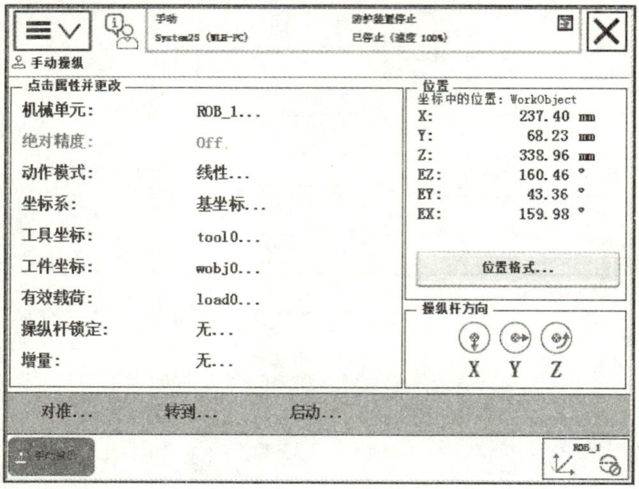	点击【主菜单】中的【手动操纵】，进入“手动操纵”界面
2	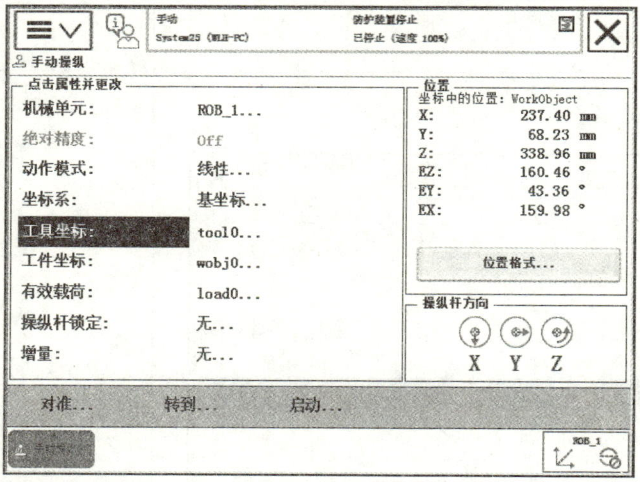	点击【工具坐标】，进入“工具坐标”选择界面
3	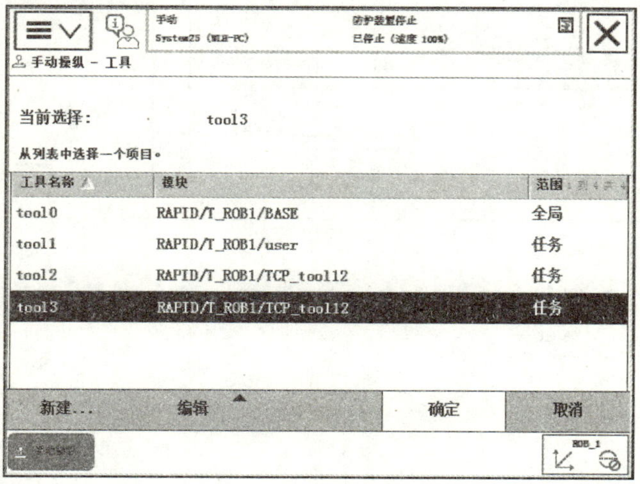	选择上节中示教器的“tool3”，点击【确定】

续表 4.13

<table>
<tr><th>序号</th><th>图片示例</th><th>操作步骤</th></tr>
<tr><td>4</td><td>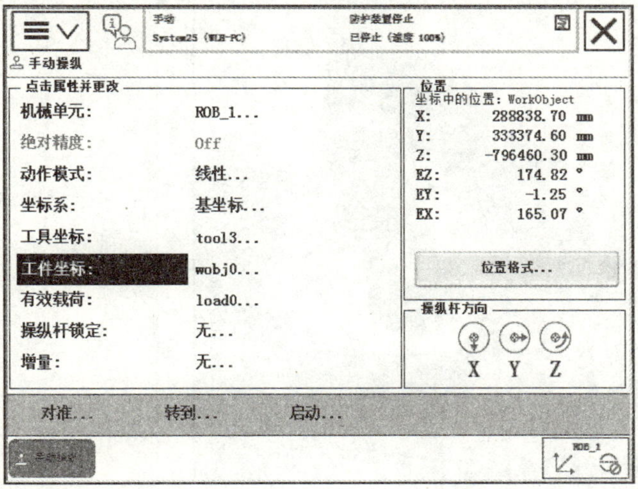
</td><td>点击【工件坐标】，进入“工件坐标”选择界面</td></tr>
<tr><td>5</td><td>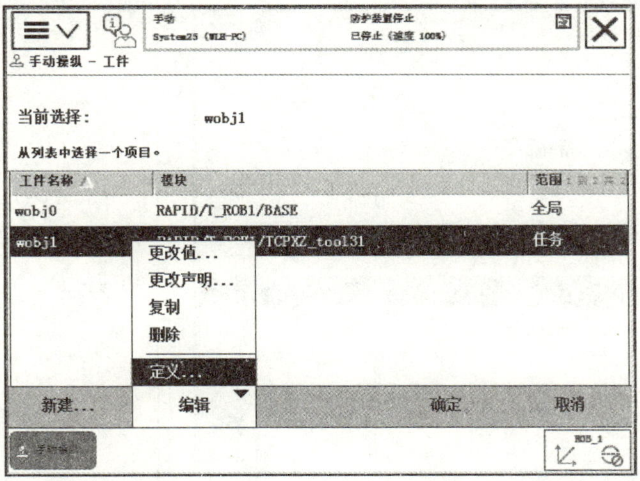
</td><td>选择上节建立的坐标系，点击【编辑】菜单下的【定义】按钮</td></tr>
<tr><td>6</td><td>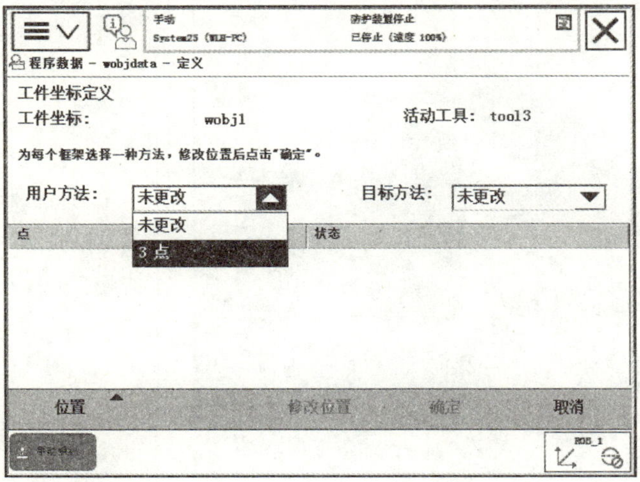
</td><td>选择用户方法中的“3 点”</td></tr>
</table>

续表 4.13

序号	图片示例	操作步骤
7	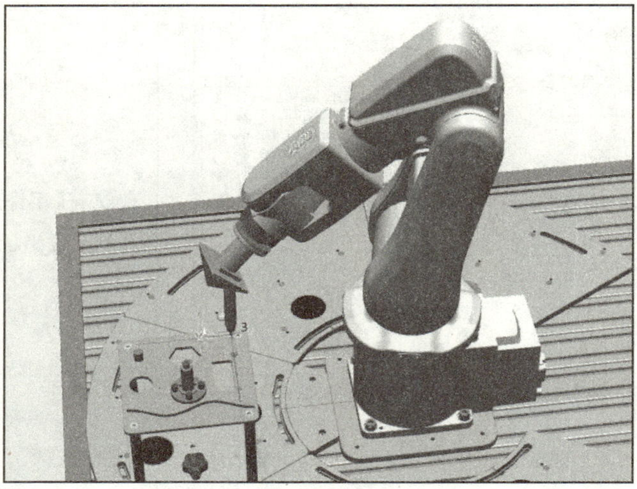	手动将机器人移动至基础模块工件原点标志处
8	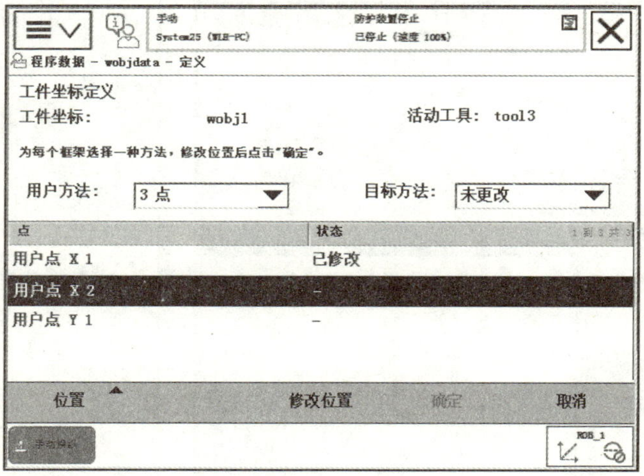	选择“用户点 X 1”，点击【修改位置】，保存当前位置
9	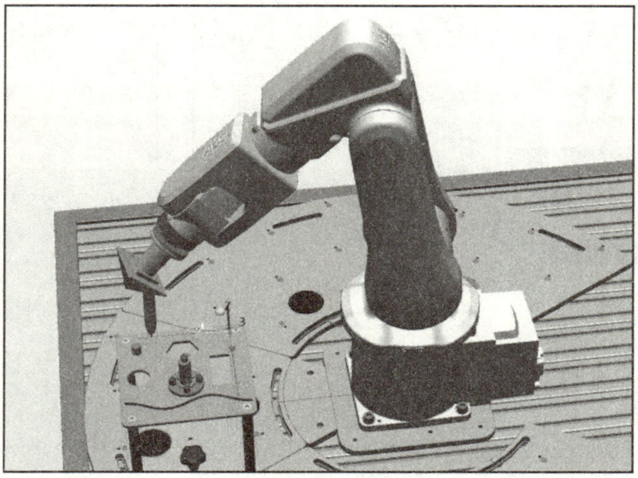	手动将机器人移动至基础模块工件 *X* 轴上标志处

续表 4.13

序号	图片示例	操作步骤
10	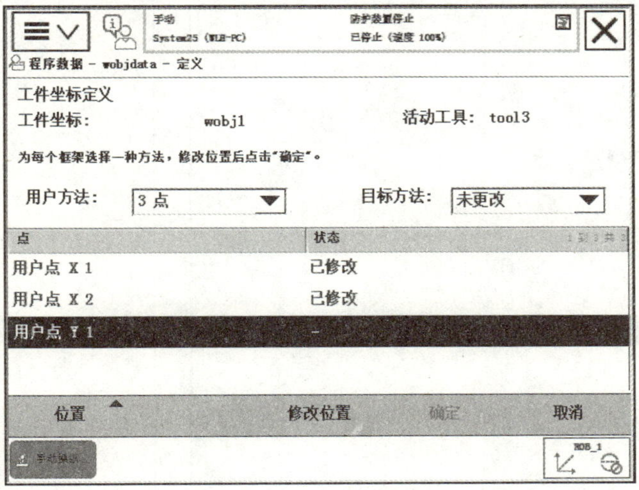	选择"用户点 X 2"，点击【修改位置】，保存当前位置
11	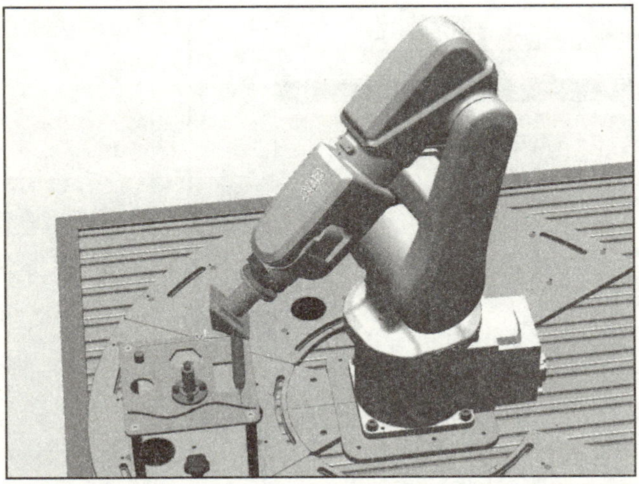	手动将机器人移动至基础模块工件 *Y* 轴上标志处
12	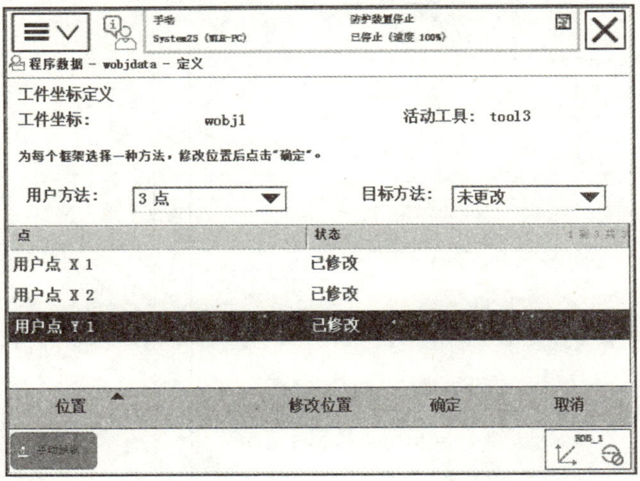	选择"用户点 Y 1"，点击【修改位置】，保存当前位置

续表 4.13

序号	图片示例	操作步骤
13	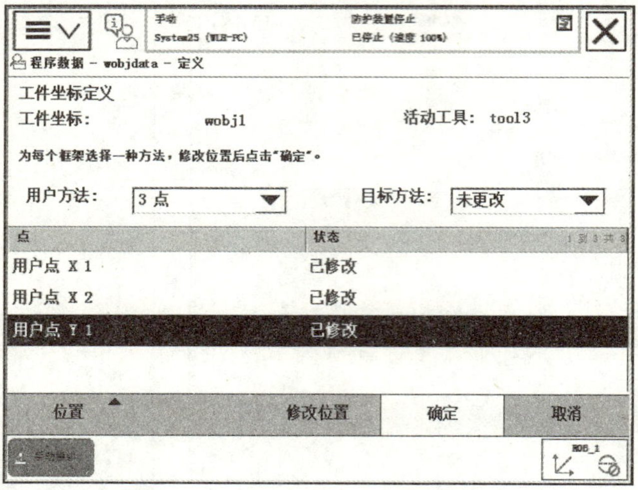	点击【确定】
14	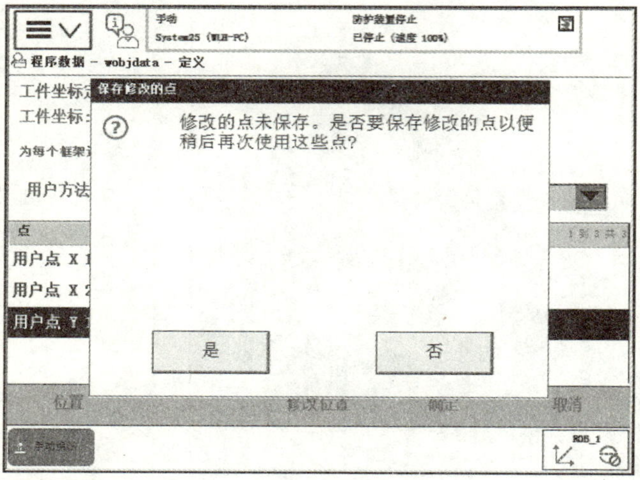	在弹出的对话框中选择【是】，保存修改的点
15	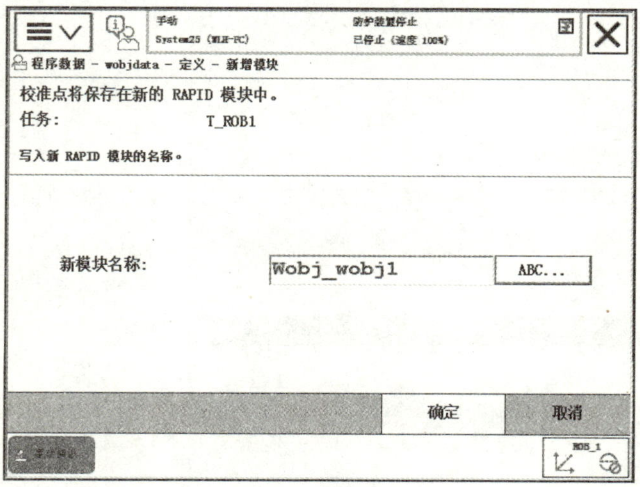	修改新模块的名称，点击【确定】，系统启动计算过程

续表 4.13

序号	图片示例	操作步骤
16	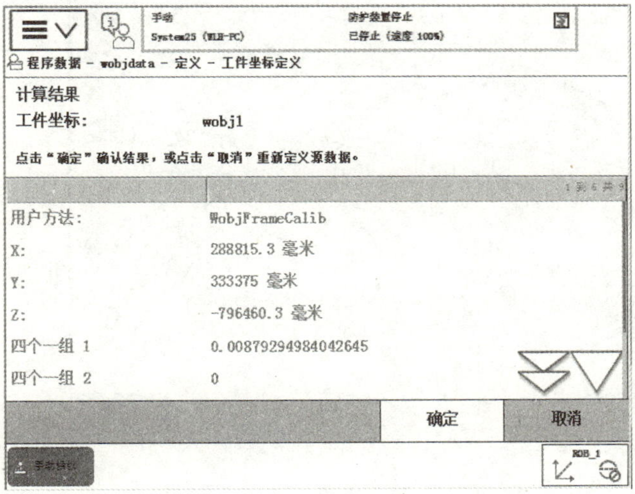	工件坐标系计算完成后显示计算结果，满足要求则点击【确定】完成定义过程，否则点击【取消】结束定义过程

3. 验证工件坐标系

（1）选择建立工具工件坐标系。

（2）将工具坐标系原点移至工件坐标系原点位置。

（3）在线性运动模式下，操作机器人沿 X 轴正方向移动，观察机器人移动路径是否是沿着定义的工件 X 轴移动。

（4）在线性运动模式下，操作机器人沿 Y 轴正方向移动，观察机器人移动路径是否是沿着定义的工件 Y 轴移动。

（5）如果第 3 步和第 4 步中机器人是沿着定义的 X 和 Y 轴移动，那么新建的工件坐标系是正确的，反之就是错误的，需重新建立。

4.6 快捷操作菜单

4.6.1 快捷操作子菜单

快捷操作菜单在手动模式下显示机器人当前的**机械单元、动作模式**和**增量大小**，并且提供了比手动操纵界面更加快捷的方式在各个属性间进行切换。熟练使用快捷操作菜单可以更为高效地操控机器人运动。点击示教器右下角的快捷操作菜单，示教器右边栏将弹出菜单按钮，如图 4.14 所示。

※ 快捷操作菜单

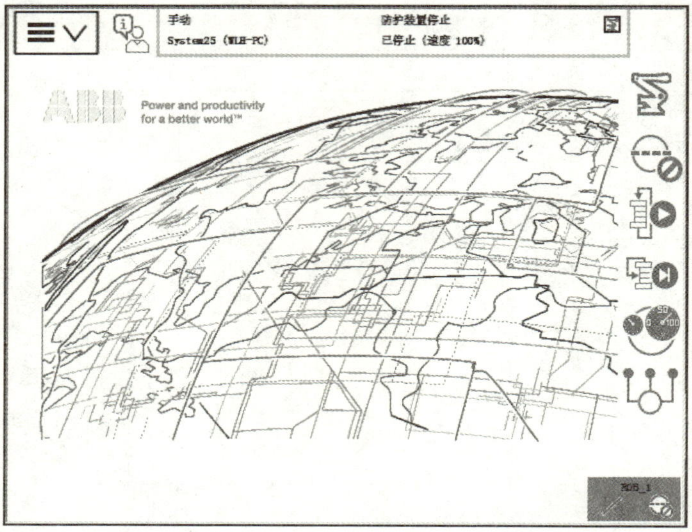

图 4.14　快捷操作菜单

各子菜单说明见表 4.14。

表 4.14　快捷操作各子菜单说明

序号	图例	说明
1		**机械单元**：用于选择控制的机械单元及其操纵属性
2		**增量**：用于切换增量模式
3		**运行模式**：用于选择程序的运行模式，可以在“单周”和“连续”之间切换
4		**步进模式**：用于选择逐步执行程序的方式
5		**速度**：用于设置当前模式下的执行速度，显示相对于最大运行速度的百分比
6		**任务**：用于启用/停用任务，安装 Multitasking 选项后可以包含多个任务，否则仅包含一个任务

4.6.2　机械单元

点击【机械单元】子菜单，弹出子菜单详情，如图 4.15 所示。

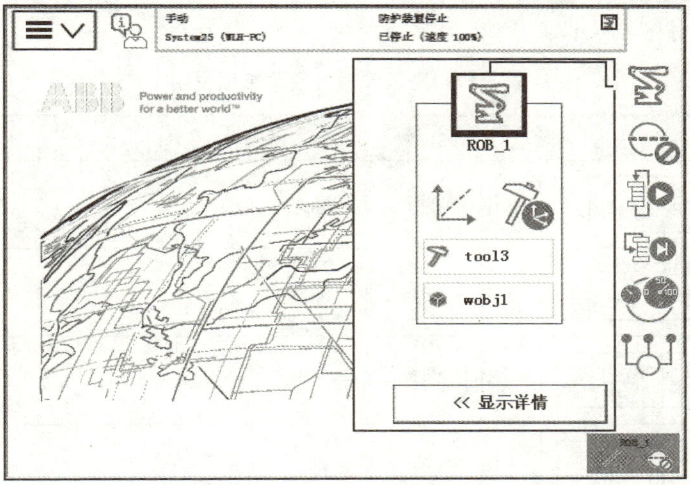

图 4.15　机械单元菜单

各菜单项说明见表 4.15。

表 4.15　机械单元各菜单项说明

序号	图例	说明
1		用于切换动作模式
2		用于切换运动坐标系
3	 tool3	用于选择工具坐标系
4	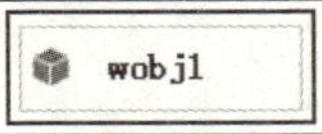 wobj1	用于选择工件坐标系

点击【显示详情】，弹出详情页，如图 4.16 所示。

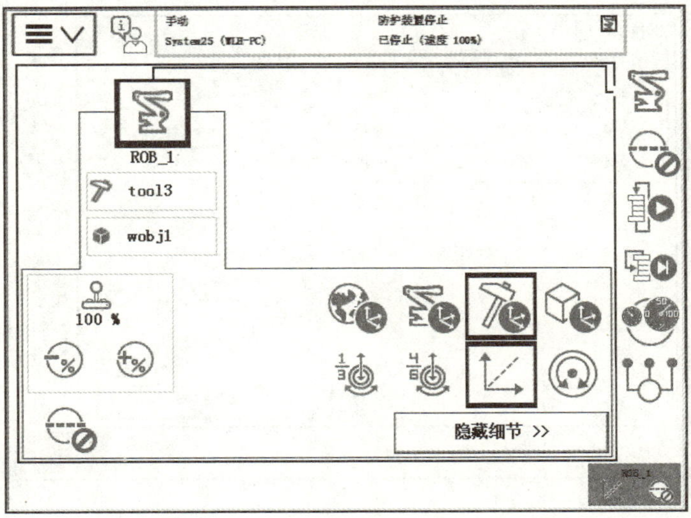

图 4.16　机械单元详情页

各菜单项说明见表 4.17。

表 4.17　显示详情各项菜单项说明

序号	图例	说明
1		用于选择工具坐标系
2		用于选择工件坐标系
3		用于选择参考坐标系
4		用于选择动作模式
5	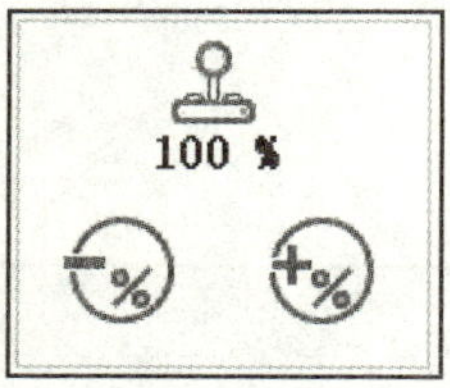	用于切换速度
6		用于切换增量模式

4.6.3　增　量

点击【增量】子菜单，弹出子菜单详情，如图 4.17 所示。

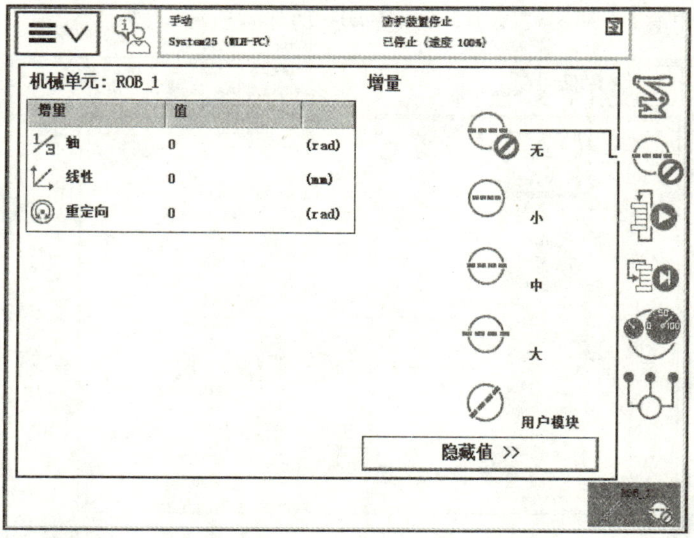

图 4.17　增量菜单

各菜单项说明见表 4.18。

表 4.18　增量各菜单项说明

序号	图例	说明
1		没有增量
2	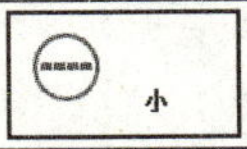	小移动
3		中等移动
4	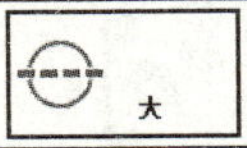	大移动
5		用户定义的移动

4.6.4　运行模式

点击【运行模式】子菜单，弹出子菜单详情，如图 4.18 所示。

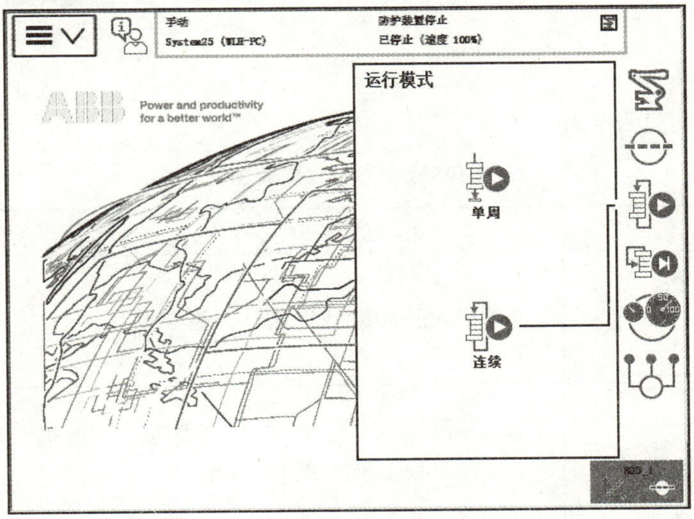

图 4.18　运行模式菜单

各菜单项说明见表 4.19。

表 4.19　运行模式各菜单项说明

序号	图例	说明
1		运行一次循环然后停止执行
2		连续运行

4.6.5　步进模式

点击【步进模式】子菜单，弹出子菜单详情，如图 4.19 所示。

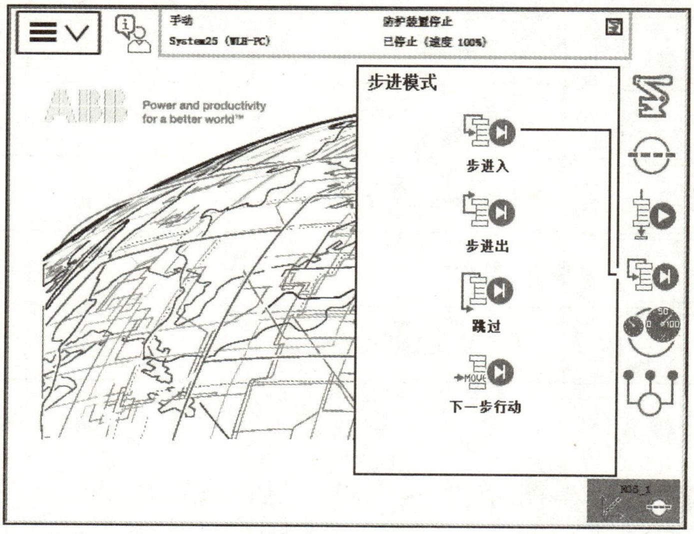

图 4.19　步进模式菜单

各菜单项说明见表 4.20。

表 4.20　步进模式各菜单项说明

序号	图例	说明
1		单击进入已调用的例行程序并逐步执行
2		执行当前例行程序的其余部分，然后在例行程序中的下一指令处停止，无法在 Main 例行程序中使用
3		一步执行调用的例行程序
4		步进到下一条运动指令，在运动指令之前和之后停止，以方便修改位置等操作

4.6.6　速度

点击【速度】子菜单，弹出子菜单详情，如图 4.20 所示。

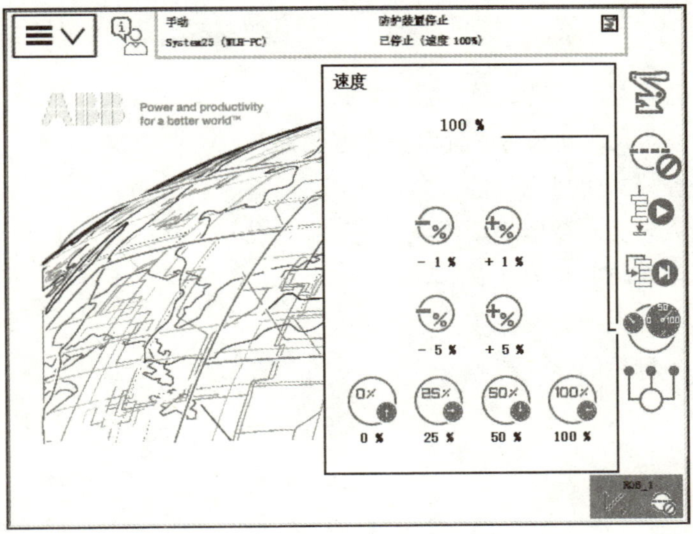

图 4.20 速度菜单

各菜单项说明见表 4.21。

表 4.21 速度各项菜单项说明

序号	图例	说明
1	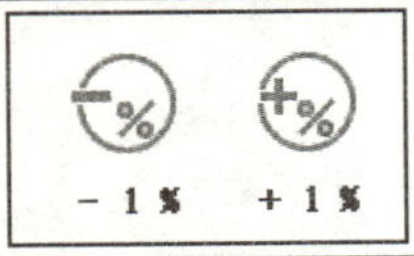	以 1%的步幅减小/增大运行速度
2	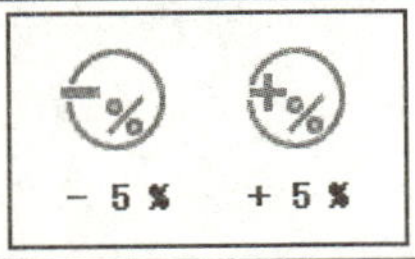	以 5%的步幅减小/增大运行速度
3	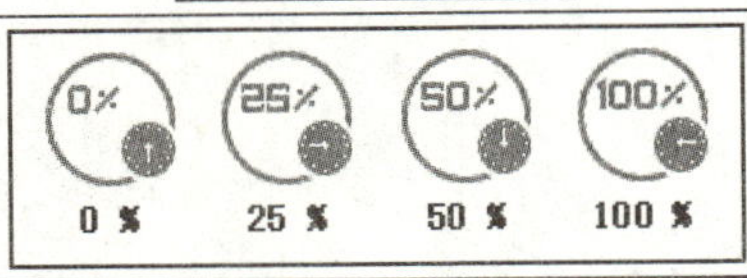	将速度设置为 0%、25%、50%、100%

4.7 本章小结

本章主要介绍机器人的手动操纵相关概念及方法。首先介绍了 ABB 机器人中常用的概念，包括工作模式、动作模式及运动参考坐标系；其次讲解了机器人手动操纵方法，并介绍了机器人零点校准方法及流程；再次讲解了机器人工具坐标系和工件坐标系的标定方法及流程；最后讲解了快捷操作菜单的使用方法，逐步脱离手动操纵界面操作机器人。

思考题

1. IRB 120 机器人动作模式分为哪几种？
2. IRB 120 机器人运动参考坐标系分为哪几种？
3. 简述各动作模式下操纵杆的方向定义。
4. 简述机器人转数计数器更新流程。
5. 工具坐标系有哪几种方法？
6. 简述工具坐标系的定义流程。
7. 简述工件坐标系的定义流程。

第 5 章 机器人通信

5.1 I/O 硬件介绍

5.1.1 ABB 机器人常见通信方式

ABB 机器人常见的与外部通信的方式分为三类，见表 5.1，其中 IRB 120 标配 DeviceNet 总线。

※ I/O 硬件介绍

表 5.1 ABB 机器人常见通信方式

PC	现场总线	ABB 标准
RS232 通信	DeviceNet	标准 I/O 板
OPC Server	Profibus IO	PLC
Socket Message	ProfibusDP	
	Profinet	
	EtherNet/IP	

IRB 120 机器人采用 IRC 5 紧凑型控制器，其内部通信接口见表 5.2。

表 5.2 IRC 5 紧凑型控制器内部通信接口

图片示例	端口	作用
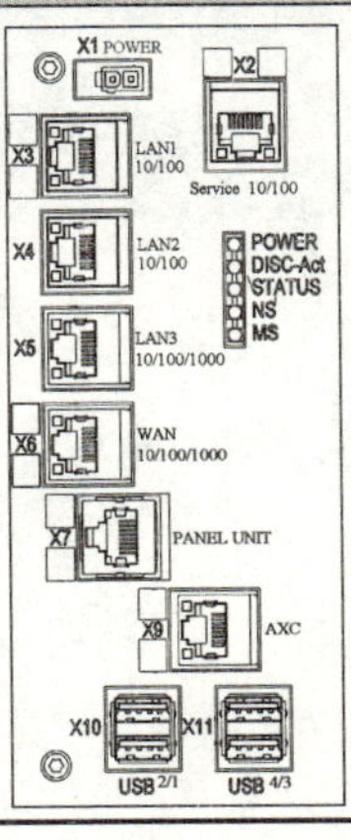	X1	电源
	X2（黄）	用于控制器与 PC 连接
	X3（绿）	LAN1（示教器连接）
	X4	LAN2（基于 ProfiNet SW、以太网 IP、以太网开关的连接）
	X5	LAN3（基于 ProfiNet SW、以太网 IP、以太网开关的连接）
	X6	WAN（连接至工厂 WAN）
	X7（蓝）	连接至面板
	X9（红）	轴计算机
	X10、X11	USB 端口（4 端口）

5.1.2　标准 I/O 板分类

ABB 机器人常用的标准 I/O 板见表 5.3，其中 IRB 120 标配 DSQC652 I/O 板。

表 5.3　标准 I/O 板分类

型号	说明
DSQC 651	分布式 I/O 模块 8 位数字量输入+8 位数字量输出+2 位模拟量输出
DSQC 652	分布式 I/O 模块 16 位数字量输入+16 位数字量输出
DSQC 653	分布式 I/O 模块 8 位数字量输入+8 位数字量输出带继电器
DSQC 355A	分布式 I/O 模块 4 位模拟量输入+4 位模拟量输出
DSQC 377A	输送链跟踪单元

5.1.3　DSQC 652 I/O 板结构

DSQC 652 标准 I/O 板如图 5.1 所示。

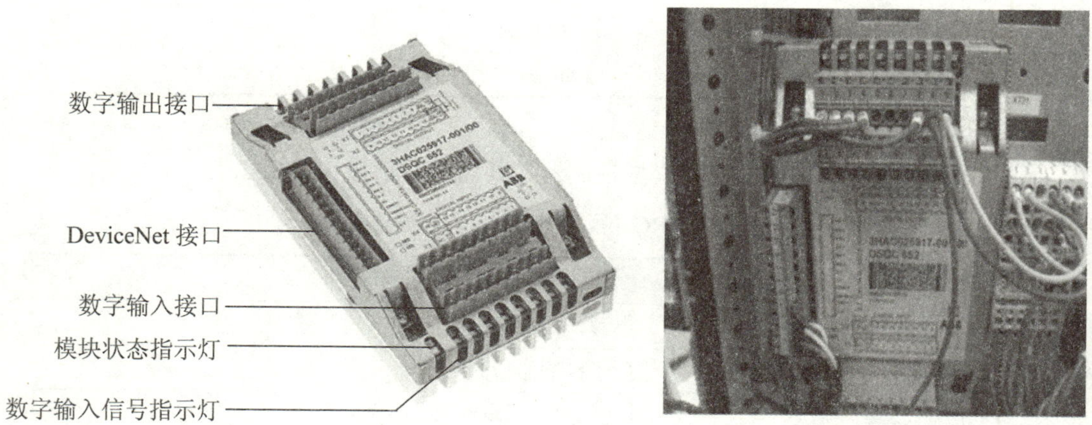

图 5.1　DSQC 652 标准 I/O 板

ABB 标准 I/O 板是挂在 DeviceNet 网络上的，地址可用范围为 10～63，其网络地址由端子 X5 上 6～12 的跳线决定。如图 5.2 所示，将第 8 脚和第 10 脚的跳线剪去，2+8=10，即该模块地址为 10。

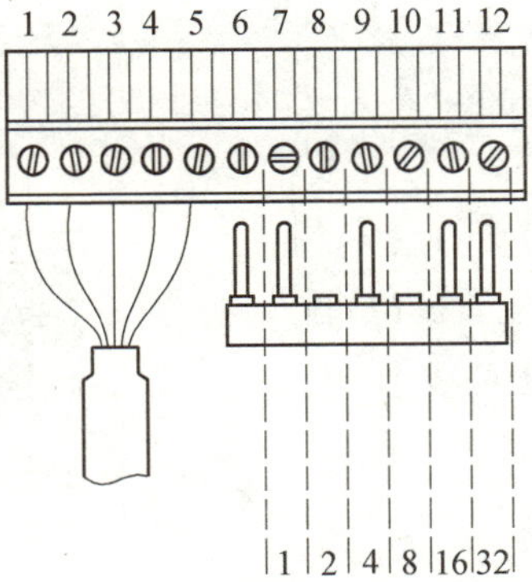

1. 0 V（黑色线）
2. CAN 信号线（Low，蓝色线）
3. 屏蔽线
4. CAN 信号线（High，白色线）
5. 24 V（红色线）
6. GND 地址选择公共端（0 V）

图 5.2 DeviceNet 接线图

IRB 120 所采用的 IRC 5 紧凑型控制器 I/O 接口和控制电源供电口如图 5.3 所示。

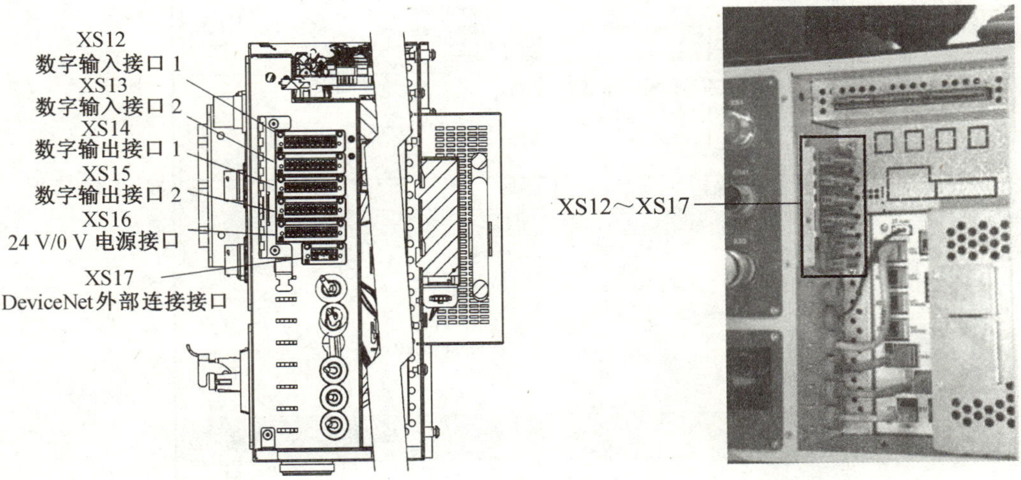

图 5.3 IRC 5 紧凑型控制器 I/O 接口和电源接口

各接口 I/O 说明见表 5.4。

表 5.4 I/O 接口定义

端子＼序号 引脚	1	2	3	4	5	6	7	8	9	10
XS12	0	1	2	3	4	5	6	7	0 V	—
XS13	8	9	10	11	12	13	14	15	0 V	—
XS14	0	1	2	3	4	5	6	7	0 V	24 V
XS15	8	9	10	11	12	13	14	15	0 V	24 V
XS16	24 V	0 V	24 V	0 V	—					

5.2 I/O 信号配置

ABB 标准 I/O 板安装完成后，需要对各信号进行一系列设置后才能在软件中使用，设置的过程称为 I/O 配置。I/O 配置分为两个过程：一是将 I/O 板添加到 DeviceNet 总线上，二是映射 I/O。

※ I/O 信号配置

5.2.1 添加 I/O 板

1. I/O 板添加界面

在 DeviceNet 总线上添加 I/O 板时，对 I/O 板信息进行配置，如图 5.4 所示。

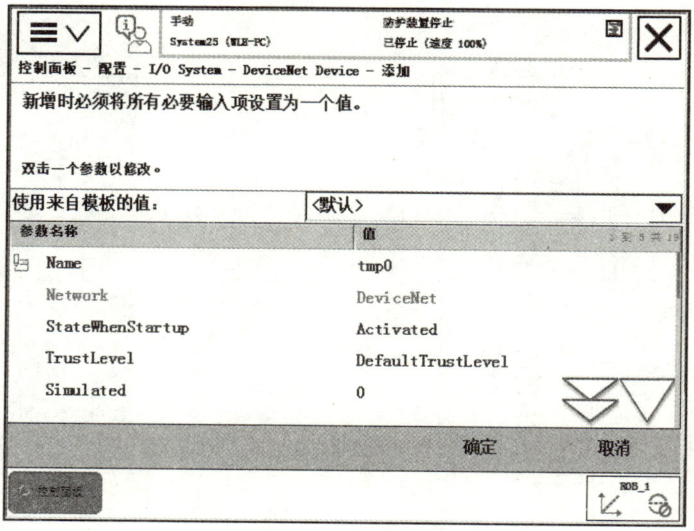

图 5.4 添加 I/O 板配置项

图 5.4 中各项内容见表 5.5。

表 5.5 DeviceNet 总线上添加 I/O 板时，需要配置的各项内容

序号	图例	说明
1	Name	设置 I/O 装置名称（*必设项）
2	Network	设置 I/O 装置实际连接的工业网络
3	StateWhenStartup	设置 I/O 装置在系统重启后的逻辑状态
4	TrustLevel	设置 I/O 装置在控制器错误情况下的行为
5	Simulated	指定是否对 I/O 装置进行仿真
6	VendorName	设置 I/O 装置厂商名称
7	ProductName	设置 I/O 装置产品名称

续表 5.5

序号	图例	说明
8	RecoveryTime	设置工业网络恢复丢失 I/O 装置的时间间隔
9	Label	设置 I/O 装置标签
10	Address	设置 I/O 装置地址（***必设项**）
11	Vendor ID	设置 I/O 装置制造商 ID
12	Product Code	设置 I/O 装置产品代码
13	Device Type	设置 I/O 装置设备类型
14	Production Inhibit Time (ms)	设置 I/O 装置滤波时间
15	ConnectionType	设置 I/O 装置连接类型
16	PollRate	设置 I/O 装置采样频率
17	Connection Output Size (bytes)	设置 I/O 装置输出缓冲区大小
18	Connection Input Size (bytes)	设置 I/O 装置输入缓冲区大小
19	Quick Connect	指定 I/O 装置是否激活快速连接

2. I/O 板添加过程

添加 I/O 板的操作步骤见表 5.6。

表 5.6　添加 I/O 板操作步骤

序号	图片示例	操作步骤
1	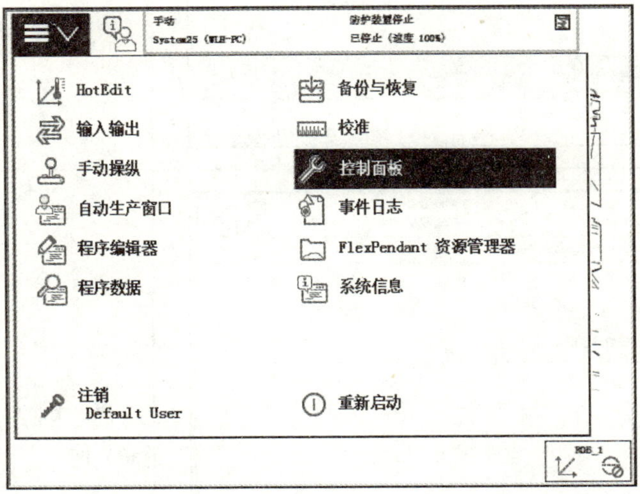	点击【主菜单】下【控制面板】，进入“控制面板”界面

续表 5.6

序号	图片示例	操作步骤
2	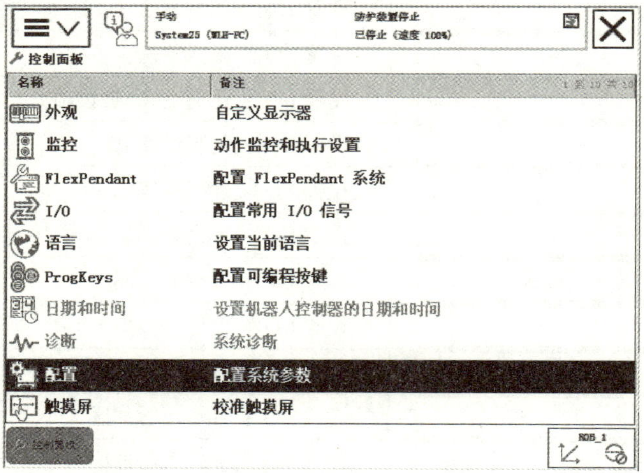	点击【配置】，进入配置界面
3	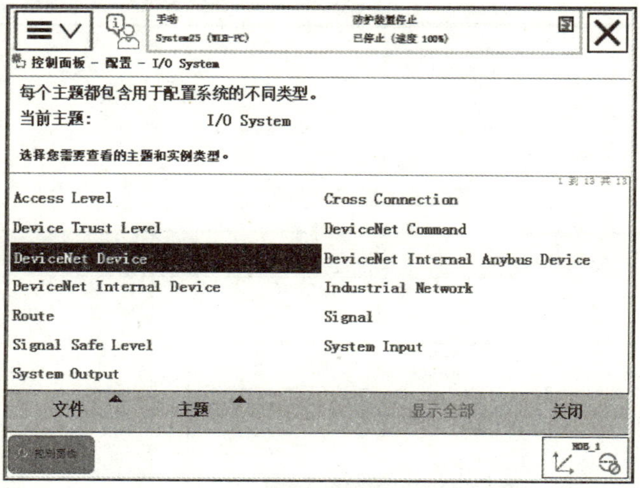	点击【DeviceNet Device】，进入设备编辑界面
4	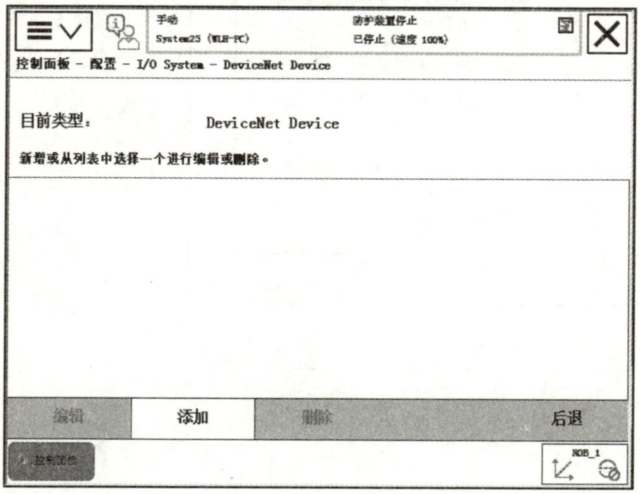	点击【添加】，进入设备界面

续表 5.6

序号	图片示例	操作步骤
5	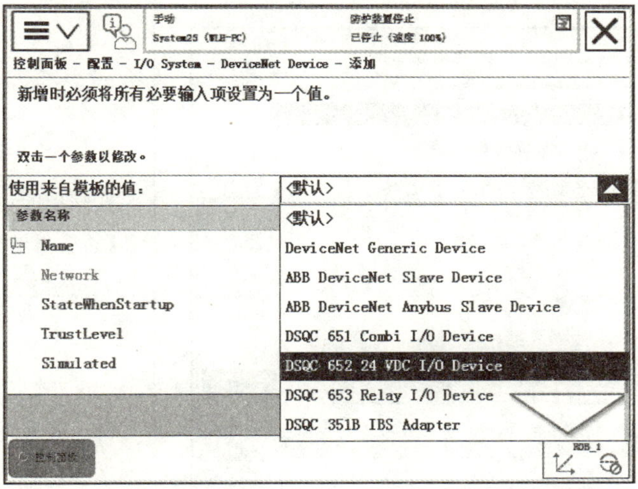	选择“DSQC 652 24 VDC I/O Device”模板
6	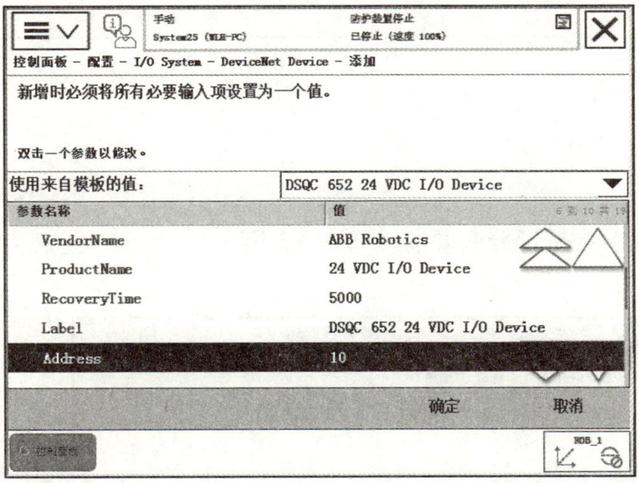	保持名称不变，将“Address”修改为 10（IRB 120 标配的 DSQC 652 I/O 板默认地址为 10）
7	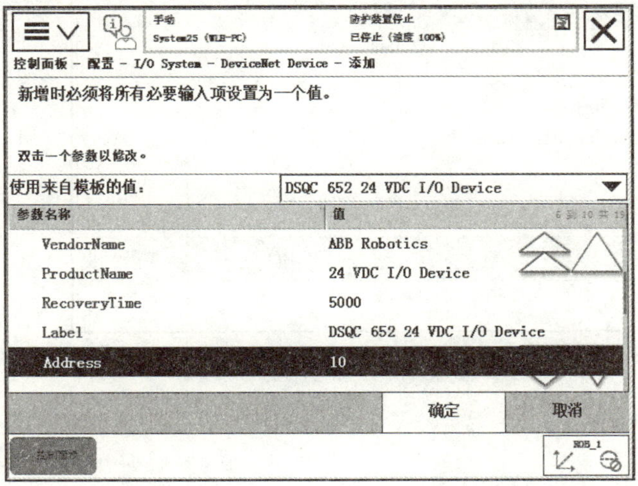	点击【确定】

续表 5.6

序号	图片示例	操作步骤
8	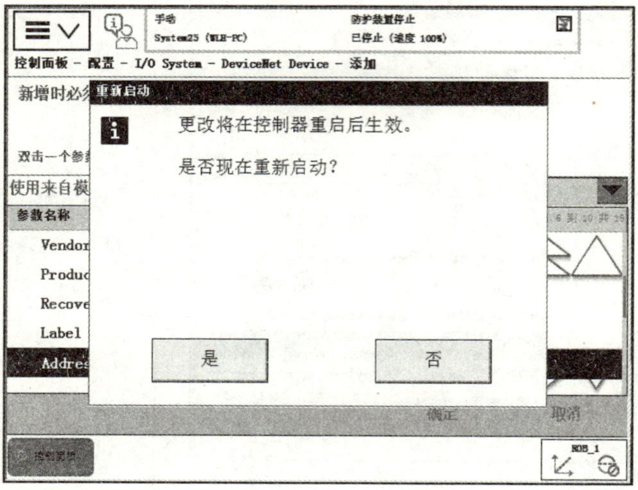	在弹出的对话框中点击【否】，继续后续配置，否则点击【是】，完成配置

5.2.2　I/O 映射

1. I/O 信号配置界面

在映射 I/O 信号时，需要配置部分必要项，如图 5.5 所示。

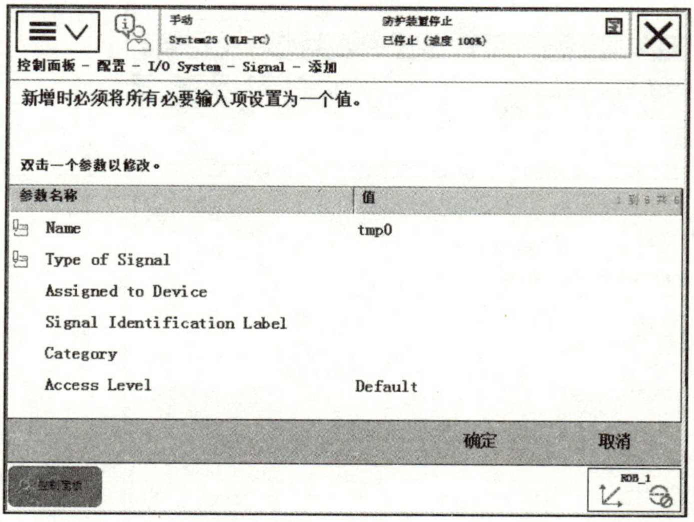

图 5.5　添加 I/O 信号配置项

图 5.5 中各项内容见表 5.7。

表 5.7 在映射 I/O 信号时，需要配置的各项内容

序号	图例	说明
1	Name	设置 I/O 信号名称（*必设项）
2	Type of Signal	设置 I/O 信号类型（*必设项）
3	Assigned to Device	设置 I/O 信号所连接的 I/O 装置（*必设项）
4	Signal Identification Label	设置 I/O 信号标签
5	Device Mapping	设置 I/O 引脚地址
6	Category	设置 I/O 信号类别
7	Access Level	设置 I/O 信号权限等级

2. I/O 信号类型

控制器内部 I/O 信号有 6 种类型，如图 5.6 所示。

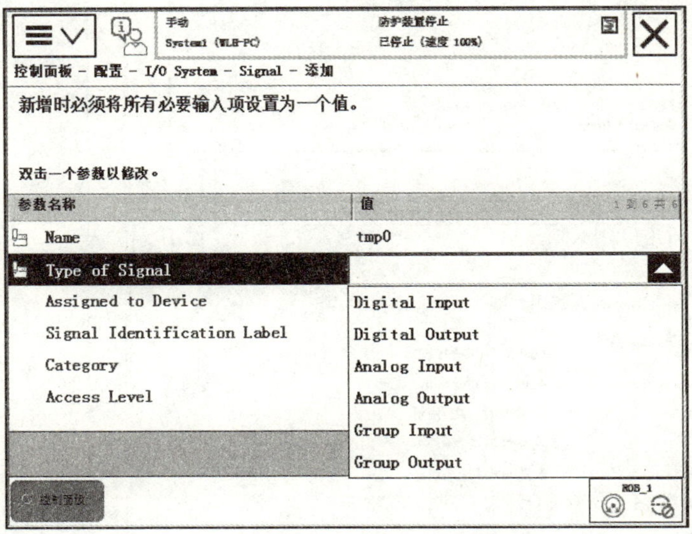

图 5.6 I/O 信号类型

I/O 信号类型说明见表 5.8。

表 5.8　I/O 信号类型说明

序号	图例	说明
1	Digital Input	数字量输入信号：配置机器人单个输入点
2	Digital Output	数字量输出信号：配置机器人单个输出点
3	Analog Input	模拟量输入信号：配置机器人模拟量输入点
4	Analog Output	模拟量输出信号：配置机器人模拟量输出点
5	Group Input	组输入信号：配置机器人多个连续输入点，最多配置 32 个点，取值范围为 0～31
6	Group Output	组输入信号：配置机器人多个连续输出点，最多配置 32 个点，取值范围为 0～31

3. I/O 映射过程

I/O 映射过程操作步骤见表 5.9。

表 5.9　I/O 映射过程操作步骤

<table>
<tr><th>序号</th><th>图片示例</th><th>操作步骤</th></tr>
<tr><td>1</td><td>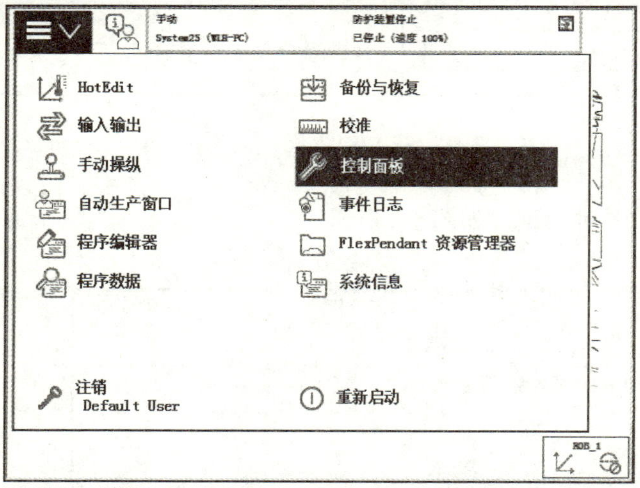
</td><td>点击【主菜单】下【控制面板】，进入“控制面板”界面</td></tr>
<tr><td>2</td><td>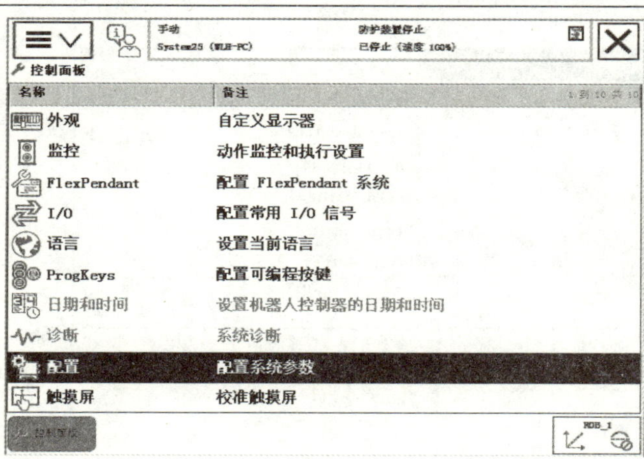
</td><td>点击【配置】，进入配置界面</td></tr>
</table>

续表 5.9

序号	图片示例	操作步骤
3	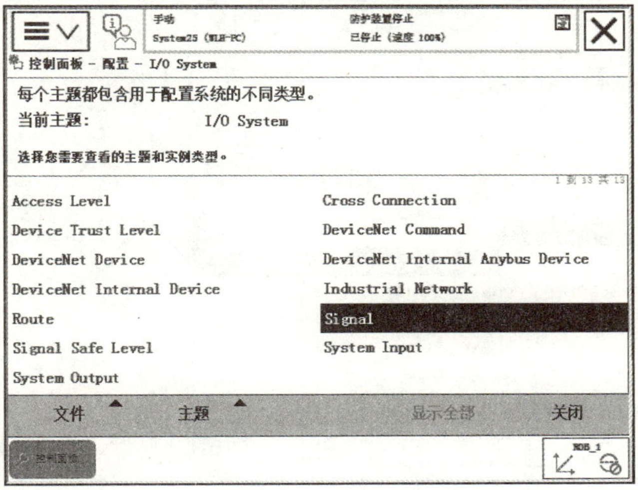	点击【Signal】，进入信号编辑界面
4	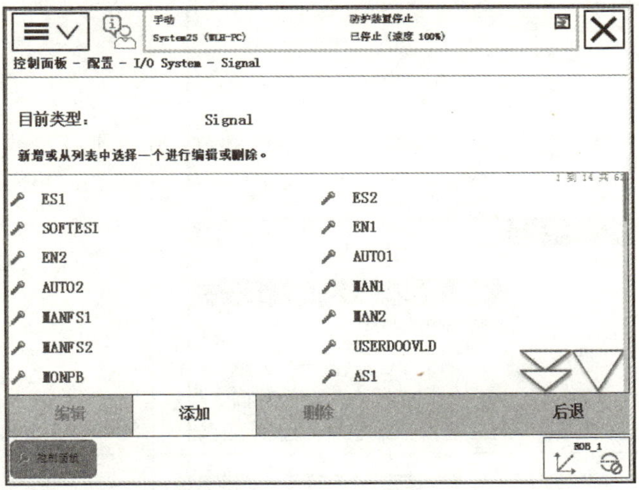	点击【添加】，进入信号界面
5	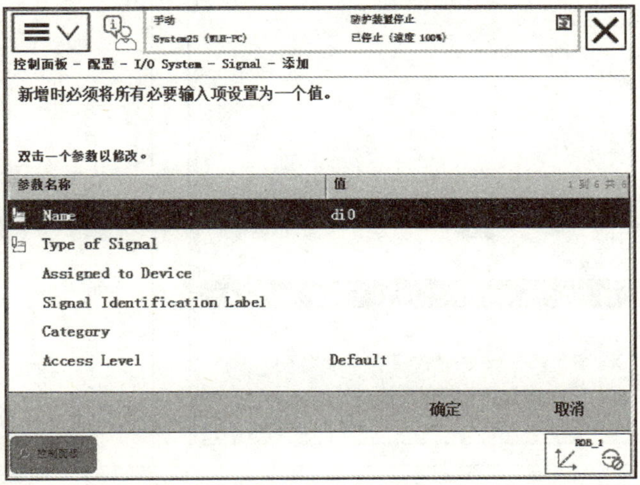	修改名称为“di0”

续表 5.9

<table>
<tr><th>序号</th><th>图片示例</th><th>操作步骤</th></tr>
<tr><td>6</td><td>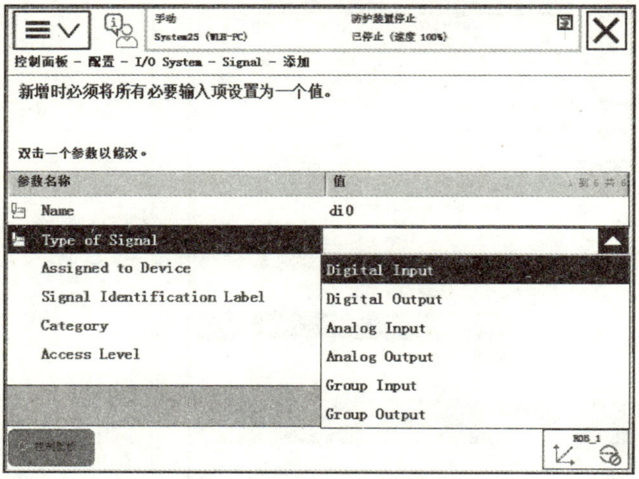
</td><td>在类型中选择“Digital Input”，即数字量输入</td></tr>
<tr><td>7</td><td>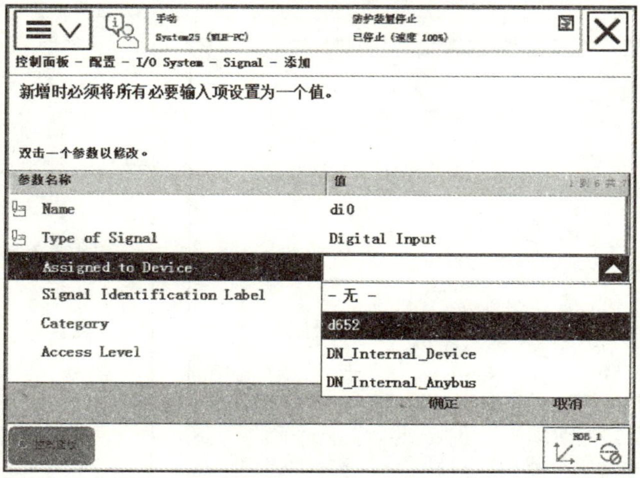
</td><td>在“Assigned to Device”中选择“d652”，即挂接在上节所添加的 I/O 板上</td></tr>
<tr><td>8</td><td>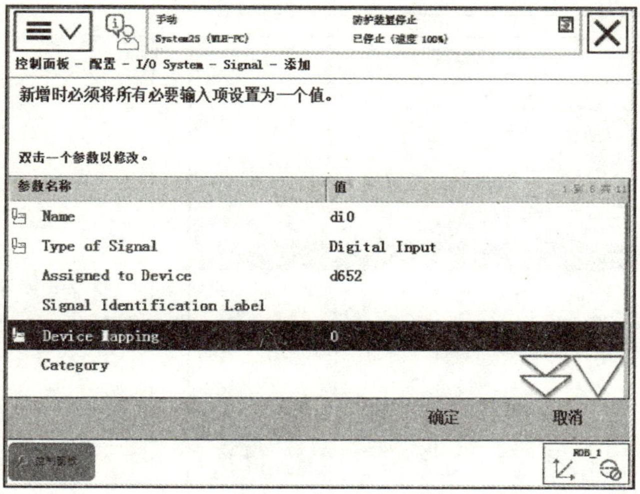
</td><td>在“Device Mapping”中更改引脚号为 0</td></tr>
</table>

续表 5.9

序号	图片示例	操作步骤
9	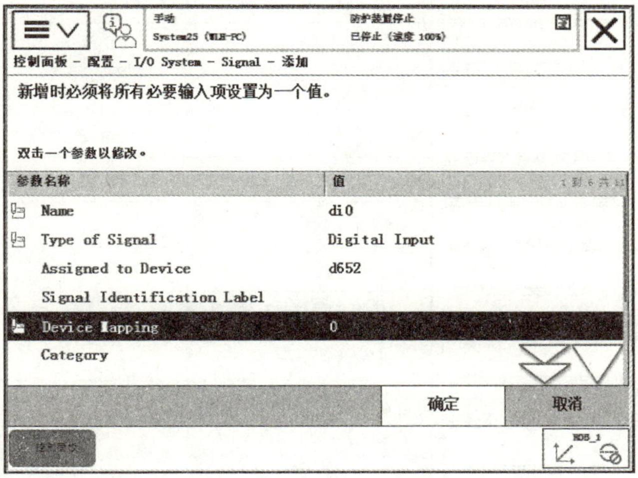	点击【确定】
10	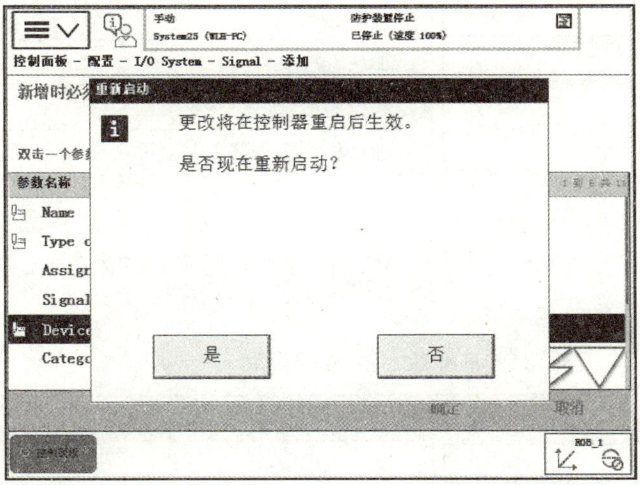	在弹出的对话框中点击【否】，继续后续配置，否则点击【是】，完成配置

5.3 系统 I/O 配置

5.3.1 常用系统 I/O 信号

1. 常用系统输入信号

系统输入配置即将数字输入信号与机器人系统控制信号关联起来，通过外部信号对系统进行控制，ABB 机器人可被配置为系统输入的信号见表 5.10。

※ 系统 I/O 配置

表5.10 常用系统输入信号

序号	图例	说明
1	Motors On	电机上电
2	Motors Off	电机下电
3	Start	启动运行
4	Start at Main	从主程序启动运行
5	Stop	暂停
6	Quick Stop	快速停止
7	Soft Stop	软停止
8	Stop at end of Cycle	在循环结束后停止
9	Interrupt	中断触发
10	Load and Start	加载程序并启动运行
11	Reset Emergency stop	急停复位
12	Motors On and Start	电机上电并启动运行
13	System Restart	重启系统
14	Load	加载程序文件
15	Backup	系统备份
16	PP to Main	指针移至主程序 Main

2. 常用系统输出信号

系统输出即将机器人系统状态信号与数字输出信号关联起来，将状态输出，ABB机器人可被配置为系统输出的信号见表5.11。

表5.11 常用系统输出信号说明

序号	图例	说明
1	Motor On	电机上电
2	Motor Off	电机下电
3	Cycle On	程序运行状态
4	Emergency Stop	紧急停止
5	Auto On	自动运行状态
6	Runchain Ok	程序执行错误报警
7	TCP Speed	TCP速度，以模拟量输出当前机器人速度
8	Motors On State	电机上电状态
9	Motors Off State	电机下电状态
10	Power Fail Error	动力供应失效状态
11	Motion Supervision Triggered	碰撞检测被触发
12	Motion Supervision On	动作监控打开状态

续表 5.11

序号	图例	说明
13	Path return Region Error	返回路径失败状态
14	TCP Speed Reference	TCP 速度参考状态，以模拟量输出当前指令速度
15	Simulated I/O	虚拟 I/O 状态
16	Mechanical Unit Active	激活机械单元
17	TaskExecuting	任务运行状态
18	Mechanical Unit Not Moving	机械单元没有运行
19	Production Execution Error	程序运行错误报警
20	Backup in progress	系统备份进行中
21	Backup error	备份错误报警

5.3.2 系统 I/O 信号配置

1. 系统输入信号配置

配置系统输入信号的操作步骤见表 5.12。

表 5.12 配置系统输入信号操作步骤

序号	图片示例	操作步骤
1	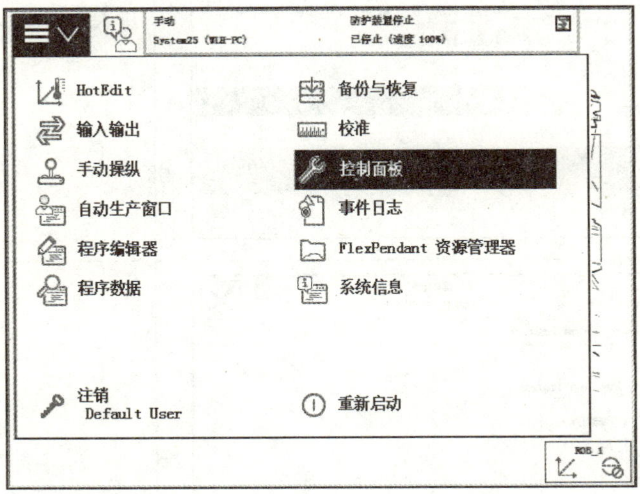	点击【主菜单】下【控制面板】，进入“控制面板”界面

续表 5.12

序号	图片示例	操作步骤
2	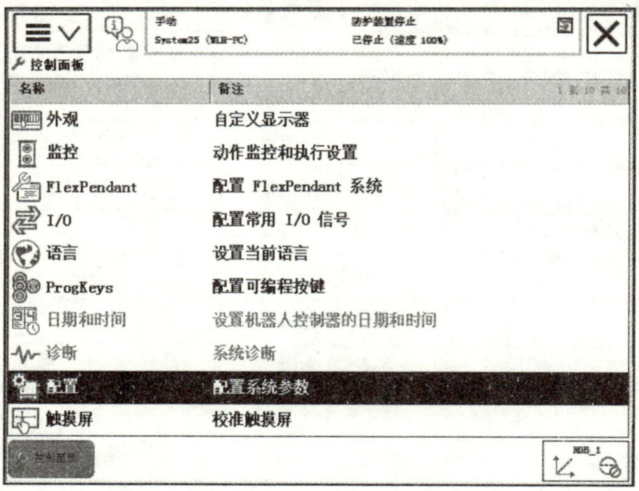	点击【配置】，进入配置界面
3		点击【System Input】，进入系统输入配置界面
4	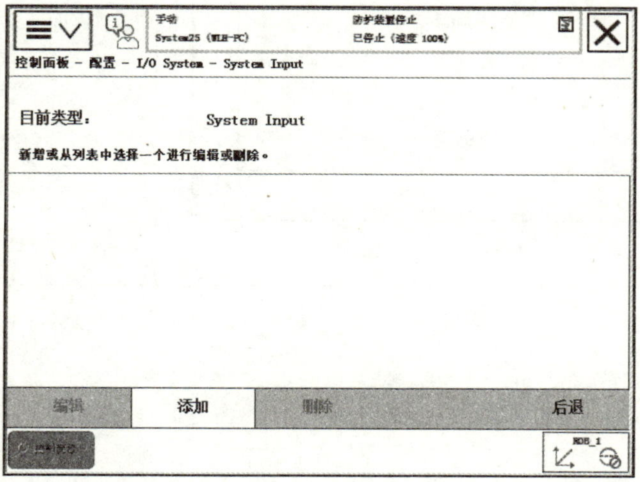	点击【添加】

续表 5.12

序号	图片示例	操作步骤
5	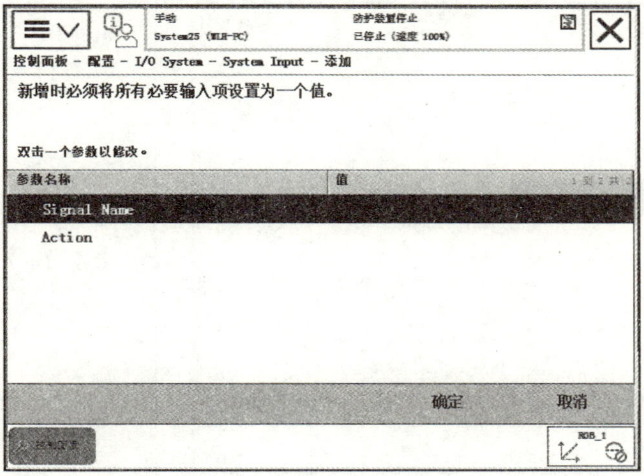	点击【Signal Name】，进入信号选择界面
6	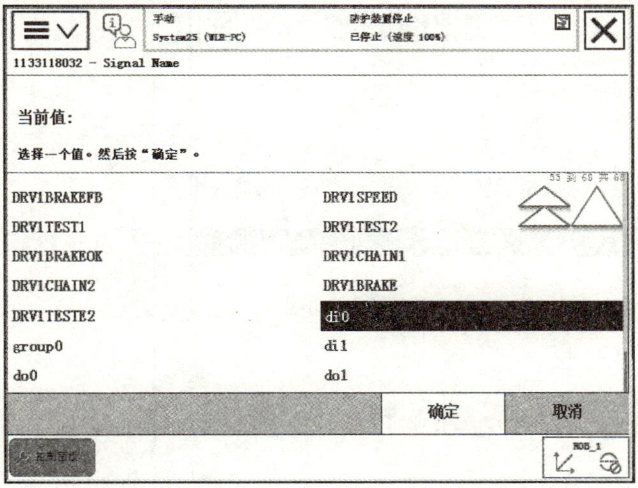	选择【di 0】，点击【确定】
7	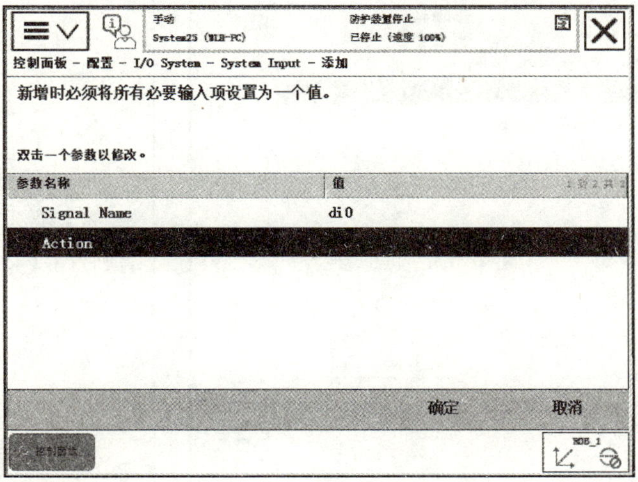	点击【Action】，进入系统信号选择界面

续表 5.12

序号	图片示例	操作步骤
8	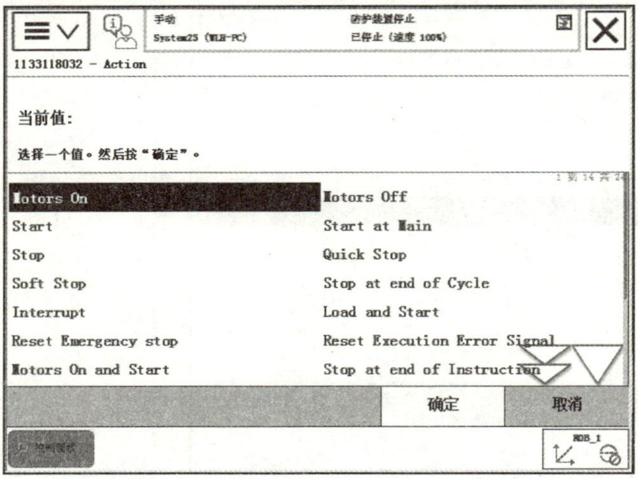	选择【Motors On】，点击【确定】
9	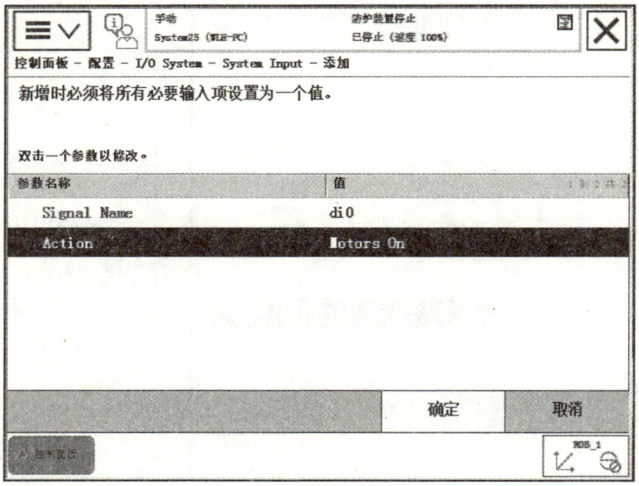	点击【确定】
10	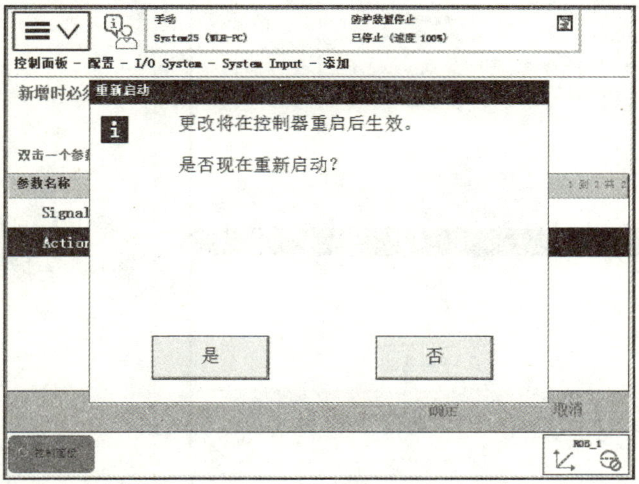	在弹出的对话框中点击【否】，继续后续配置，否则点击【是】，完成配置

2. 系统输出信号配置

配置系统输出信号的操作步骤见表 5.13。

表 5.13 配置系统输出信号操作步骤

序号	图片示例	操作步骤
1	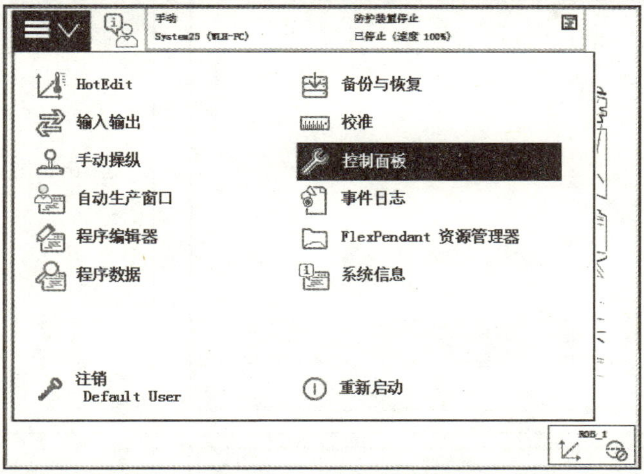	点击【主菜单】下【控制面板】，进入“控制面板”界面
2	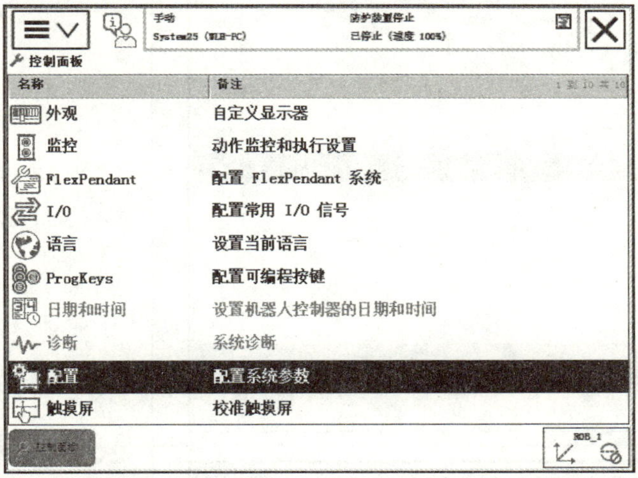	点击【配置】，进入配置界面
3	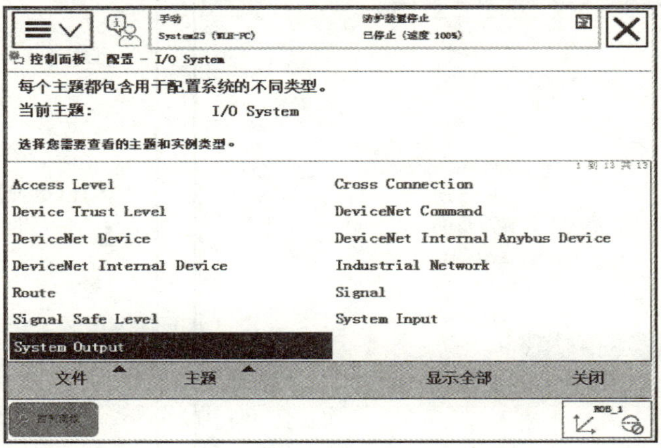	点击【System Output】，进入系统输出配置界面

续表 5.13

序号	图片示例	操作步骤
4	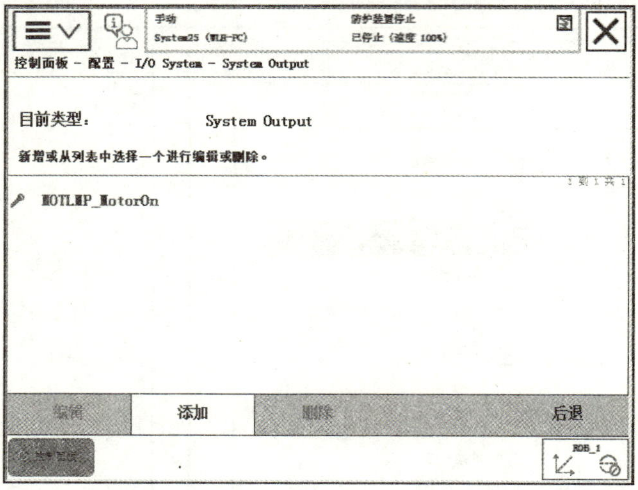	点击【添加】
5	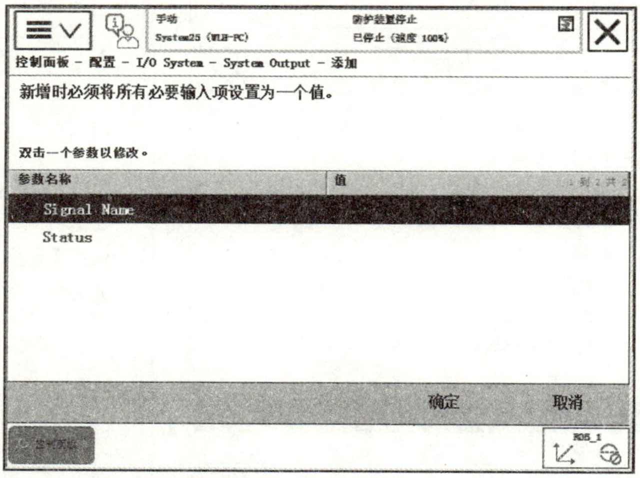	点击【Signal Name】，进入信号选择界面
6	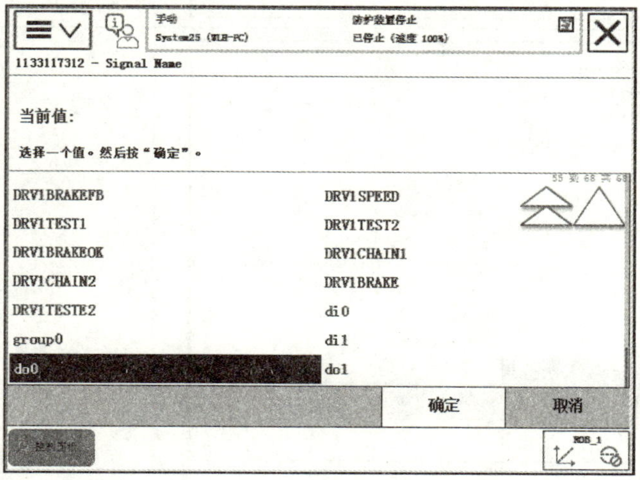	选择【do 0】，点击【确定】

续表 5.13

<table>
<tr><th>序号</th><th>图片示例</th><th>操作步骤</th></tr>
<tr><td>7</td><td>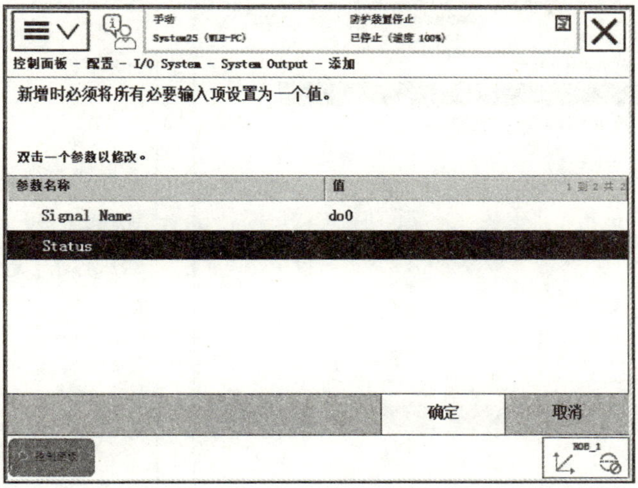
</td><td>点击【Status】，进入系统信号选择界面</td></tr>
<tr><td>8</td><td>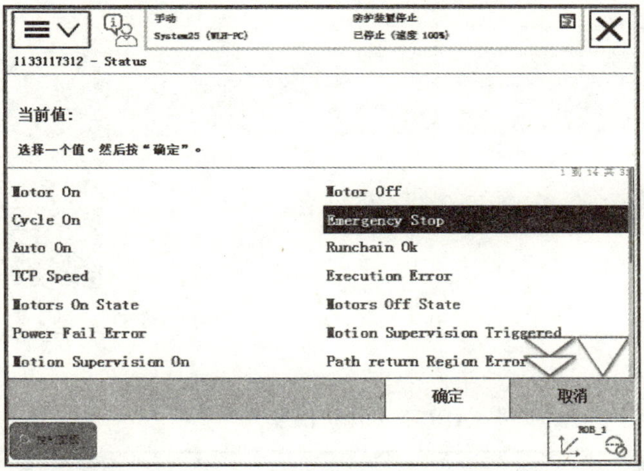
</td><td>选择【Emergency Stop】，点击【确定】</td></tr>
<tr><td>9</td><td>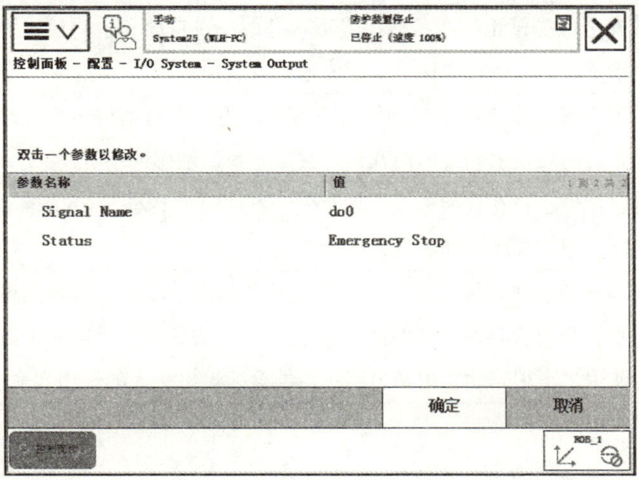
</td><td>点击【确定】</td></tr>
</table>

续表 5.13

序号	图片示例	操作步骤
10	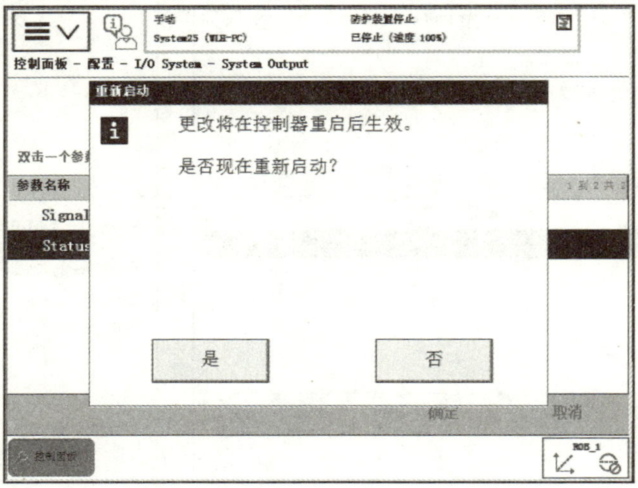	在弹出的对话框中点击【否】，继续后续配置，否则点击【是】，完成配置

5.4 安全信号

5.4.1 安全信号分类

ABB 机器人共有 4 种安全信号，见表 5.14。

❋ 安全信号

表 5.14 ABB 安全保护信号

序号	简称	功能
1	GS	**常规模式安全保护停止**：在任何模式下均有效，在自动和手动模式下都有效，主要由安全设备激活，例如光栅、安全光幕、安全垫等
2	AS	**自动模式安全保护停止**：在自动模式下有效，用于在自动程序执行过程中被外在检测装置激活的安全机制，如门互锁开关、光束或敏感的垫等
3	SS	**上级安全保护停止**：在任何模式下均有效（不适用于 IRC 5 Compact），具有一般停止的功能，但主要用于外部设备的连接
4	ES	**紧急停止**：无论机器人处于何种状态，一旦紧急信号激活，机器人将立即处于停止状态，且在报警没有消除的状态下，机器人无法启动。紧急停止需要在紧急情况下才能使用，不正确地使用紧急停止可能会缩短机器人的使用寿命

5.4.2 安全信号接线

IRB 120 机器人采用 IRC 5 紧凑型控制器，其安全信号位于顶部 XS7、XS8、XS9 接口上，其电气图如图 5.7 所示，各端口如图 5.8 所示。

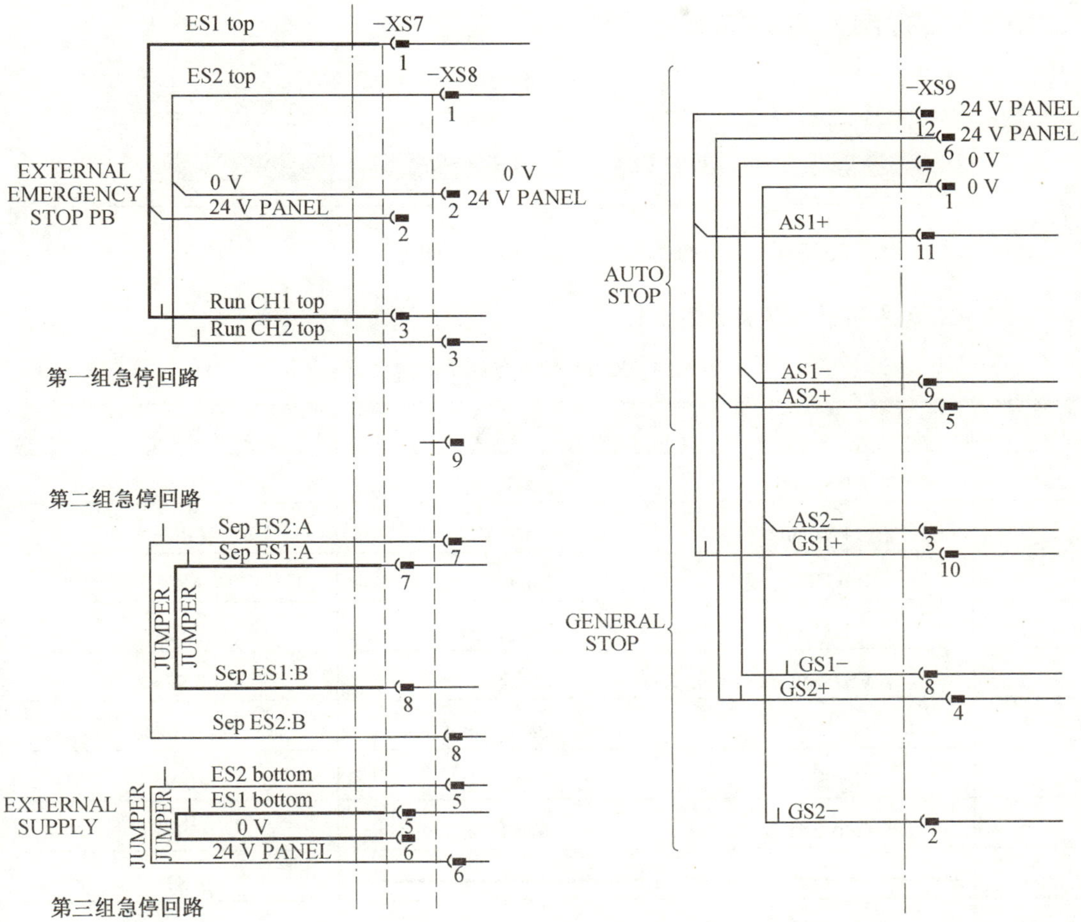

图 5.7 IRB 120 控制器安全信号电气图

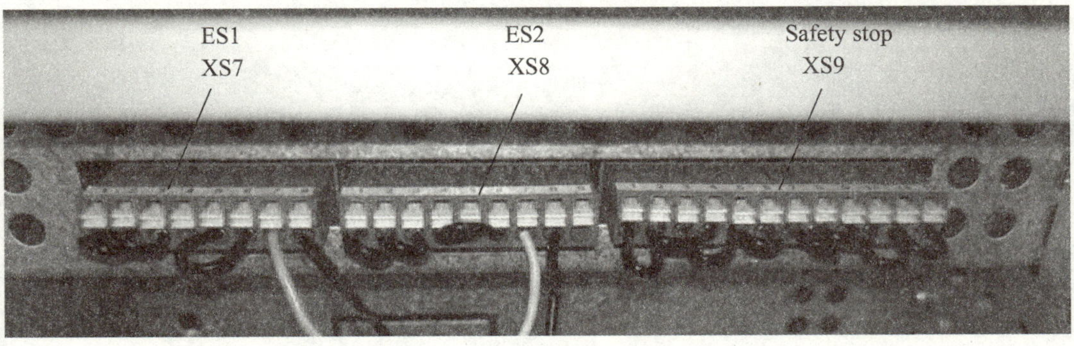

图 5.8 安全保护机制端口

机器人出厂时安全信号端子默认为短接状态，在使用该功能时可以取下跳线连接线，进行功能接线。控制器采用双回路急停保护机制，分别位于 XS7 和 XS8 上。两组回路共同作用，即只有当 XS7 和 XS8 同时接通时才能消除急停，只要两路端子上任何一路断开急停功能即生效。

XS7，XS8 接线如图 5.9 所示。

图 5.9　XS7 和 XS8 端口引脚

XS7～XS9 各端子的含义见表 5.15。

表 5.15　XS7～XS9 各端子的含义

序号	XS7	XS8	XS9
1	ES1 top	ES2 top	0 V
2	24 V panel	0 V	GS2−
3	Run CH1 top	Run CH2 top	AS2−
4	ES1:int	ES2:int	GS2+
5	ES1 bottom	ES2 bottom	AS2+
6	0 V	24 V panel	24 V panel
7	Sep ES1:A	Sep ES2:A	0 V
8	Sep ES1:B	Sep ES2:B	GS1−
9	——	——	AS1−
10	——	——	GS1+
11	——	——	AS1+
12	——	——	24 V panel

5.5　本章小结

本章主要讲解了机器人 I/O 通信的相关内容，首先介绍了 ABB 机器人常见的通信方式及 DSQC652 I/O 板的结构，其次介绍了示教器中 I/O 配置的过程及 I/O 信号操作方法，然后介绍了系统 I/O 的配置及使用，最后介绍了安全信号的分类及使用。

思考题

1. 简述 DSQC652 I/O 配线过程。
2. 简述 I/O 信号配置流程。
3. 简述 I/O 信号操作流程。
4. 简述系统 I/O 配置流程。
5. 简述安全板上 XS7，XS8，XS9 端口的功能。
6. 简述急停回路配线的流程。

第 6 章 编程基础

6.1 程序数据

6.1.1 常见数据类型

数据存储描述了机器人控制器内部的各项属性，ABB 机器人控制器数据类型达到 100 余种，其中常见数据类型见表 6.1。

※ 程序数据

表 6.1 常见数据类型

类别	名称	描述
基本数据	bool	逻辑值：取值为 TRUE 或 FALSE
	byte	字节值：取值范围（0～255）
	num	数值：可存储整数或小数，整数取值范围（-8 388 607～8 388 608）
	dnum	双数值：可存储整数或小数，整数取值范围（-4 503 599 627 370 495～+4 503 599 627 370 496）
	string	字符串：最多 80 个字符
	stringdig	只含数字的字符串：可处理不大于 4 294 967 295 的正整数
I/O 数据	dionum	数字值：取值为 0 或 1，用于处理数字 I/O 信号
	signaldi	数字量输入信号
	signaldo	数字量输出信号
	signalgi	数字量输入信号组
	signalgo	数字量输出信号组
	signalai	模拟量输入信号
	signalao	模拟量输出信号

续表 6.1

类别	名称	描述
运动相关数据	robtarget	**位置数据**：定义机械臂和附加轴的位置
	robjoint	**关节数据**：定义机械臂各关节位置
	speeddata	**速度数据**：定义机械臂和外轴移动速率，包含四个参数： v_tcp 表示工具中心点速率，单位 mm/s； v_ori 表示 TCP 重定位速率，单位（°）/s； v_leax 表示线性外轴的速率，单位 mm/s； v_reax 表示旋转外轴速率，单位（°）/s
	zonedata	**区域数据**：一般也称为转弯半径，用于定义机器人轴在朝向下一个移动位置前如何接近编程位置
	tooldata	**工具数据**：用于定义工具的特征，包含工具中心点（TCP）的位置和方位，以及工具的负载
	wobjdata	**工件数据**：用于定义工件的位置及状态
	loaddata	**负载数据**：用于定义机械臂安装界面的负载

6.1.2 数据存储类型

ABB 机器人数据存储类型分为 3 种，见表 6.2。

表 6.2 数据存储类型

序号	存储类型	说明
1	CONST	**常量**：数据在定义时已赋予了数值，不能在程序中进行修改，除非手动修改
2	VAR	**变量**：数据在程序执行过程中停止时，会保持当前的值。但如果程序指针被移到主程序后，数据就会丢失
3	PERS	**可变量**：无论程序的指针如何，数据都会保持最后赋予的值。在机器人执行的 RAPID 程序中也可以对可变量存储类型数据进行赋值操作，在程序执行以后，赋值的结果会一直保持，直到对其进行重新赋值

6.1.3 程序数据操作

1. 程序数据界面

在程序数据界面中可以查看并操作所有数据。点击【主菜单】下的【程序数据】按钮，进入程序数据界面，如图 6.1 所示。程序数据界面默认显示已用数据类型，通过点击【视图】界面可以在已用数据类型和全部数据类型中进行切换，点击【更改范围】可以对数据进行筛选。

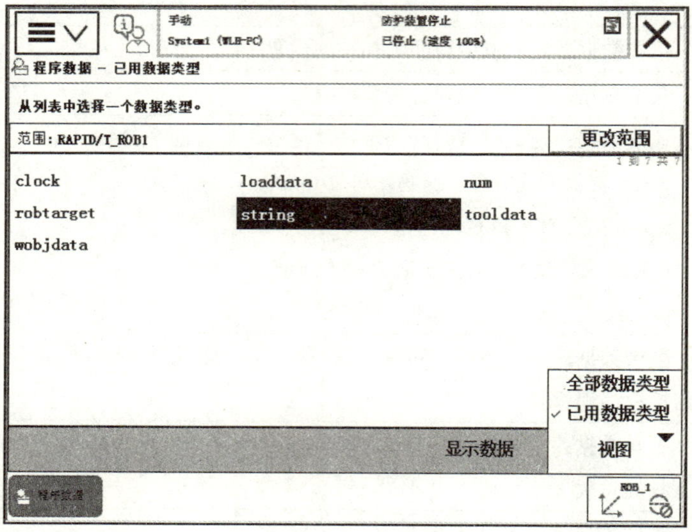

（a）

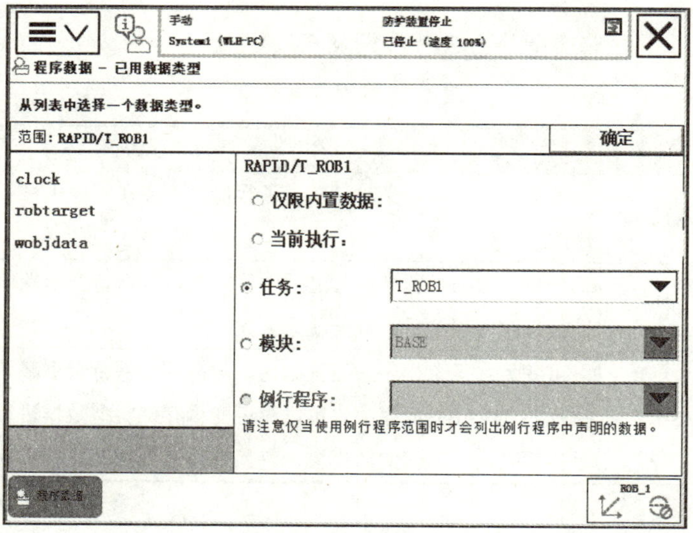

（b）

图 6.1　程序数据界面

2. 程序数据编辑

点击程序数据界面中的程序数据类型，进入程序数据界面，以【num】型数据为例，如图 6.2 所示。

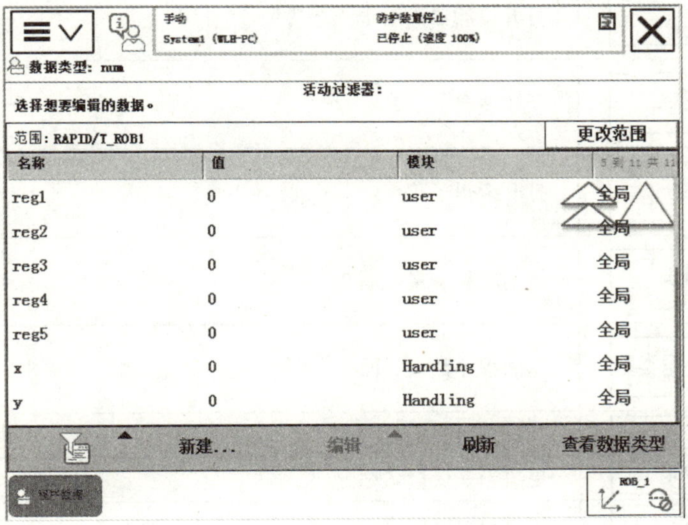

（a）

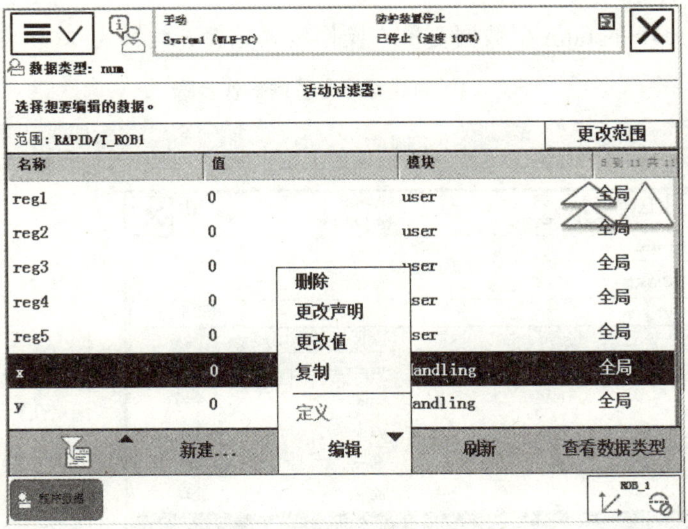

（b）

图 6.2　程序数据编辑界面

程序数据编辑界面中各菜单项功能见表 6.3。

表 6.3　程序数据编辑界面中各项菜单项功能说明

序号	图例	说明
1		打开过滤器，用于筛选变量
2	新建...	新建变量
3	编辑 ▼	打开编辑子菜单
4	刷新	手动刷新变量数据
5	查看数据类型	返回程序数据界面
6	删除	删除当前变量
7	更改声明	更改当前变量名称
8	更改值	更改当前变量值
9	复制	复制当前变量
10	定义	定义当前变量值，仅部分类型变量有效

3. 新建程序变量

新建名称为 reg0 的 num 型数据变量，操作步骤见表 6.4。

表 6.4　新建程序变量的操作步骤

序号	图片示例	操作步骤
1	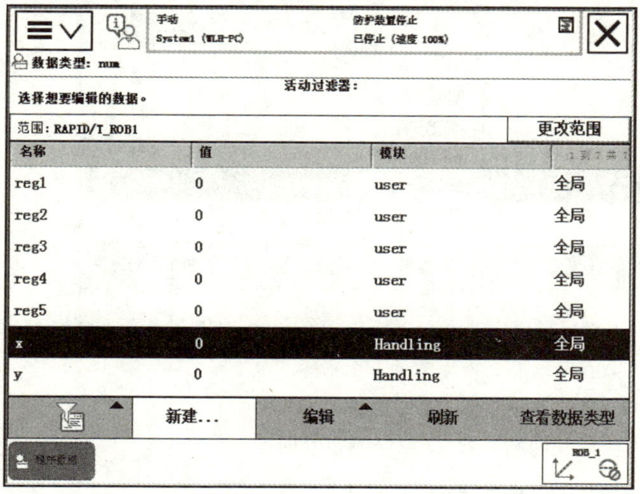	在 num 数据编辑界面中点击【新建】

续表 6.4

序号	图片示例	操作步骤
2	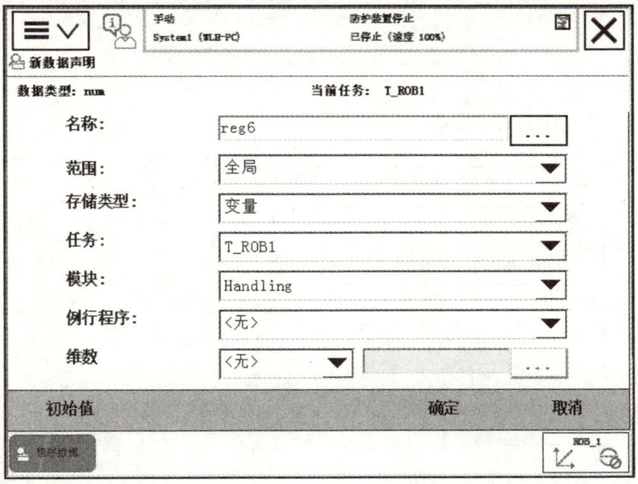	设定数据的名称、有效范围、存储类型及存储位置
3	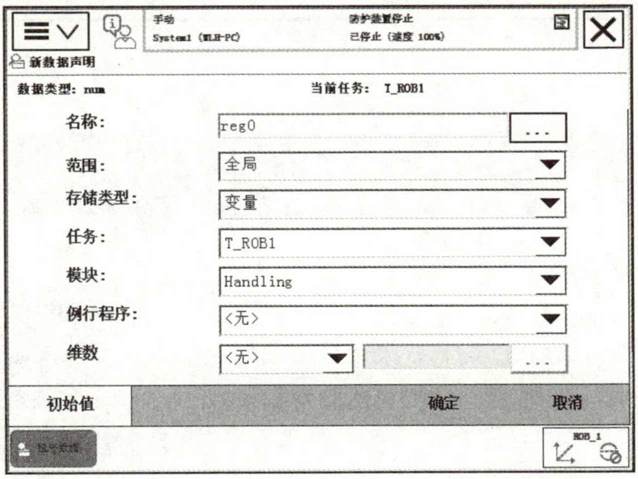	点击【初始值】
4	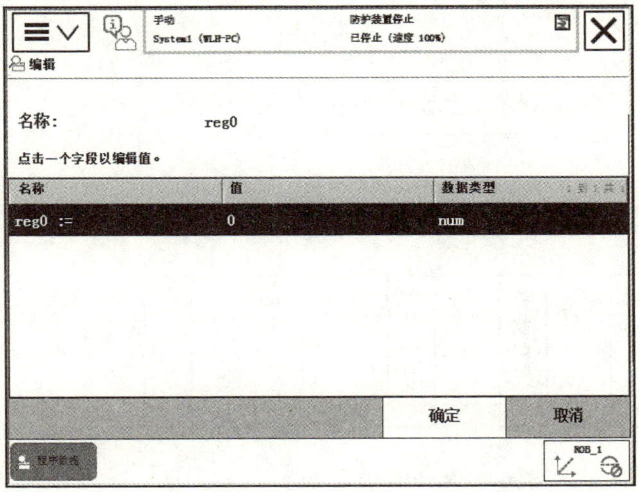	设定变量初始值，点击【确定】

续表 6.4

序号	图片示例	操作步骤
5	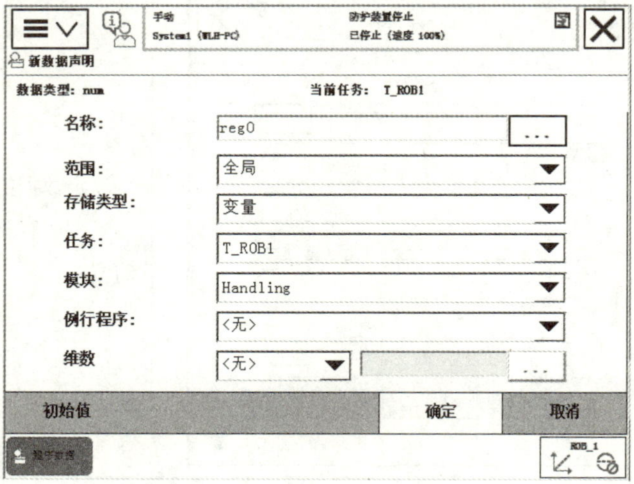	点击【确定】，完成数据创建

6.2 程序结构

6.2.1 RAPID 语言结构

ABB 机器人编程语言称为 RAPID 语言，采用分层编程方案，可为特定机器人系统安装新程序、数据对象和数据类型，其功能如图 6.3 所示。

※ 程序结构及程序操作

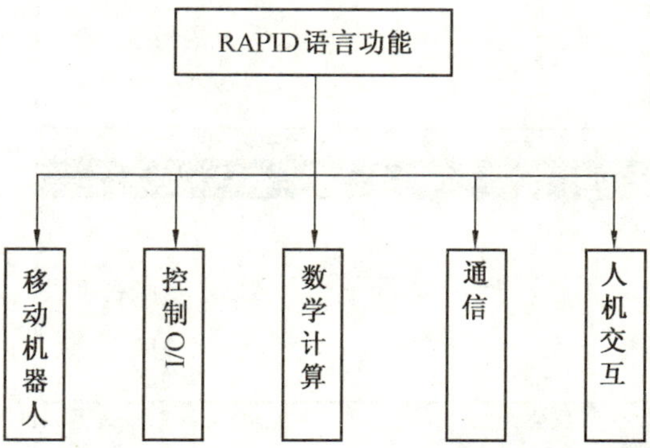

图 6.3 RAPID 语言功能

ABB 机器人程序包含 3 个等级：任务、模块、例行程序，其结构如图 6.4 所示。一个任务中包含若干个系统模块和用户模块，一个模块中包含若干程序。其中系统模块预定了程序系统数据，定义常用的系统特定数据对象（工具、焊接数据、移动数据等）、接口（打印机、日志文件...）等。通常用户程序分布于不同的模块中，在不同的模块中编写对应的例行程序和中断程序。主程序（main）为程序执行的入口，有且仅有一个，通常通过执行 main 程序调用其他的子程序，实现机器人的相应功能。

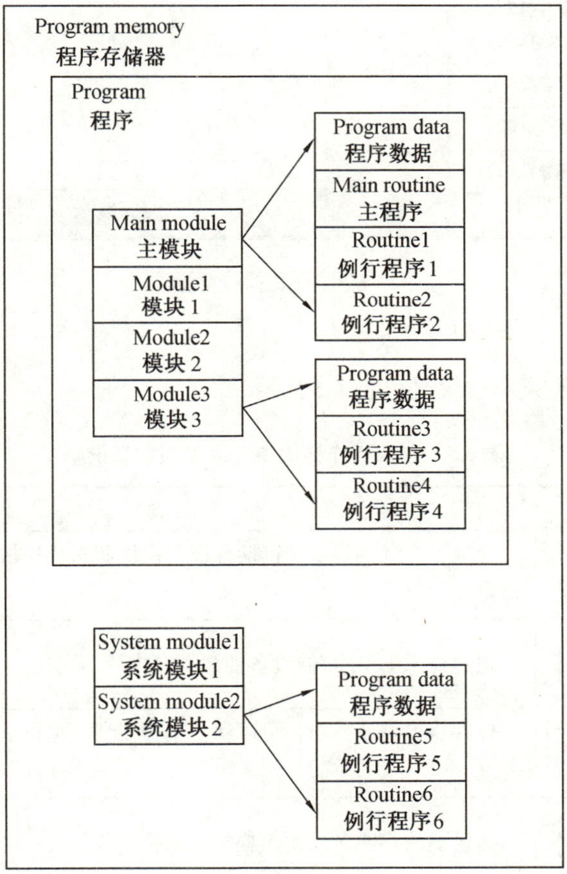

图 6.4　ABB 机器人程序组成图

6.2.2　程序操作

1. 模块操作

“模块操作界面”用于对任务模块的创建、编辑、删除等操作，如图 6.5 所示。

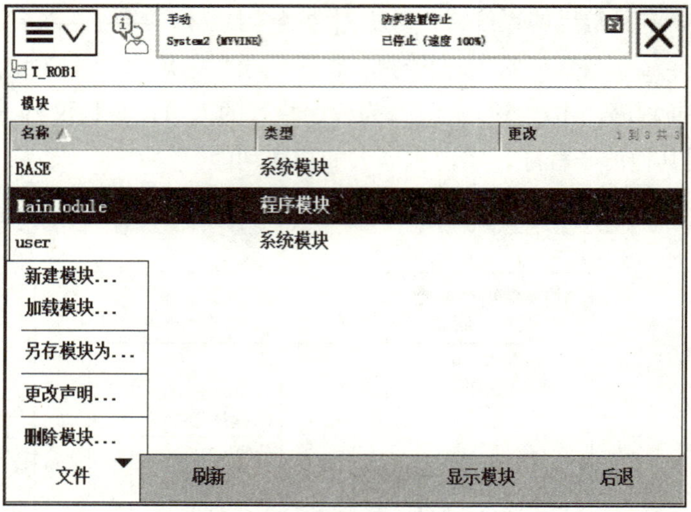

图 6.5　模块操作界面

模块操作界面中各菜单项含义见表 6.5。

表 6.5　模块操作界面中各菜单项含义说明

序号	图例	说明
1	新建模块...	建立一个新的模块，包括有程序模块和系统模块。默认选择 Module 程序模块
2	加载模块...	通过外部 USB 存储设备加载程序模块
3	另存模块为...	保存当前程序模块，可以保存至控制器，也可以保存至外部 USB 存储设备
4	更改声明...	通过更改声明可以更改模块的名称和类型
5	删除模块...	删除当前模块，操作不可逆，谨慎操作

2. 例行程序操作

“例行程序操作界面”用于对例行程序的创建、编辑、删除等操作，如图 6.6 所示。

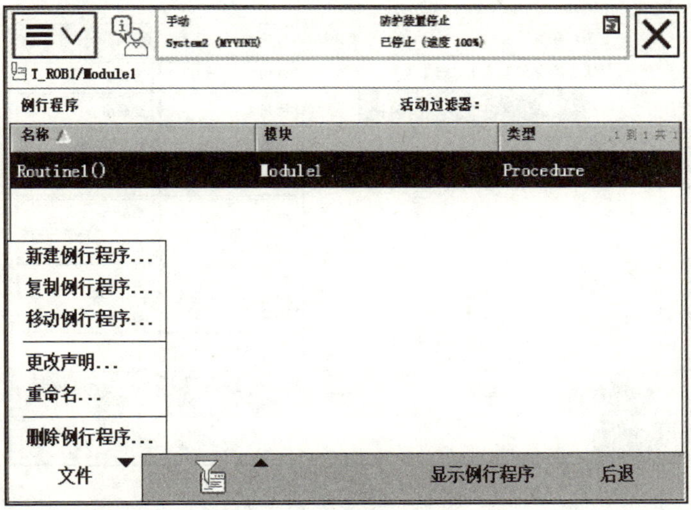

图 6.6　例行程序操作界面

例行程序操作界面中各菜单项含义见表 6.6。

表 6.6　例行程序操作界面中各菜单项含义说明

序号	图例	说明
1	新建例行程序...	弹出新建例行程序界面，可以修改名称，程序类型
2	复制例行程序...	弹出复制例行程序界面，可以修改名称，程序类型，复制程序所在模块位置
3	移动例行程序...	弹出移动例行程序界面，移动程序到别的模块
4	更改声明...	弹出例行程序声明界面，可以更改程序类型，程序参数，所在模块
5	重命名...	重命名例行程序

3. 程序编辑

程序编辑器菜单中的编辑项主要用于对程序进行修改，例如复制、剪切、粘贴等操作，如图 6.7 所示。

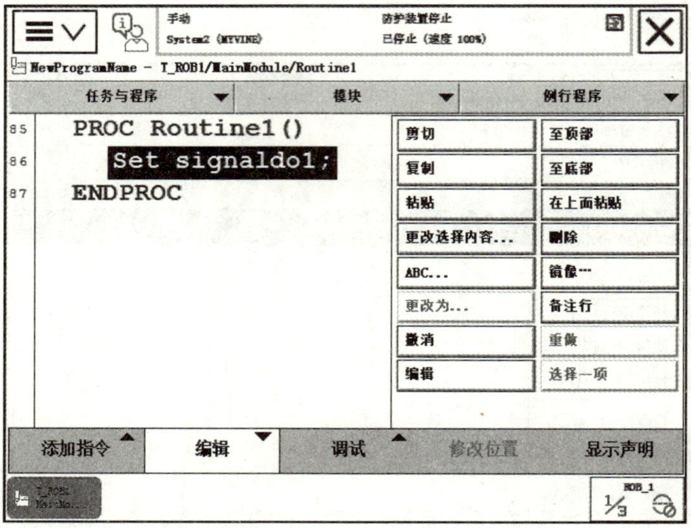

图 6.7　程序编辑菜单

程序编辑菜单中各菜单项含义见表 6.7。

表 6.7　程序编辑菜单中各菜单项含义说明

序号	图例	说明
1	剪切	将选择内容剪切到剪辑板
2	复制	将选择内容复制到剪辑板
3	粘贴	默认粘贴内容在光标下面
4	在上面粘贴	粘贴内容在光标上面
5	至顶部	滚页到第一页
6	至底部	滚页到最后一页
7	更改选择内容...	弹出待更改的变量
8	删除	删除选择内容
9	ABC...	弹出键盘，可以直接进行指令编辑修改
10	更改为 MoveL	将 MoveJ 指令更改为 MoveL；MoveL 指令修改为 MoveJ
11	备注行	将选择内容改为注释，且不被程序执行
12	撤消	撤销当前操作，最多可撤销 3 步
13	重做	恢复当前操作，最多可恢复 3 步
14	编辑	可以进行多行选择

4. 程序调试

程序编辑器菜单中的编辑项主要用于对程序进行修改，如图 6.8 所示。

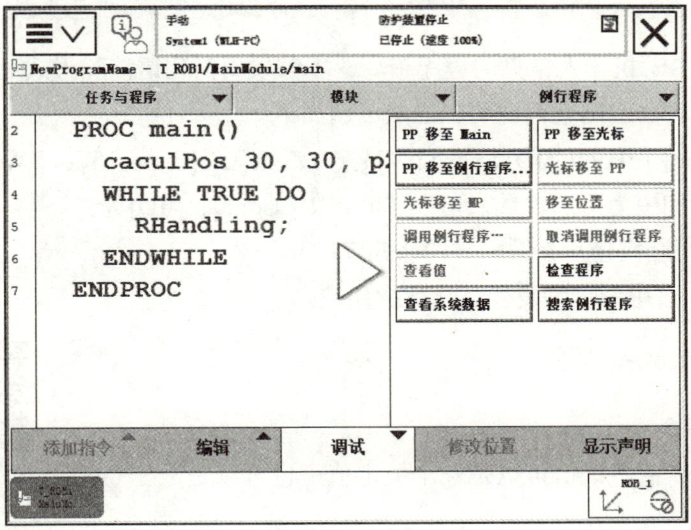

图 6.8　调试菜单

调试菜单中各菜单项含义见表 6.8。

表 6.8　调试菜单项中各菜单项含义说明

序号	图例	说明
1	PP 移至 Main	将程序指针移至主程序
2	PP 移至光标	将程序指针移至光标处
3	PP 移至例行程序...	将程序指针移至指定例行程序
4	光标移至 PP	将光标移至程序指针处
5	光标移至 MP	光标移至动作指针处
6	移至位置	机器人移动至当前光标位置处
7	调用例行程序…	调用任务中预定义的服务例行程序
8	取消调用例行程序	取消调用服务例行程序
9	查看值	查看变量数据数值
10	检查程序	检查程序是否有错误
11	查看系统数据	查看系统数据数值
12	搜索例行程序	搜索任务中的例行程序

6.3 程序指令

本节讲解 ABB 机器人常见的程序指令。本节采用简化语法和形式对指令和函数进行说明，并配以示教器示例进行说明。语法示例如下：

MoveJ [\Conc] ToPoint [\ID] Speed [\V] | [\T] Zone[\Z] [\Inpos] Tool [\Wobj] [\TLoad]

➢ 方括号[ ]中为可选参数，可以忽略，如[\Conc]、[\ID]等。

➢ 斜线\中为互相排斥参数，如[\V]和[\T]。

➢ 大括号{ }中为可重复任意次数的参数。

6.3.1 Common 类别

※ Common 指令类别讲解 1

1. :=赋值指令

向数据分配新值，该值可以是一个恒定值，也可以是一个算数表达式，见表 6.9。

表 6.9 赋值指令

格式	Data := Value	
参数	Data	将被分配的新值的数据
	Value	期望值
示例	`reg1 := reg2;`	
说明	将 reg2 的值赋给 reg1	

2. Compact IF 条件指令

当满足条件时仅需要执行单个指令时，可使用该指令，见表 6.10。

表 6.10 Compact IF 条件指令

格式	IF Condition …	
参数	Condition	条件
	…	待执行指令
示例	`reg1 := 1;` `IF reg1 = 1 reg2 := 2;`	
说明	设置 reg1=1，执行结束后 reg2 为 2	

3. FOR 循环指令

当一个或多个指令重复运行时，使用该指令，见表 6.11。

表 6.11 FOR 循环指令

格式	For Loop counter From Start value To End value [STEP step value] DO … ENDFOR	
参数	Loop counter	循环计数器名称，将自动声明该数据
	Start value	Num 型循环计数器起始值
	End value	Num 型循环计数器结束值
	Step value	Num 型循环增量值，若未指定该值，则起始值小于结束值时设置为 1，起始值大于结束值时设置为-1
	…	待执行指令

示例	`reg1 := 1;`
	`FOR i FROM 1 TO 3 STEP 2 DO`
	`  reg1 := reg1 + 1;`
	`ENDFOR`	

说明	设置 reg1=1,执行结束后 reg1=3	

4. IF 条件指令

当满足条件仅需要执行多条指令时，可使用该指令，见表 6.12。

表 6.12 IF 条件指令

格式	IF Condition THEN … {ELSEIF Condition THEN …} [ELSE …] ENDIF	
参数	Condition	bool 型执行条件
	…	待执行指令

示例	`reg2 := 4;`
	`IF reg2 > 5 THEN`
	`  reg1 := 1;`
	`ELSEIF reg2 > 3 THEN`
	`  reg1 := 2;`
	`ELSE`
	`  reg1 := 3;`
	`ENDIF`	

说明	设置 reg2=4，执行结果 reg1=2	

5. MoveAbsJ 绝对位置运动指令

该指令是将机械臂和外轴移动至轴位置中指定的绝对位置，见表 6.13。

※ Common 指令类别讲解 2

表 6.13 MoveAbsJ 绝对位置运动指令

格式	MoveAbsJ [\Conc] ToJointPos [\ID] [\NoEOffs] Speed [\V] | [\T] Zone[\Z] [\Inpos] Tool [\Wobj] [\TLoad]	
参数	[\Conc]	当机器人正在运动时，执行后续指令
	ToJointPos	Jointtarget 型目标点位置
	[\ID]	在 MultiMove 系统中用于运动同步或协调同步，其他情况下禁止使用
	[\NoEOffs]	设置该运动不受外轴有效偏移量的影响
	Speed	Speeddata 型运动速度
	[\V]	num 型数据，指定指令中的 TCP 速度，以 mm/s 为单位
	[\T]	num 型数据，指定机器人运动的总时间，以 s 为单位
	Zone	zonedata 型转弯半径
	[\Z]	num 型数据，指定机器人 TCP 的位置精度
	[\Inpos]	stoppointdata 型数据，指定停止点中机器人 TCP 位置对的收敛准则，停止点数据取代 Zone 参数的指定区域
	Tool	tooldata 型数据，指定运行时的工具
	[\Wobj]	wobjdata 型数据，指定运行时的工件
	[\TLoad]	loaddata 型数据，指定运行时的负载
示例	`MoveAbsJ jpos10\NoEOffs, v200, z50, tool0;`	
说明	运动至 jpos10 点	

6. MoveC 圆弧运动指令

该指令是将工具中心点（TCP）沿圆弧移动至目标点，见表 6.14。

表 6.14 MoveC 圆弧运动指令

格式	MoveC [\Conc] CirPoint ToPoint [\ID] Speed [\V] | [\T] Zone[\Z] [\Inpos] Tool [\Wobj] [\TLoad]	
参数	[\Conc]	当机器人正在运动时，执行后续指令
	CirPoint	robtarget 型中间点位置
	ToPoint	robtarget 型目标点位置
	[\ID]	在 MultiMove 系统中用于运动同步或协调同步，其他情况下禁止使用
	Speed	Speeddata 型运动速度
	[\V]	num 型数据，指定指令中的 TCP 速度，以 mm/s 为单位
	[\T]	num 型数据，指定机器人运动的总时间，以 s 为单位
	Zone	zonedata 型转弯半径
	[\Z]	num 型数据，指定机器人 TCP 的位置精度
	[\Inpos]	stoppointdata 型数据，指定停止点中机器人 TCP 位置对的收敛准则，停止点数据取代 Zone 参数的指定区域
	Tool	tooldata 型数据，指定运行时的工具
	[\Wobj]	wobjdata 型数据，指定运行时的工件
	[\TLoad]	loaddata 型数据，指定运行时的负载
示例	`MoveC p10, p20, v100, z10, tool0\WObj:=wobj0;`	
说明	以圆弧形式过 p10 移动至 p20 点	

7. MoveJ 关节运动指令

该指令是将工具中心点（TCP）沿关节移动至目标点，见表 6.15。

表 6.15 MoveJ 关节运动指令

格式	MoveJ [\Conc] ToPoint [\ID] Speed [\V] | [\T] Zone[\Z] [\Inpos] Tool [\Wobj] [\TLoad]	
参数	[\Conc]	当机器人正在运动时，执行后续指令
	ToPoint	robtarget 型目标点位置
	[\ID]	在 MultiMove 系统中用于运动同步或协调同步，其他情况下禁止使用
	Speed	Speeddata 型运动速度
	[\V]	num 型数据，指定指令中的 TCP 速度，以 mm/s 为单位
	[\T]	num 型数据，指定机器人运动的总时间，以 s 为单位
	Zone	zonedata 型转弯半径
	[\Z]	num 型数据，指定机器人 TCP 的位置精度
	[\Inpos]	stoppointdata 型数据，指定停止点中机器人 TCP 位置对的收敛准则，停止点数据取代 Zone 参数的指定区域
	Tool	tooldata 型数据，指定运行时的工具
	[\Wobj]	wobjdata 型数据，指定运行时的工件
	[\TLoad]	loaddata 型数据，指定运行时的负载
示例	`MoveJ p30, v100, z50, tool0\WObj:=wobj0;`	
说明	以关节模式移动至 p30 点	

8. MoveL 线性运动指令

该指令是将工具中心点（TCP）沿直线移动至目标点，见表 6.16。

表 6.16 MoveL 线性运动指令

格式	MoveL [\Conc] ToPoint [\ID] Speed [\V] | [\T] Zone[\Z] [\Inpos] Tool [\Wobj] [\TLoad]	
参数	[\Conc]	当机器人正在运动时，执行后续指令
	ToPoint	robtarget 型目标点位置
	[\ID]	在 MultiMove 系统中用于运动同步或协调同步，其他情况下禁止使用
	Speed	Speeddata 型运动速度
	[\V]	num 型数据，指定指令中的 TCP 速度，以 mm/s 为单位
	[\T]	num 型数据，指定机器人运动的总时间，以 s 为单位
	Zone	zonedata 型转弯半径
	[\Z]	num 型数据，指定机器人 TCP 的位置精度
	[\Inpos]	stoppointdata 型数据，指定停止点中机器人 TCP 位置对的收敛准则，停止点数据取代 Zone 参数的指定区域
	Tool	tooldata 型数据，指定运行时的工具
	[\Wobj]	wobjdata 型数据，指定运行时的工件
	[\TLoad]	loaddata 型数据，指定运行时的负载
示例	`MoveL p40, v100, z50, tool0\WObj:=wobj0;`	
说明	以线性模式移动至 p40 点	

9. ProcCall 调用无返回值程序

该指令调用无返回值例行程序，见表 6.17。

❋ Common 指令类别讲解 3

表 6.17　ProcCall 调用无返回值程序指令

格式	Procedure {Argument}	
参数	Procedure	待调用的无返回值程序名称
	Argument	待调用程序参数
示例	`Routine1;`	
说明	调用 Routine1 例行程序	

10. Reset 复位数字输出信号

该指令将数字输出信号置为 0，见表 6.18。

表 6.18　Reset 复位数字输出信号指令

格式	Reset Signal	
参数	Signal	Signaldo 型信号
示例	`Reset do1;`	
说明	将 do1 置为 0	

11. RETURN 返回

该指令完成程序的执行，如果程序是一个函数，则同时返回函数值，见表 6.19。

表 6.19　RETURN 返回指令

格式	RETURN [Return value]	
参数	[Return value]	程序返回值
示例	`RETURN;`	
说明	返回	

12. Set 置位数字输出信号

该指令将数字输出信号置为 1，见表 6.20。

表 6.20　Set 置位数字输出信号指令

格式	Set Signal	
参数	Signal	Signaldo 型信号
示例	`Set do1;`	
说明	将 do1 置为 1	

13. WaitDI 等待数字输入信号

该指令等待数字输入信号直至满足条件，见表 6.21。

表 6.21 WaitDI 等待数字输入信号指令

格式	WaitDI Signal Value [\MaxTime] [\TimeFlag]	
参数	Signal	Signaldi 型信号
	Value	期望值
	[\MaxTime]	允许的最长时间
	[\TimeFlag]	等待超时标志位
示例	`WaitDI di0, 1;`	
说明	将 do1 置为 0	

14. WaitDO 等待直至已设置数字输出信号

WaitDO 等待直至已设置数字输出信号指令见表 6.22。

表 6.22 WaitDO 等待直至已设置数字输出信号指令

格式	WaitDO Signal Value [\MaxTime] [\TimeFlag]	
参数	Signal	Signaldo 型信号
	Value	期望值
	[\MaxTime]	允许的最长时间
	[\TimeFlag]	等待超时标志位
示例	`WaitDO do1, 1;`	
说明	将 do1 置为 0	

15. WaitTime 等待给定时间

WaitTime 等待给定时间指令见表 6.23。

表 6.23 WaitTime 等待给定时间指令

格式	WaitTime [\InPos] Time	
参数	[\InPos]	switch 型数据，指定该参数则开始计时前机器人和外轴必须静止
	Time	num 型数据，程序等待时间，单位为 s，分辨率 0.001 s
示例	`WaitTime 5;`	
说明	等待 5 s	

16. WaitUntil 等待直至满足逻辑条件

WaitUntil 等待直至满足逻辑条件指令见表 6.24。

表 6.24　WaitUntil 等待直至满足逻辑条件指令

格式	WaitUntil [\InPos] Cond [\MaxTime] [\TimeFlag] [\PollRate]	
参数	[\InPos]	switch 型数据，指定该参数则开始计时前机器人和外轴必须静止
	Cond	等待的逻辑表达式
	[\MaxTime]	允许的最长时间
	[\TimeFlag]	等待超时标志位
	[\PollRate]	查询率，查询条件的循环时间，最小为 0.04 s，默认为 0.1 s
示例	`WaitUntil di0 = 1 AND di1 = 1;`	
说明	直到 di0 和 di1 均为 1 时结束等待	

17. WHILE 循环指令

该指令当循环条件满足时，重复执行相关指令，见表 6.25。

表 6.25　WHILE 循环指令

格式	WHILE Condition DO … ENDWHILE	
参数	Condition	循环条件
	…	重复执行指令

示例	`reg1 := 1;`
	`reg2 := 0;`
	`WHILE reg1 < 5 DO`
	`  reg1 := reg1 + 1;`
	`  reg2 := reg2 + 1;`
	`ENDWHILE`	

说明	执行结果 reg1=5，reg2=4	

6.3.2　Prog.Flow 类别

1. Break 中断程序执行

该指令出于 RAPID 程序代码调试目的，中断程序执行，机械臂立即停止运动，见表 6.26。

※ Prog.Flow 指令类别讲解

表 6.26　Break 中断程序执行指令

示例	`Break;`
说明	中断程序执行

2. CallByVar 通过变量调用无返回值程序

该指令用于调用具有特殊名称的无返回值程序，见表 6.27。

表 6.27 CallByVar 通过变量调用无返回值程序指令

格式	CallByVar Name Number	
参数	Name	string 型数据，程序名称的第一部分
	Number	num 型数据，无返回值程序编号的数值
示例	`reg1 := 1;` `CallByVar "proc", reg1;`	
说明	执行结果调用 proc1 程序	

3. EXIT 终止程序执行

该指令终止程序执行，终止后程序指针失效。

4. EXITCycle 中断当前循环

该指令中断当前循环，将程序指针移回至主程序中第一个指令处，在连续运行模式中将执行下一循环，在单周运行模式中将停止在第一条指令处。

5. Label 线程标签

该指令用于命名程序中的程序，使用 GOTO 指令进行跳转，见表 6.28。

表 6.28 Label 线程标签指令

格式	Label	
参数	Label	标签名称
示例	`a:`	
说明	标签 Label。	

6. GOTO 转到标签

该指令用于将程序执行转移到相同程序内的另一标签，见表 6.29。

表 6.29 GOTO 转到标签指令

格式	GOTO Label	
参数	Label	标签名称
示例	`GOTO a;`	
说明	跳转到标签 a	

7. stop 停止程序运行

该指令停止程序运行，见表 6.30。

表 6.30　stop 停止程序运行指令

格式	Stop [\NoRegain] | [\AllMoveTasks]	
参数	[\NoRegain]	指定下一程序的起点
	[\AllMoveTasks]	指定所有运行中的普通任务及实际任务中应当停止的程序
示例	`Stop;`	
说明	停止程序运行	

8. TEST 条件语句

该指令根据表达式或数据的值，执行不同的指令，见表 6.31。

表 6.31　TEST 条件语句指令

格式	TEST Test data{CASE Test value{,Test value}:…}{DEFAULT:…}ENDTEST	
参数	Test data	用于比较测试值得数据或表达式
	Test value	测试数据必须拥有的值

示例	`reg1 := 2;`
	`TEST reg1`
	`CASE 1:`
	`  reg2 := 2;`
	`CASE 2:`
	`  reg2 := 3;`
	`DEFAULT:`
	`  reg2 := 4;`
	`ENDTEST`	

说明	执行结果 reg2=3。	

6.3.3　Various 类别

1. Comment 备注

该指令在程序中添加注释，见表 6.32。

表 6.32　Comment 备注指令

格式	! Comment	
参数	Comment	文本串
示例	`!this is a Comment.`	
说明	注释	

6.3.4　Settings 类别

※ Setting 指令类别讲解

1. AccSet 降低加速度

该指令设置加速度值，见表 6.33。

表 6.33　AccSet 降低加速度指令

格式	AccSet Acc Ramp [\FinePointRamp]	
参数	Acc	num 型加减速占正常值的百分比
	Ramp	num 型加减速变化率占正常值的百分比
	[\FinePointRamp]	num 型减速度降低的速率占正常值的百分比
示例	`AccSet 50, 70;`	
说明	设置加速度为 50%，加速度变化率 70%	

2. VelSet 改变编程速率

该指令设置编程速率，见表 6.34。

表 6.34　VelSet 改变编程速率指令

格式	VelSet Override Max	
参数	Override	num 型编程速率占编程速率的百分比
	Max	num 型最大 TCP 速率，单位为 mm/s
示例	`VelSet 50, 200;`	
说明	设置速度为 50%，最大速率 200 mm/s	

3. GripLoad 定义有效负载

该指令指定机械臂的有效负载，见表 6.35。

表 6.35　GripLoad 定义有效负载指令

格式	GripLoad Load	
参数	Load	Loaddata 型数据，定义当前有效载荷
示例	`GripLoad load0;`	
说明	设置负载为 load0	

6.3.5 Motion&Proc.类别

※ Motion&Proc.指令类别讲解

1. MoveJDO 关节运动并设置输出

该指令以关节运动模式运动，设置拐角处的数字信号输出，见表 6.36。

表 6.36 MoveJDO 关节运动并设置输出指令

格式	MoveJDO ToPoint [\ID] Speed [\T] Zone Tool [\WObj] Signal Value [\TLoad]	
参数	ToPoint	robtarget 型目标点位置
	[\ID]	在 MultiMove 系统中用于运动同步或协调同步，其他情况下禁止使用
	Speed	Speeddata 型运动速度
	[\T]	num 型数据，指定机器人运动的总时间，以 s 为单位
	Zone	zonedata 型转弯半径
	Tool	tooldata 型数据，指定运行时的工具
	[\Wobj]	wobjdata 型数据，指定运行时的工件
	Signal	Signaldo 型数据，信号名称
	Value	Dionum 型数据，信号的期望值
	[\TLoad]	loaddata 型数据，指定运行时的负载
示例	`MoveJDO p10, v200, z50, tool0, do1, 1;`	
说明	移动至 p10 点，设置 do1 为 1	

2. MoveLDO 直线运动并设置输出

该指令以直线运动模式运动，设置拐角处的数字信号输出，见表 6.37。

表 6.37 MoveLDO 直线运动并设置输出指令

格式	MoveLDO ToPoint [\ID] Speed [\T] Zone Tool [\WObj] Signal Value [\TLoad]	
参数	ToPoint	robtarget 型目标点位置
	[\ID]	在 MultiMove 系统中用于运动同步或协调同步，其他情况下禁止使用
	Speed	Speeddata 型运动速度
	[\T]	num 型数据，指定机器人运动的总时间，以 s 为单位
	Zone	zonedata 型转弯半径
	Tool	tooldata 型数据，指定运行时的工具
	[\Wobj]	wobjdata 型数据，指定运行时的工件
	Signal	Signaldo 型数据，信号名称
	Value	Dionum 型数据，信号的期望值
	[\TLoad]	loaddata 型数据，指定运行时的负载
示例	`MoveLDO p30, v200, z50, tool0, do1, 1;`	
说明	移动至 p30 点，设置 do1 为 1	

3. MoveCDO 圆弧运动并设置输出

该指令以圆弧运动模式运动，设置拐角处的数字信号输出，见表 6.38。

表 6.38 MoveCDO 圆弧运动并设置输出指令

格式	MoveLDO CirPoint ToPoint [\ID] Speed [\T] Zone Tool [\WObj] Signal Value [\TLoad]	
参数	CirPoint	robtarget 型中间点
	ToPoint	robtarget 型目标点
	[\ID]	在 MultiMove 系统中用于运动同步或协调同步，其他情况下禁止使用
	Speed	Speeddata 型运动速度
	[\T]	num 型数据，指定机器人运动的总时间，以 s 为单位
	Zone	zonedata 型转弯半径
	Tool	tooldata 型数据，指定运行时的工具
	[\Wobj]	wobjdata 型数据，指定运行时的工件
	Signal	Signaldo 型数据，信号名称
	Value	Dionum 型数据，信号的期望值
	[\TLoad]	loaddata 型数据，指定运行时的负载
示例	`MoveCDO p40, p50, v200, z10, tool0, do1, 1;`	
说明	移动至 p30 点，设置 do1 为 1	

6.3.6 I/O 类别

※ I/O 指令类别讲解

1. InvertDO 反转输出信号

该指令反转输出信号，0->1，1->0，见表 6.39。

表 6.39 InvertDO 反转输出信号指令

格式	InvertDO signal	
参数	Signal	Signaldo 型数据，信号名称
示例	`Set do1;` `InvertDO do1;`	
说明	执行结果，do1=0	

2. pulseDO 设置数字脉冲输出信号

该指令输出数字脉冲信号，见表 6.40。

表 6.40　pulseDO 设置数字脉冲输出信号指令

格式	PulseDO [\High] [\PLength] Signal	
参数	[\High]	当独立于其当前状态而执行指令时，规定其信号为高
	[\PLength]	num 型数据，脉冲长度
	Signal	Signaldo 型数据，信号名称
示例	`PulseDO\PLength:=0.2, do1;`	
说明	执行结果，设置 do1 输出 0.2 s 的脉冲	

3. SetDO 设置数字输出信号

该指令设置数字输出信号值，见表 6.41。

表 6.41　SetDO 设置数字输出信号指令

格式	SetDO [\SDelay] | [\Sync] Signal Value	
参数	[\SDelay]	num 型数据，将信号值延时输出
	[\Sync]	等待物理信号输出完成后再执行下一指令
	Signal	Signaldo 型数据，信号名称
	Value	Signaldo 型数据，信号值
示例	`PulseDO\PLength:=0.2, do1;`	
说明	执行结果，设置 do1 输出 0.2 s 的脉冲	

6.3.7　Communicate 类别

1. TPErase 擦除示教器文本

该指令擦除示教器显示文本，见表 6.42。

※ Communicate 指令类别讲解

表 6.42　TPErase 擦除示教器文本指令

格式	TPErase
示例	`TPErase;`

2. TPWrite 向示教器写入文本

该指令向示教器写入文本，可将特定数据的值转换为文本输出，见表 6.43。

表 6.43 TPWrite 向示教器写入文本指令

格式	TPWrite String [\Num] | [\Bool] [\Pos] | [\Orient] | [\Dnum]	
参数	String	string 型数据，待写入的文本字符串，最多 80 个字符
	[\Num]	num 型数据，待写入的数值数据
	[\Bool]	bool 型数据，待写入的逻辑值数据
	[\Pos]	pos 型数据，待写入的位置数据
	[\Orient]	orient 型数据，待写入的方位数据
	[\Dnum]	dnum 型数据，待写入的数值数据
示例	reg1 := 4; TPWrite "reg1="\Num:=reg1;	
说明	执行结果，输出 reg1=4	

6.3.8 Interrupts 类别

※ Interrupts 指令类别讲解

1. CONNECT 关联中断

该指令将中断识别号与软中断程序相连，见表 6.44。

表 6.44 CONNECT 关联中断指令

格式	CONNECT Interrupt WITH Trap routine	
参数	Interrupt	Intnum 型数据，中断识别号变量
	Trap routine	软中断名称
示例	CONNECT intno1 WITH Routine1;	
说明	将 Routine1 例行程序与 intno1 中断号相关联	

2. IDelete 取消中断

该指令取消中断预定，见表 6.45。

表 6.45 IDelete 取消中断指令

格式	IDelete Interrupt	
参数	Interrupt	Intnum 型数据，中断识别号变量
示例	IDelete intno1;	
说明	删除 intno1 号中断。	

3. IDIsable 禁止中断

该指令临时禁止程序所有中断，见表 6.46。

表 6.46 IDIsable 禁止中断指令

格式	IDisable
示例	`IDisable;`

4. IEnable 启用中断

该指令启用程序中断，见表 6.47。

表 6.47 IEnable 启用中断指令

格式	IEnable
示例	`IEnable;`

5. IsignalDI 数字输入信号中断

该指令启用数字输入信号关联中断识别号，见表 6.48。

表 6.48 IsignalDI 数字输入信号中断指令

格式	ISignalDI [\Single] | [\SingleSafe] Signal TriggValue Interrupt	
参数	[\Single]	确定中断仅出现或者循环出现
	[\SingleSafe]	确定中断单一且安全
	Signal	将产生中断的信号名称
	TriggValue	信号因出现中断而必须改变的值
	Interrupt	中断识别号
示例	`ISignalDI\Single, di1, 1, intno1;`	
说明	将 di1 与 intno1 号中断关联，当 di1 为 1 时触发中断	

6. IsignalDO 数字输出信号中断

该指令启用数字输出信号关联中断识别号，见表 6.49。

表 6.49 IsignalDO 数字输出信号中断指令

格式	ISignalDO [\Single] | [\SingleSafe] Signal TriggValue Interrupt	
参数	[\Single]	确定中断仅出现或者循环出现
	[\SingleSafe]	确定中断单一且安全
	Signal	将产生中断的信号名称
	TriggValue	信号因出现中断而必须改变的值
	Interrupt	中断识别号
示例	`ISignalDO\Single, do1, 1, intno1;`	
说明	将 do1 信号与 intno1 号中断关联，当 do1 为 1 时触发中断	

7. ISleep 停用一个中断

该指令暂停程序中的一个中断，见表 6.50。

表 6.50 ISleep 停用一个中断指令

格式	ISleep Interrupt	
参数	Interrupt	中断识别号
示例	`ISleep intno1;`	
说明	停用 intno1 号中断。	

8. IWatch 启用一个中断

该指令启用一个由 ISleep 指令停用的中断，见表 6.51。

表 6.51 IWatch 启用一个中断指令

格式	IWatch Interrupt	
参数	Interrupt	中断识别号
示例	`IWatch intno1;`	
说明	启用 intno1 号中断。	

6.3.9 System&Time 类别

※ System&Time 指令类别讲解

1. ClkReset 重置定时器

该指令重置定时器时钟，见表 6.52。

表 6.52 ClkReset 重置定时器指令

格式	ClkReset clock	
参数	clock	clock 型数据，时钟名称
示例	`ClkReset clock1;`	
说明	重置定时器 clock1	

2. ClkStart 启用定时器

该指令启用定时器时钟，见表 6.53。

表 6.53 ClkStart 启用定时器指令

格式	ClkStart clock	
参数	clock	clock 型数据，时钟名称
示例	`ClkStart clock1;`	
说明	启用定时器 clock1	

3. ClkStop 停用定时器

该指令停用定时器时钟，见表 6.54。

表 6.54　ClkStop 停用定时器指令

格式	ClkStop clock	
参数	Clock	clock 型数据，时钟名称
示例	`ClkStop clock1;`	
说明	停用定时器 clock1	

6.3.10　Mathematics 类别

※ Mathematics 指令类别讲解

1. Incr 自加 1

该指令用于数值变量加 1，见表 6.55。

表 6.55　Incr 自加 1 指令

格式	Incr Name | Dname	
参数	Name	num 型数据，数据名称
	Dname	dnum 型数据，数据名称
示例	`reg1 := 4;` `Incr reg1;`	
说明	执行结果，reg1=5	

2. Add 增加数值

该指令增加数值变量的值，见表 6.56。

表 6.56　Add 增加数值指令

格式	Add Name | Dname AddValue | AddDvalue	
参数	Name	num 型数据，数据名称
	Dname	dnum 型数据，数据名称
	AddValue	
	AddDvalue	
示例	`reg1 := 4;` `Add reg1, 5;`	
说明	执行结果，reg1=9	

3. Decr 自减 1

该指令用于数值变量减 1，见表 6.57。

表 6.57 Decr 自减 1 指令

格式	Decr Name | Dname	
参数	Name	num 型数据，数据名称
	Dname	dnum 型数据，数据名称
示例	reg1 := 4; Decr reg1;	
说明	执行结果，reg1=3	

4. Clear 清除数值

该指令将数值变量置为 0，见表 6.58。

表 6.58 Clear 清除数值指令

格式	Clear Name | Dname	
参数	Name	num 型数据，数据名称
	Dname	dnum 型数据，数据名称
示例	reg1 := 4; Clear reg1;	
说明	执行结果，reg1=0	

6.3.11 Motion Adv.类别

※ Motion Adv.指令类别讲解

1. StartMove 重启机器人移动

该指令在停止机器人运动后，重启机器人运动，见表 6.59。

表 6.59 StartMove 重启机器人移动指令

格式	StartMove [\AllMotionTasks]	
参数	[\AllMotionTasks]	重启所有机械单元的移动，仅可在非运动任务中使用
示例	StartMove;	

2. StopMove 停止机器人移动

该指令停止机器人运动，见表 6.60。

表 6.60 StopMove 停止机器人移动指令

格式	StopMove [\Quick] [\AllMotionTasks]	
参数	[\Quick]	尽快停止本路径上的机器人
	[\AllMotionTasks]	重启所有机械单元的移动，仅可在非运动任务中使用
示例	StopMove;	

3. TriggEquip 定义路径上的固定位置和时间 I/O 事件

该指令定义有关设置机器人移动路径沿线固定位置处的信号条件及对外部设备的滞后情况进行时间补偿的情况，见表 6.61。

表 6.61　TriggEquip 定义路径上的固定位置和时间 I/O 事件指令

格式	TriggEquip TriggData Distance [\Start] EquipLag [\DOp] | [\GOp] | [AOp] | [\ProcID] SetValue | SetDvalue [\Inhib]	
参数	TriggData	triggdata 型数据
	Distance	num 型数据，在路径上应出现 I/O 设备事件的位置，单位 mm
	[\Start]	设置 Distance 的距离为始于起点，默认为终点
	EquipLag	num 型数据，外部设备的滞后
	[\DOp]	signaldo 型数据，信号名称
	[\GOp]	signalgo 型数据，信号名称
	[\AOp]	signalao 型数据，信号名称
	[\ProcID]	num 型数据，未针对用户使用
	SetValue	num 型数据，信号的期望值
	SetDvalue	dnnum 型数据，信号的期望值
	[\Inhib]	Bool 型数据，用于约束运行时信号设置的永久变量标志的名称
示例	`TriggEquip trigg1, 3, reg1\DOp:=do1, 1;`	

4. TriggL 关于事件的机械臂线性运动

当机器人线性运动时，该指令设置输出信号在固定位置运行中断程序，见表 6.62。

表 6.62　TriggL 关于事件的机械臂线性运动指令

格式	TriggL [\Conc] ToPoint [\ID] Speed [\T] Trigg_1 | TriggArry{*} [\T2] [\T3] [\T4] [\T5] [\T6] [\T7] [\T8] Zone [\Inpos] Tool [\WObj] [\Corr] [\TLoad]	
参数	[\Conc]	当机械臂正在移动时执行后续指令
	ToPoint	robtarget 型数据，目标点位置
	[\ID]	ID 号，用于同步或协调同步运动中
	Speed	speeddata 型数据，运动速度
	[\T]	num 型数据，定义机器人运动的总时间
	Trigg_1	triggdata 型数据，触发条件变量
	TriggArry	triggdata 型数据，触发条件变量数组
	[\T2]~ [\T8]	triggdata 型数据，触发条件变量
	Zone	zonedata 型数据，转弯区域
	[\Inpos]	stoppointdata 型数据，指定停止点中机器人 TCP 位置对的收敛准则，停止点数据取代 Zone 参数的指定区域
	Tool	tooldata 型数据，指定运行时的工具
	[\WObj]	wobjdata 型数据，指定运行时的工件
	[\Corr]	设置改参数后，将通过 CorrWrite 写入的修正数据添加到路径中
	[\TLoad]	loaddata 型数据，指定运行时的负载
示例	`StopMove;`	

6.4　功能函数

※ 功能函数讲解

1. CRobT 读取机器人当前位置

该指令返回 robtarget 型位置数据，见表 6.63。

表 6.63　CRobT 读取机器人当前位置指令

<table>
<tr><td>格式</td><td colspan="2">CRobT([\TaskRef] | [\TaskName] [\Tool] [\WObj])</td></tr>
<tr><td rowspan="4">参数</td><td>[\TaskRef]</td><td>taskid 型数据，指定任务 ID</td></tr>
<tr><td>[\TaskName]</td><td>string 型数据，指定程序任务名称</td></tr>
<tr><td>[\Tool]</td><td>tooldata 型数据，指定工具变量</td></tr>
<tr><td>[\WObj]</td><td>wobjdata 型数据，指定工件变量</td></tr>
<tr><td>返回值</td><td colspan="2">robtarget 型数据</td></tr>
<tr><td>示例</td><td colspan="2">pCurPos10 := CRobT();
IF pCurPos10 <> pInitPos THEN
  TPWrite "The robot is not in the initial position!";
  EXIT;
ENDIF</td></tr>
<tr><td>说明</td><td colspan="2">判断机器人当前位置是否在 pInitPos 处，如果不在输出提示信息，终止程序运行</td></tr>
</table>

2. Offs 位置偏移

该指令在机器人目标点的工件位置方向上偏移一定量，见表 6.64。

表 6.64　Offs 位置偏移指令

<table>
<tr><td>格式</td><td colspan="2">Offs (Point XOffset Yoffset ZOffset)</td></tr>
<tr><td rowspan="4">参数</td><td>Point</td><td>robtarget 型数据，待偏移的位置数据</td></tr>
<tr><td>XOffset</td><td>num 型数据，工件坐标系 X 方向的偏移，单位 mm</td></tr>
<tr><td>Yoffset</td><td>num 型数据，工件坐标系 Y 方向的偏移，单位 mm</td></tr>
<tr><td>ZOffset</td><td>num 型数据，工件坐标系 Z 方向的偏移，单位 mm</td></tr>
<tr><td>返回值</td><td colspan="2">robtarget 型数据。</td></tr>
<tr><td>示例</td><td colspan="2">MoveL Offs(p10,0,0,100), v200, z50, tool0;
MoveL p10, v200, fine, tool0;</td></tr>
<tr><td>说明</td><td colspan="2">移动至 p10 点工件坐标系上方 100 mm 处，然后移动至 p10 点</td></tr>
</table>

3. Reltool 工具位置和角度偏移

该指令在机器人目标点的工具位置和角度方向上偏移一定量，见表 6.65。

表 6.65　Reltool 工具位置和角度偏移指令

格式	RelTool (Point Dx Dy Dz [\Rx] [\Ry] [\Rz])	
参数	Point	robtarget 型数据，待偏移的位置数据
	Dx	num 型数据，工具坐标系 *X* 方向的偏移，单位 mm
	Dy	num 型数据，工具坐标系 *Y* 方向的偏移，单位 mm
	Dz	num 型数据，工具坐标系 *Z* 方向的偏移，单位 mm
	[\Rx]	num 型数据，绕工具坐标系 *X* 方向的旋转，单位度（°）
	[\Ry]	num 型数据，绕工具坐标系 *Y* 方向的偏移，单位度（°）
	[\Rz]	num 型数据，绕工具坐标系 *Z* 方向的偏移，单位度（°）
返回值	robtarget 型数据	
示例	`MoveL RelTool(p10,0,0,-100), v200, z50, tool0;` `MoveL p10, v200, fine, tool0;`	
说明	移动至 p10 点工具坐标系 Z 轴方向上-100 mm 处，然后移动至 p10 点	

4. ClkRead 读取时钟时间

该指令读取预定义时钟的时间，时钟可以通过 ClkStart 和 ClkStop 指令进行启动和停止控制，见表 6.66。

表 6.66　ClkRead 读取时钟时间指令

格式	ClkRead (clock\HighRes)	
参数	Clock	clock 型数据，读取计时时钟的名称
	HighRes	switch 型数据，如果选择此参数，则以分辨率 0.000 001 来读取时间
返回值	num 型数据	
示例	`ClkStop clock1;` `time1 := ClkRead(clock1);`	
说明	读取时钟 clock1 时钟的时间，并将读取的时间赋值给 time1 变量	

6.5　本章小结

本章主要讲解了 ABB 机器人编程基础，首先介绍了常见的数据类型及对数据的相关操作；其次介绍了 RAPID 语言的功能、函数以及程序基本操作；再次介绍了 ABB 系统相关程序指令；最后介绍了功能函数的使用。

思考题

1. 与机器人位置相关的数据类型有哪几种？
2. 机器人数据存储类型有哪几种？
3. 简述机器人数据创建过程。
4. 简述机器人程序创建过程。
5. 简述运动指令的使用。
6. 设置数字量输出信号的方法有哪几种？简述其设置过程。
7. 简述中断指令的使用。

第7章 基础实训项目

7.1 工业机器人技能考核实训台简介

HRG-HD1XKA 型工业机器人技能考核实训采用模块化教学，具有兼容性、通用性和易扩展性等特点。

※ 工业机器人技能考核实训台简介

本实训台独有扇形底板设计，可以搭载各类机器人和各种通用实训模块，兼容工业领域各类应用，对于不同的要求可以搭载不同的配置，易扩展，方便后期搭载更高配置。此外还配置有主控接线板、触摸屏、PLC 控制器等。实训台涵盖了各种工业现场应用：模拟激光雕刻轨迹实训项目、搬运实训项目、模拟激光焊接迹轨实训项目、物料装配实训项目、玻璃涂胶实训项目、码垛实训项目、打磨实训项目和输送带搬运实训项目等。

本书采用 IRB 120 机器人搭载 HRG-HD1XKA 型工业机器人技能考核实训台，来学习基本编程与操作，如图 7.1 所示。

图 7.1 工业机器人技能考核实训台

模块安装板由 5 块扇形板组成，共有 232 种组合方式，如图 7.2 所示。

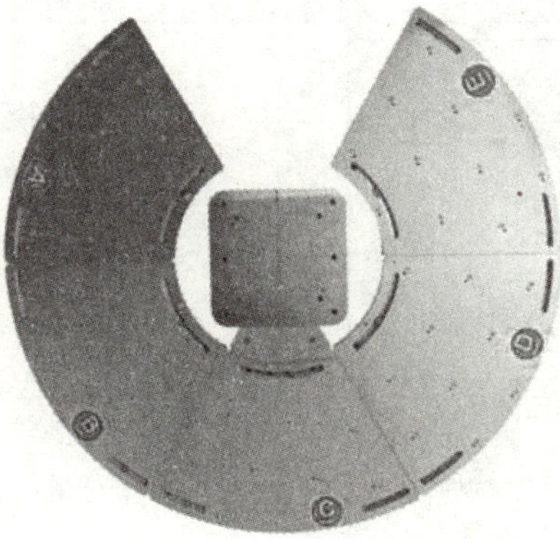

图 7.2 扇形板

各个模块介绍见表 7.1。

表 7.1 各个模块介绍

序号	图片示例	说明
1		**基础模块**：可以进行工具、工件坐标系标定，直线示教、圆弧示教、曲线示教学习
2		**模拟激光雕刻轨迹模块**：激光器沿着面板的 HRG 边缘轨迹运行，模拟激光雕刻动作，实现激光雕刻功能演示作业，以达到基础功能熟练应用及 I/O 信号配置
3		**模拟激光焊接轨迹模块**：模拟焊枪沿着需要焊接点的位置形成焊接轨迹演示，在转角位置点处理好焊枪位姿变化，以及整个焊接过程中对速度和位姿控制以实现焊接功能演示

续表 7.1

序号	图片示例	说明
4		**搬运模块**：模拟工业搬运，将工件物料从托盘板上由一个工位搬运到另一个工位。通过重复的动作以达到搬运程序的编写
5	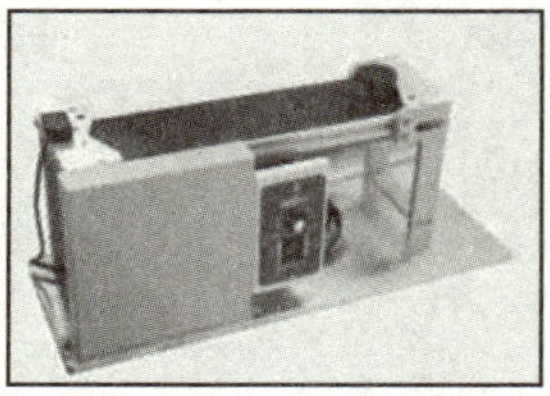	**异步输送带模块**：输送带运行后，将工件放入输送带上，工件沿输送带运行至末端，末端光电开关感应到物料并反馈给系统，输送带停止，机器人移动至输送带末端并抓取工件将其放置于物料托盘上，实现生产线流水作业仓储功能演示

7.2 项目准备

7.2.1 行业背景介绍

通过基础模块的训练，掌握工业机器人运行轨迹及工具、工件坐标系的标定，熟练掌握机器人的基础操作及编程。

※ 基础项目准备

7.2.2 项目分析

（1）三角形、正方形、正六边形轨迹均由直线组成，使用 MoveL 指令。

（2）圆可以看成由两条圆弧组成，使用 MoveC 指令。

（3）S 型曲线可以看成由直线和圆弧组成，使用 MoveL 和 MoveC 指令组合完成。

（4）机器人从安全点到动作第一点可以使用 MoveJ 指令。

（5）轨迹由激光来完成，需配置激光 I/O。

（6）掌握工具、工件坐标系标定。

7.2.3 模块安装与电气接线

1. 模块安装

模块安装见表 7.2。

表 7.2　模块安装

序号	图片示例	说明
1	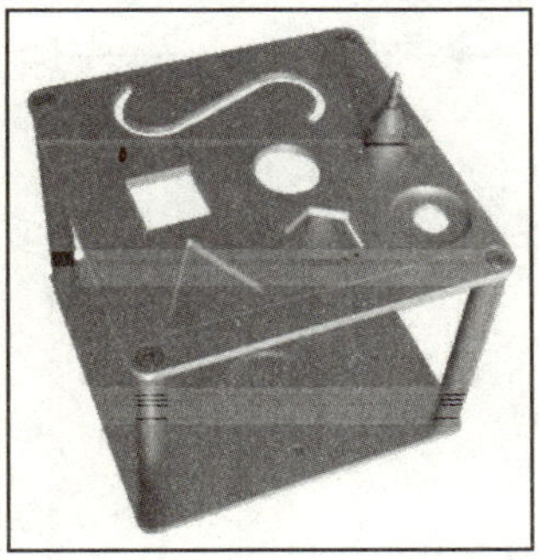	确认基础模块
2		通过梅花螺丝，将基础模块固定在实训台 C 区 7 和 8 号安装孔位置上
3	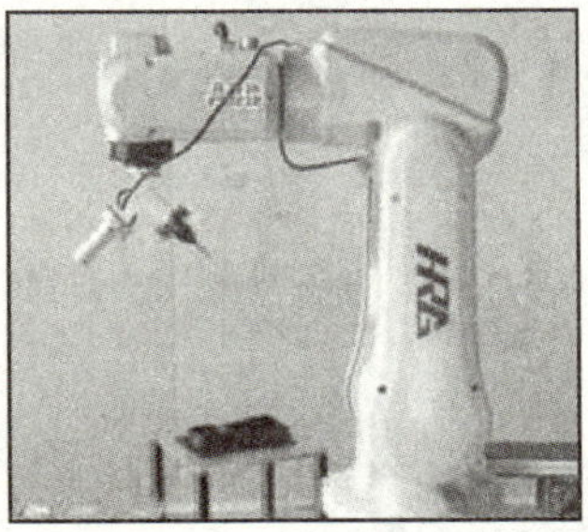	基础模块工具安装到机械手末端

2. 电气接线

（1）认识 KYD650N5-T1030 型红光点状激光器，其实物如图 7.3 所示。

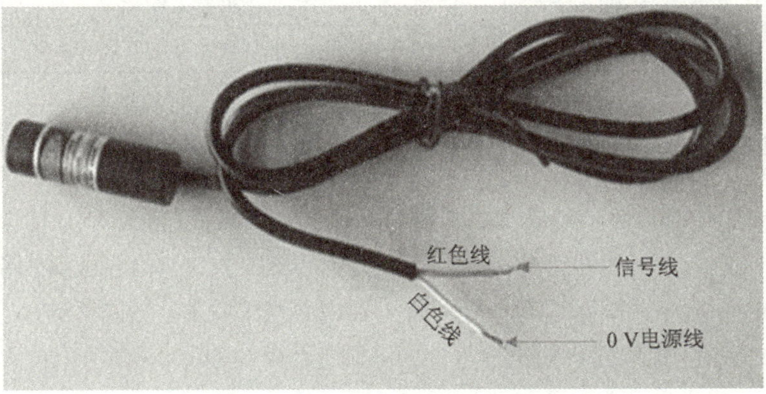

图 7.3　红光点状激光器

（2）作业电气原理图如图 7.4 所示。

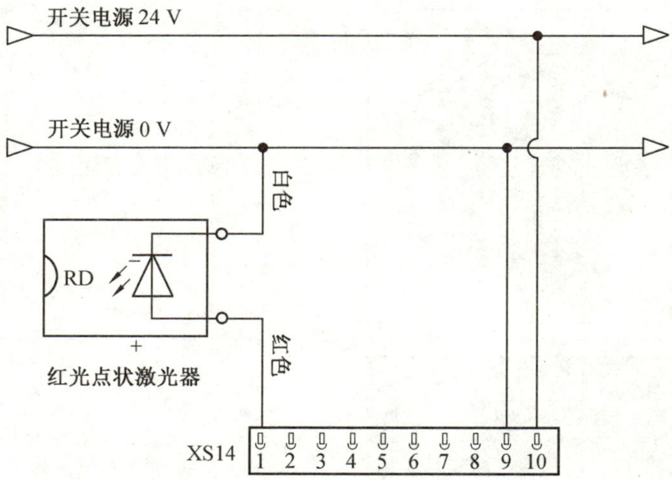

图 7.4　作业电气原理图

（3）红光点状激光器的红色线接入 XS14 端子（机器人 I/O 端口）1 号脚，白色线接入 XS14 端子 9 号脚，电源正极接入到 10 号脚。

7.3　I/O 配置与指令介绍

7.3.1　I/O 配置

基础实训项目需用到的 I/O 配置见表 7.3。

表 7.3　基础模块 I/O 配置

序号	名称	信号类型	映射地址	功能
1	Di_01_start	输入信号	0	控制机器人启动
2	Di_02_stop	输入信号	1	控制机器人停止
3	Do_01_Laser	输出信号	0	控制激光器的开启和关闭

7.3.2　指令介绍

（1）MoveJ 指令：关节运动指令，将工具中心点（TCP）沿关节移动至目标点。

（2）MoveL 指令：线性运动指令，将工具中心点（TCP）沿直线移动至目标点。

（3）MoveC 指令：圆弧运动指令，将工具中心点（TCP）沿圆弧移动至目标点。

（4）Set 指令：置位数字输出信号。

（5）Reset 指令：复位数字输出信号。

（6） ProcCall 指令：调用无返回值例行程序。

（7）运动指令参数分析，如 MoveL 指令，见表 7.4。

（8）MoveL 和 MoveJ 指令的区别见表 7.5。

MoveL p20, v1000, z50, tool0\Wobj：=wobj0；

表 7.4 MoveL 指令参数分析

序号	参数	说明
1	MoveL	**指令名称**：直线运动
2	p20	**位置点**：数据类型 robtarget，机器人和外部轴的目标点
3	v1000	**速度**：数据类型 speeddata，适用于运动的速度数据。速度数据规定了关于工具中心点、工具方位调整和外轴的速率
4	z50	**转弯半径**：数据类型 zonedata，相关移动的转弯半径。转弯半径描述了所生成拐角路径的大小
5	tool0	**工具坐标系**：数据类型 tooldata，显示当前机器人移动时所用的工具
6	Wobj	**工件坐标系**：数据类型 wobjdata，指令中机器人位置关联的工件坐标系。省略该参数，则位置坐标以机器人基座标为准

表 7.5 MoveL 和 MoveJ 指令的区别

序号	MoveL	MoveJ
1	轨迹为直线	轨迹为弧线
2	运动路径可控	运动不完全可控
3	运动中会有死点	运动中不会有死点
4	常用于工作状态移动	常用于大范围移动

7.4 程序编辑与调试

7.4.1 程序编辑规划

（1）建立各个路径轨迹的子程序。

（2）通过程序调用指令，进行各个子程序的调用。

（3）通过 main 主程序调用各个子程序，进行自动运行。

※ 基础实训项目程序编辑

7.4.2 直线路径编程训练

1. 建立三角形例行程序

建立三角形例行程序见表 7.6。

表 7.6　建立三角形例行程序

序号	图片示例	操作步骤
1	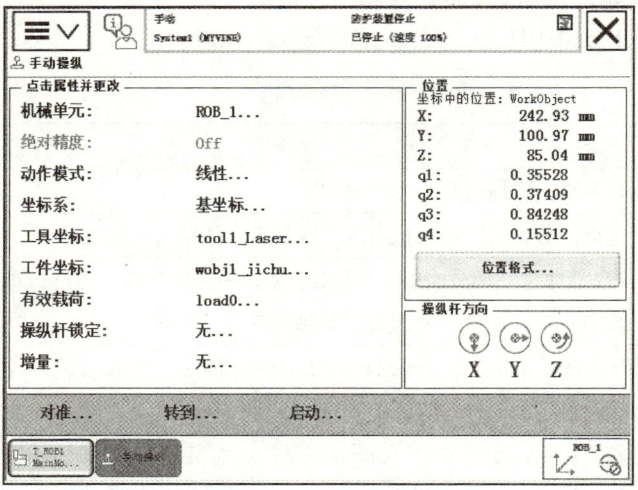	确认当前工具坐标系和工件坐标系。 分别选择工具坐标系：tool1_Laser；工件坐标系：wobj1_jichu
2	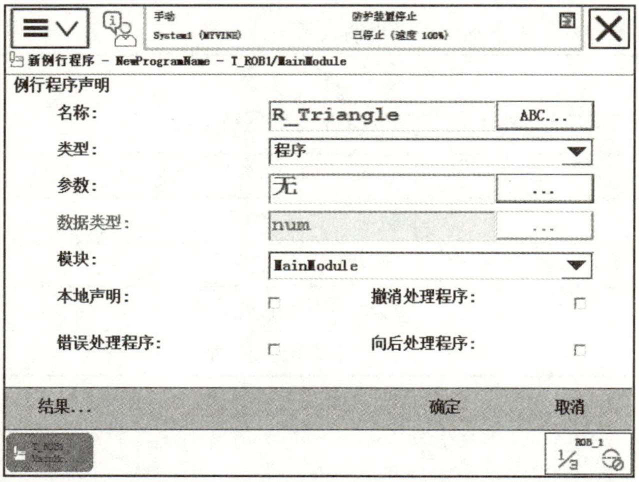	建立三角形例行程序，位于 MainModule 模块
3	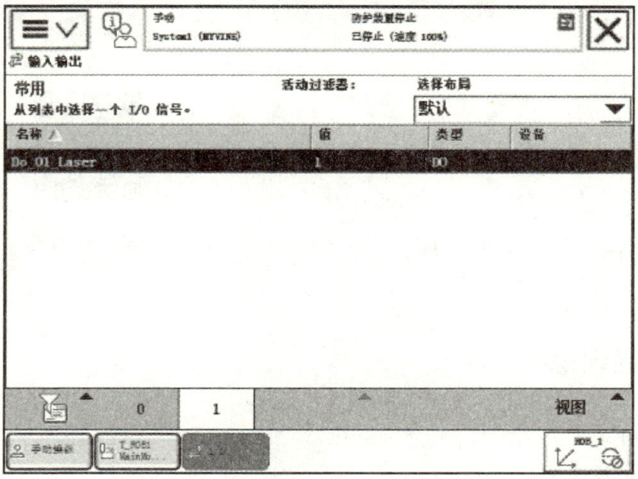	手动打开激光： 进入输入输出界面，选择【Do_01_Laser】，点击【1】打开激光；点击【0】关闭激光。 此外，还可以自定义可编程控制键来手动控制激光

续表 7.6

序号	图片示例	操作步骤
4	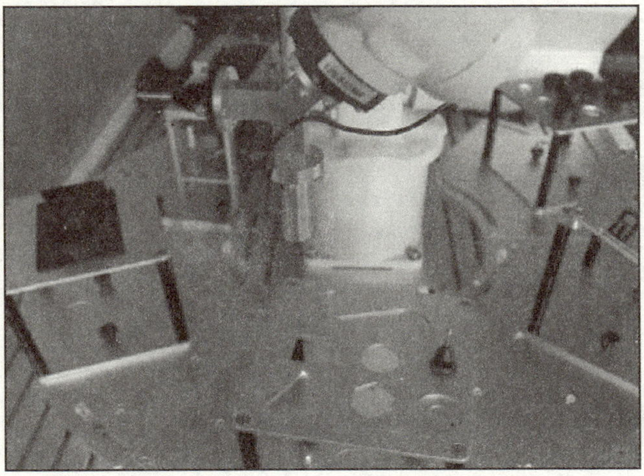	手动移动机器人至三角形第一点
5	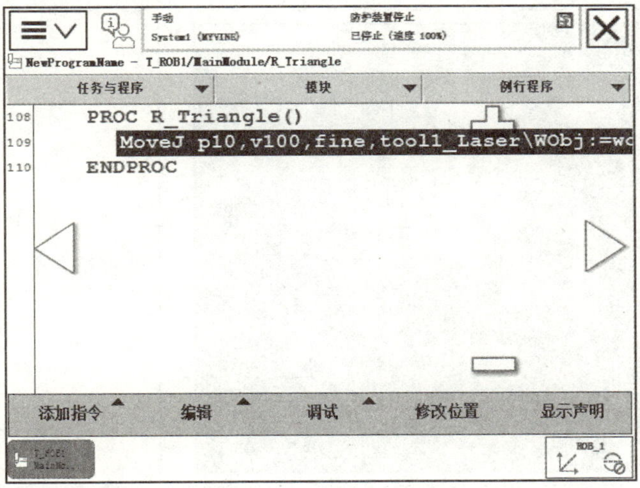	添加 MoveJ 指令，修改相应参数。速度修改成 v100，转弯半径修改为“fine”。选择【p10】，点击【修改位置】
6	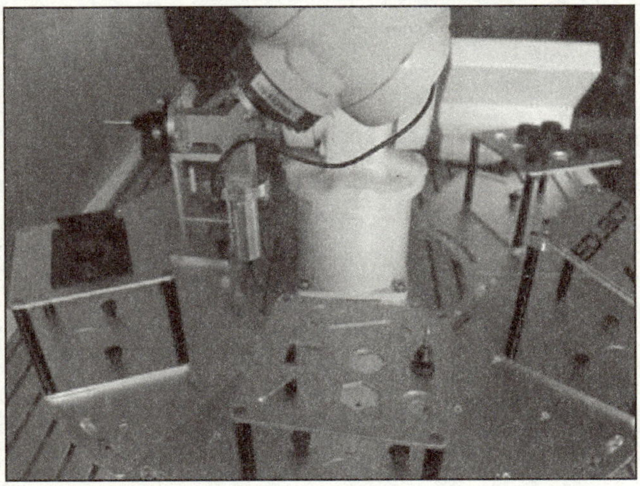	手动移动机器人至三角形第二个点

续表 7.6

序号	图片示例	操作步骤
7	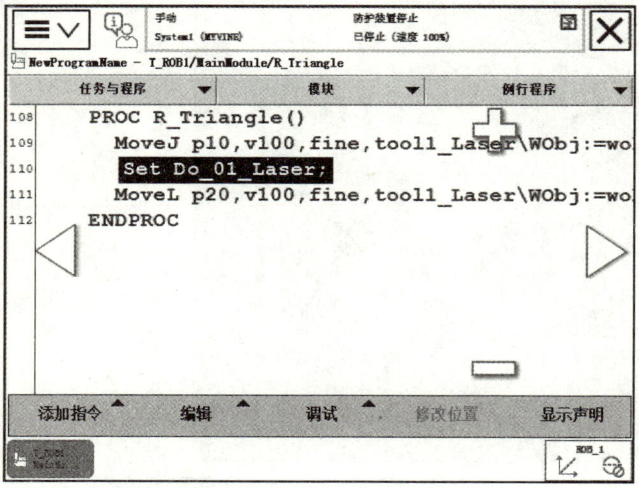	添加开启激光信号。 添加 MoveL 指令，修改相应参数。选择【p20】，点击【修改位置】
8	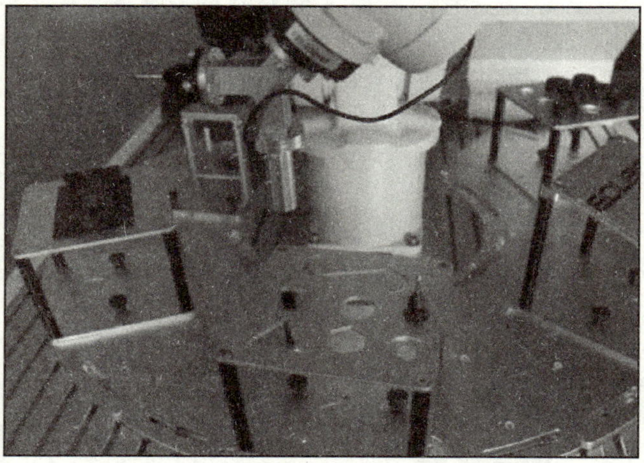	手动移动机器人至三角形第三个点
9	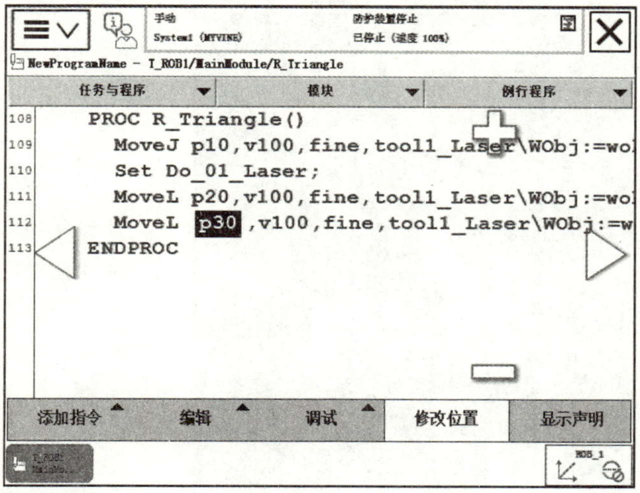	添加 MoveL 指令，修改相应参数。选择【p30】，点击【修改位置】

续表 7.6

序号	图片示例	操作步骤
10	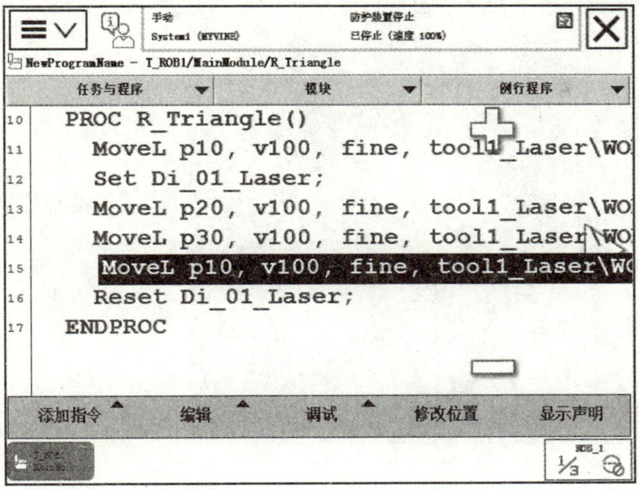	返回三角形第一点，添加 MoveL 指令，选择【p10】。 添加关闭激光信号

2. 建立正方形直线路径子程序

建立正方形直线路径子程序见表 7.7。

表 7.7　建立正方形直线路径子程序

序号	图片示例	操作步骤
1	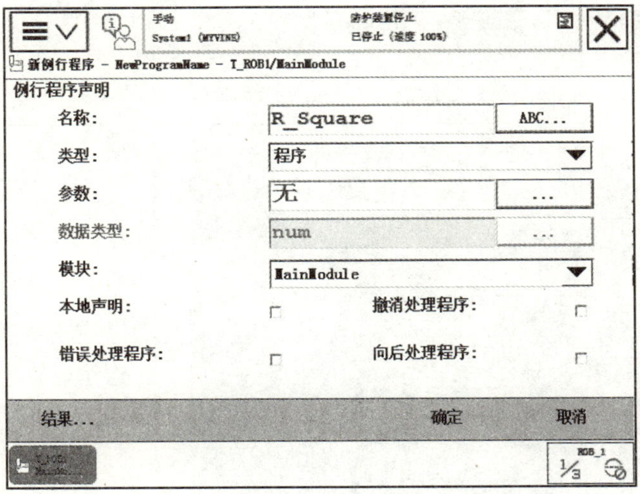	建立正方形例行程序，位于 MainModule 模块

续表 7.7

序号	图片示例	操作步骤
2		手动移动机器人至正方形第一点
3	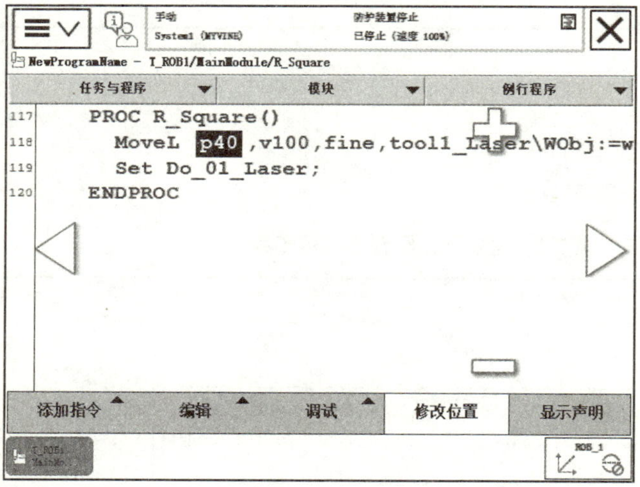	添加 MoveL 指令，修改相应参数。将转弯半径修改为“fine”。 选择【p40】，点击【修改位置】。 添加开启激光信号
4	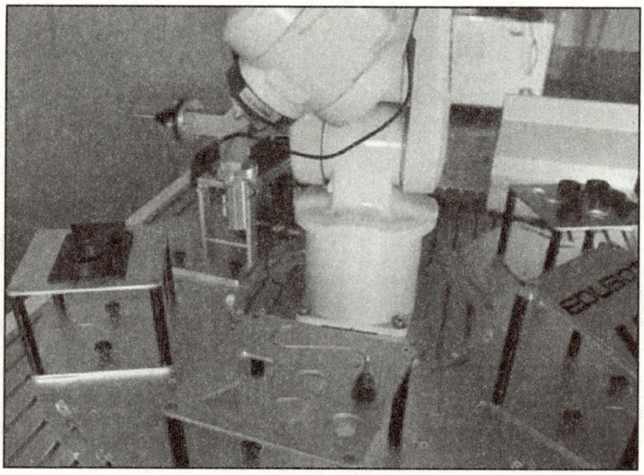	同理分别移动机器人至对应的端点，添加其他点

续表 7.7

序号	图片示例	操作步骤
5	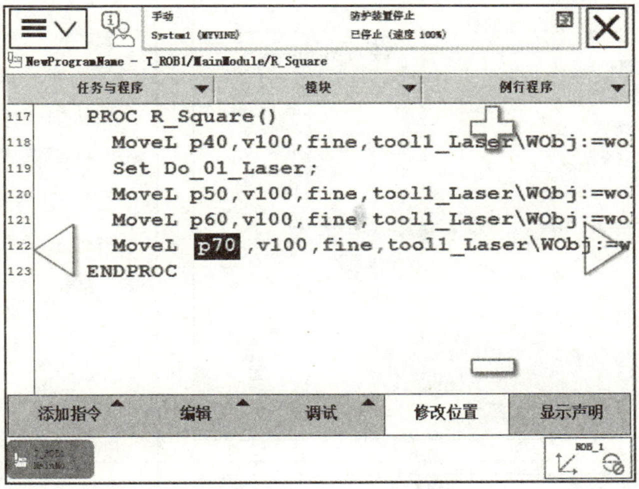	选择对应的目标点，点击【修改位置】
6	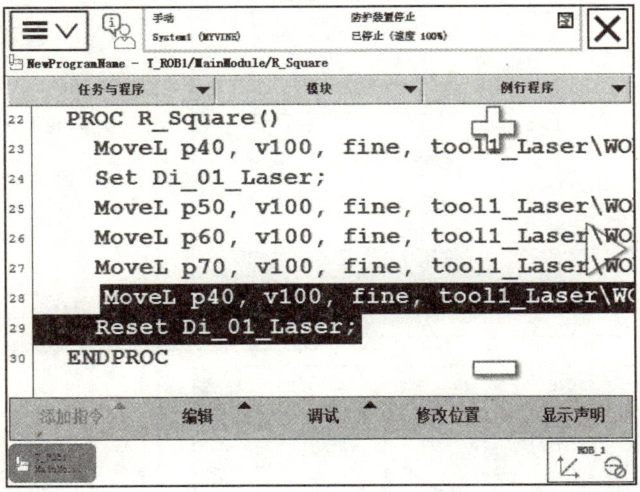	返回正方形第一点，添加 MoveL 指令，选择【p40】。 添加关闭激光信号

同理建立例行程序 R_Hexagon（）正六边形程序。

7.4.3　圆弧路径编程训练

圆形可以看成由两段圆弧组成，建立圆形例行程序见表 7.8。

表 7.8　建立圆形例行程序

序号	图片示例	操作步骤
1	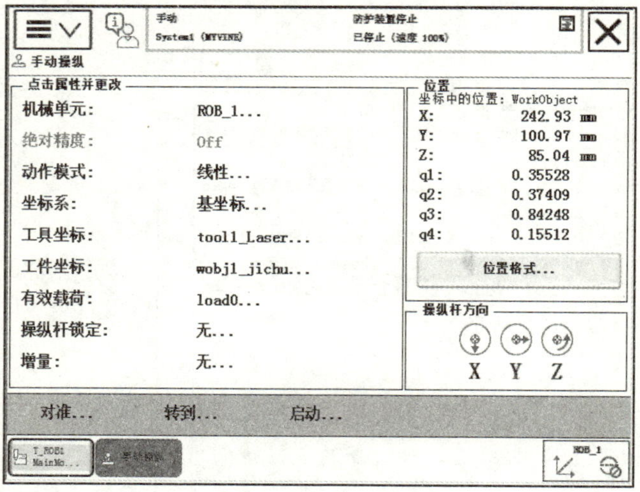	确认当前工具坐标系和工件坐标系。分别选择工具坐标系：tool1_Laser；工件坐标系：wobj1_jichu
2	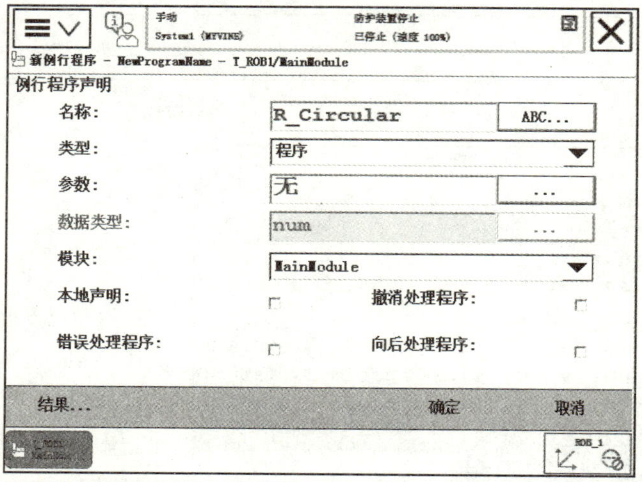	建立圆形例行程序，位于 MainModule 模块
3	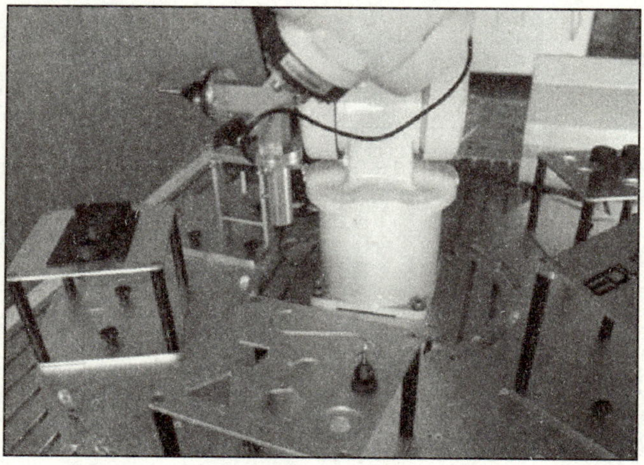	手动移动机器人至圆形第一点

续表 7.8

<table>
<tr><th>序号</th><th>图片示例</th><th>操作步骤</th></tr>
<tr><td>4</td><td>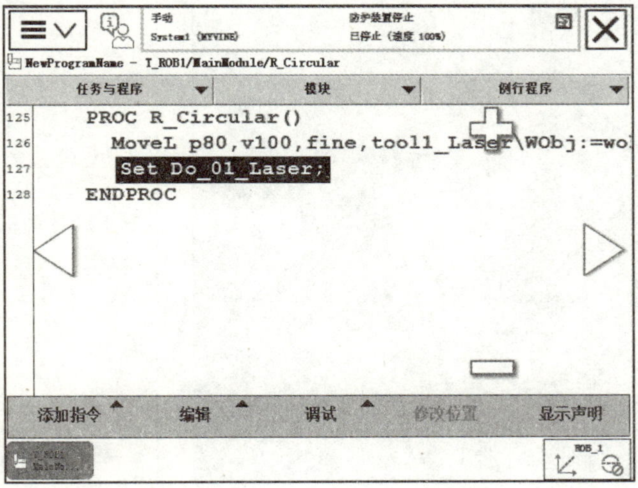
</td><td>添加 MoveL 指令，修改相应参数，将转弯半径修改为“fine”。
选择【p80】，点击【修改位置】。
添加开启激光信号</td></tr>
<tr><td>5</td><td>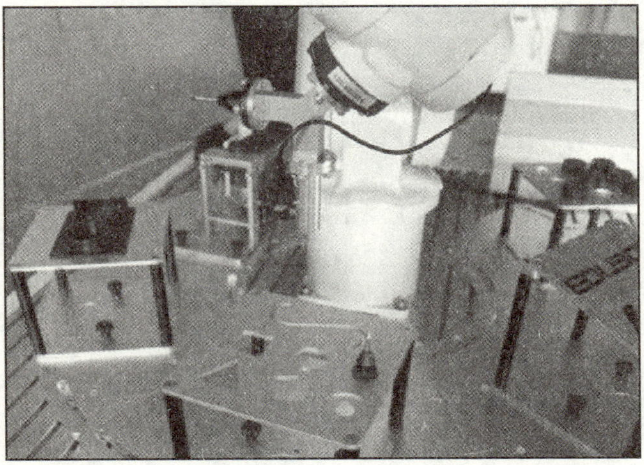</td><td>手动移动机器人至圆形第二个点</td></tr>
<tr><td>6</td><td>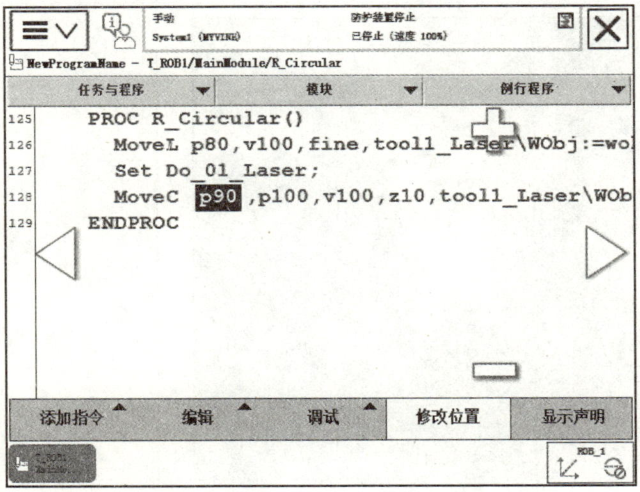
</td><td>添加 MoveC 指令，修改相应参数。选择【p90】，点击【修改位置】</td></tr>
</table>

续表 7.8

序号	图片示例	操作步骤
7	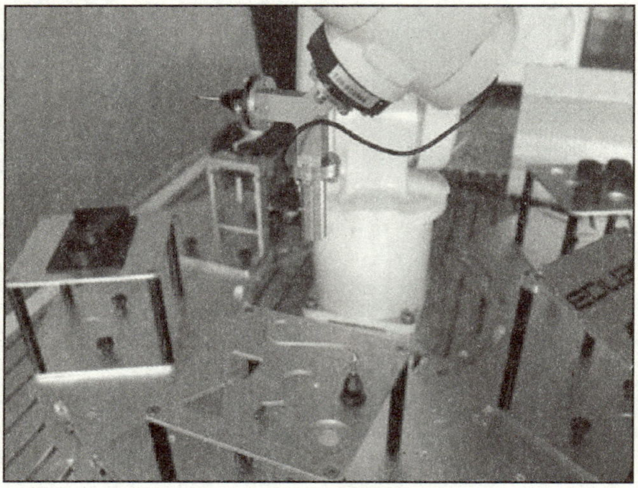	手动移动机器人至圆形第三个点
8	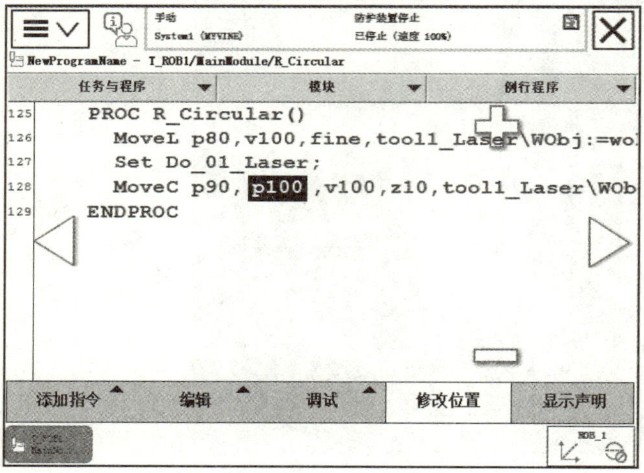	选择【p100】，点击【修改位置】
9	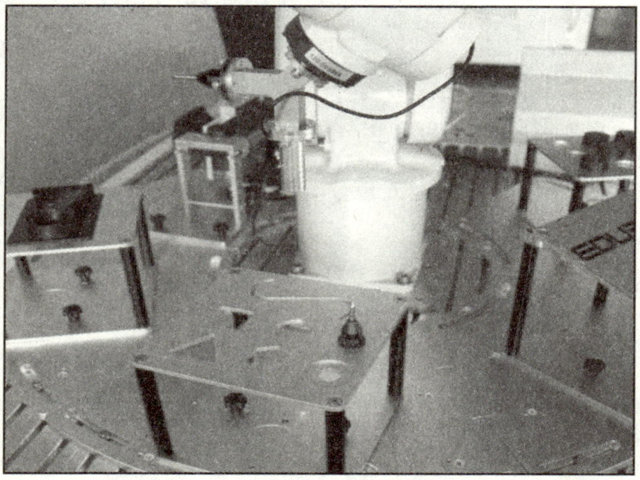	手动移动机器人至圆形第四个点

续表 7.8

序号	图片示例	操作步骤
10	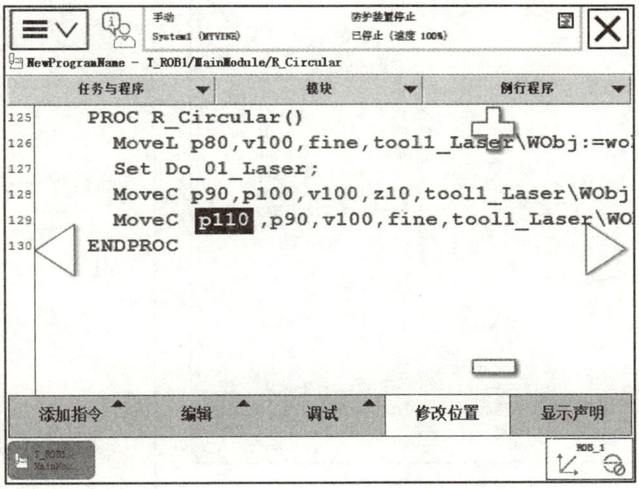	选择【p110】，点击【修改位置】
11	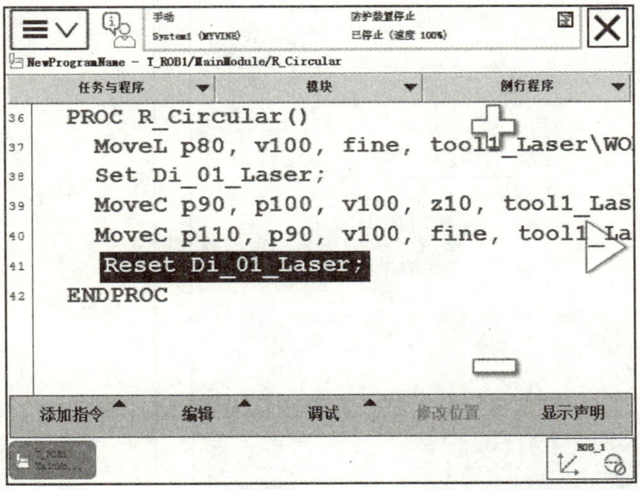	返回圆形第一点，将转弯半径修改为 fine。 添加关闭激光信号

7.4.4 曲线路径编程训练

曲线分析：曲线两边有一小段距离可以看作是直线，可以分割成两小段直线，中间部分由两段弧形线段组成，所以每段曲线使用两个圆弧指令（MoveC）以达到更加精确目的。建立曲线例行程序，见表 7.9。

表 7.9　建立曲线例行程序

<table>
<tr><th>序号</th><th>图片示例</th><th>操作步骤</th></tr>
<tr><td>1</td><td>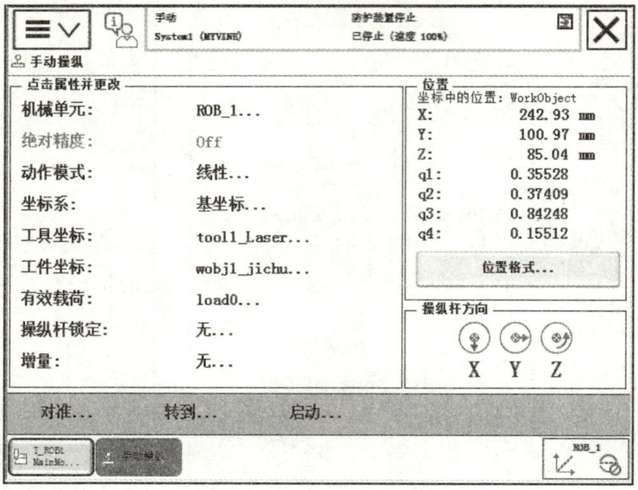
</td><td>确认当前工具坐标系和工件坐标系。分别选择工具坐标系：tool1_Laser；工件坐标系：wobj1_jichu</td></tr>
<tr><td>2</td><td>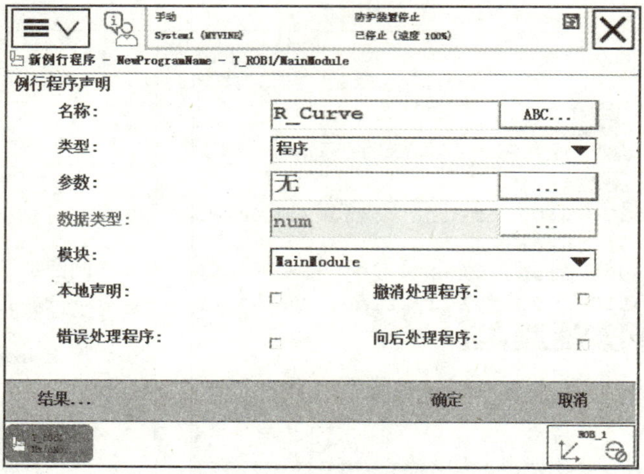
</td><td>建立曲线例行程序，位于 MainModule 模块</td></tr>
<tr><td>3</td><td>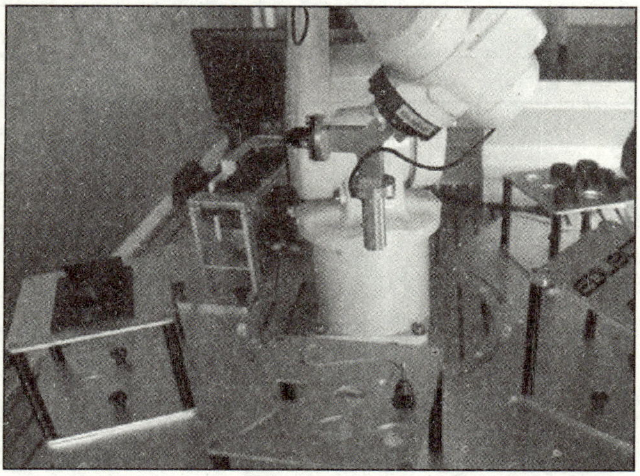</td><td>手动移动机器人至曲线第一点</td></tr>
</table>

续表 7.9

序号	图片示例	操作步骤
4	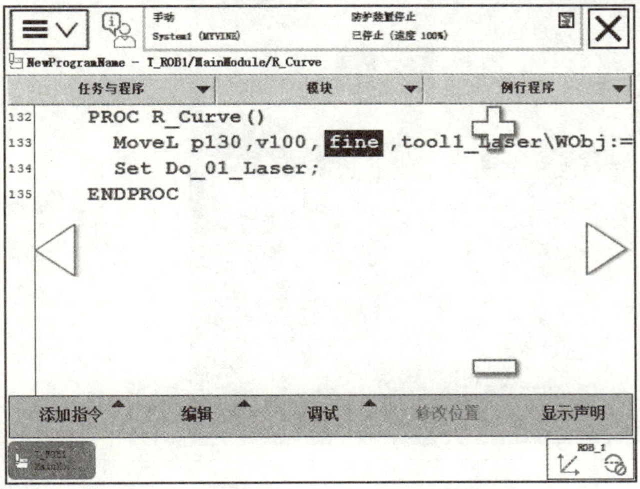	添加 MoveL 指令，修改相应参数，将转弯半径修改为“fine”。 选择【p130】，点击【修改位置】。 添加开启激光信号
5	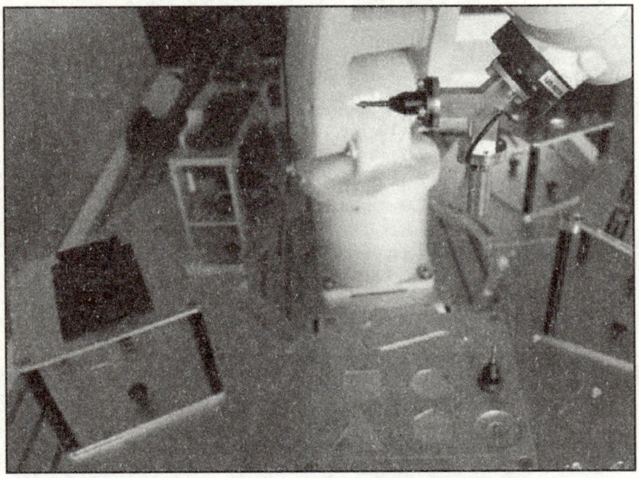	手动移动机器人至曲线其他位置
6	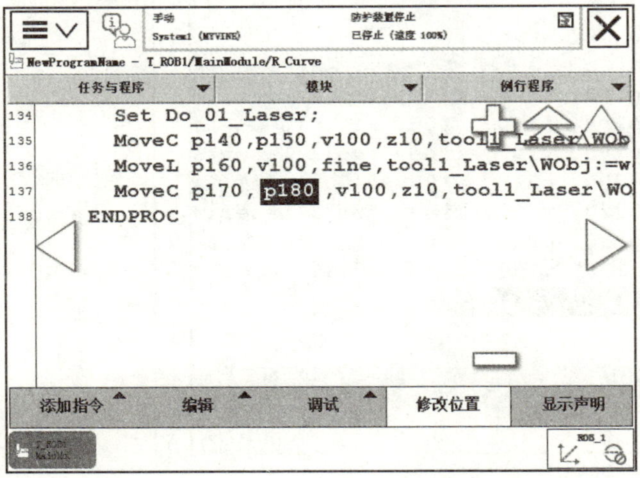	添加 MoveC 指令，修改相应参数。选择【p180】，点击【修改位置】

续表 7.9

序号	图片示例	操作步骤
7	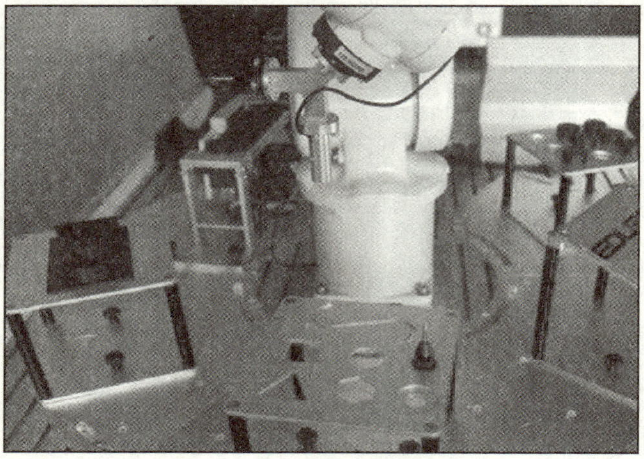	手动移动机器人至曲线其他位置点
8	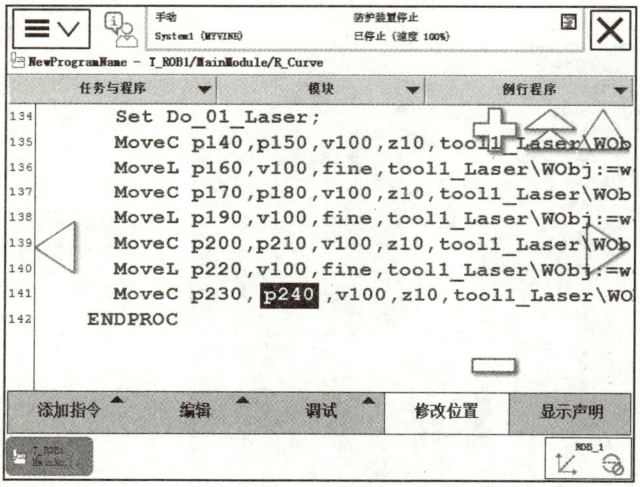	选择【p240】，点击【修改位置】
9	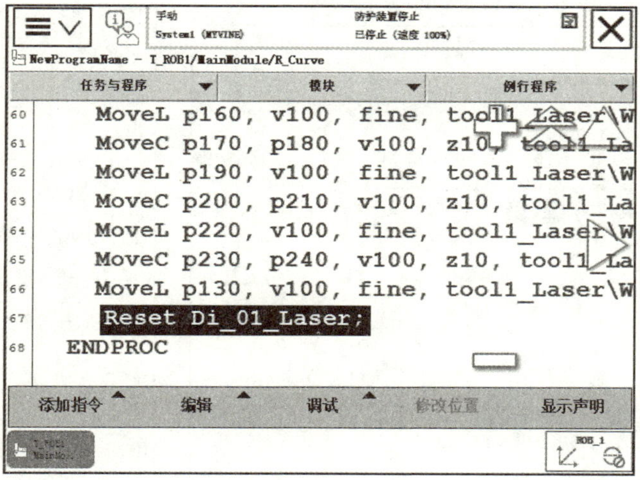	返回曲线第一点，将转弯半径修改为 fine。添加关闭激光信号

7.4.5 项目扩展

学习了使用激光建立基本程序后，可以使用TCP标定尖锥工具来建立基本程序。由于TCP标定尖锥不像激光那样可以随意移动，所以在建立机器人程序时需充分考虑机器人轨迹，及手动操纵示教点位时的安全。下面以建立正六边形为例，讲解程序的建立，见表7.10。

表7.10 建立正六边形例行程序

序号	图片示例	操作步骤
1	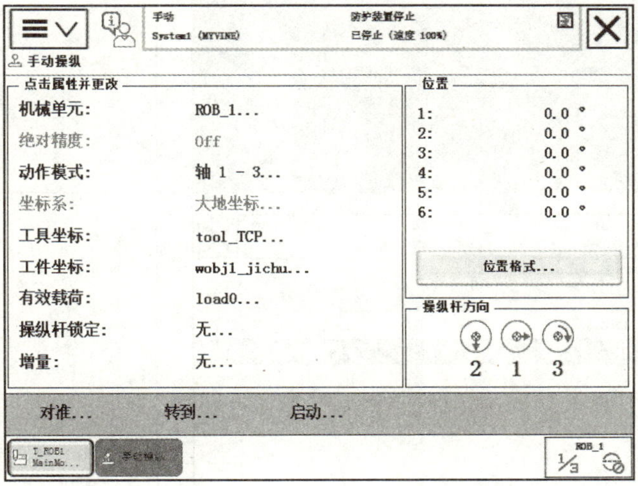	确认当前工具坐标系和工件坐标系。 分别选择工具坐标系：tool_TCP；工件坐标系：wobj1_jichu
2	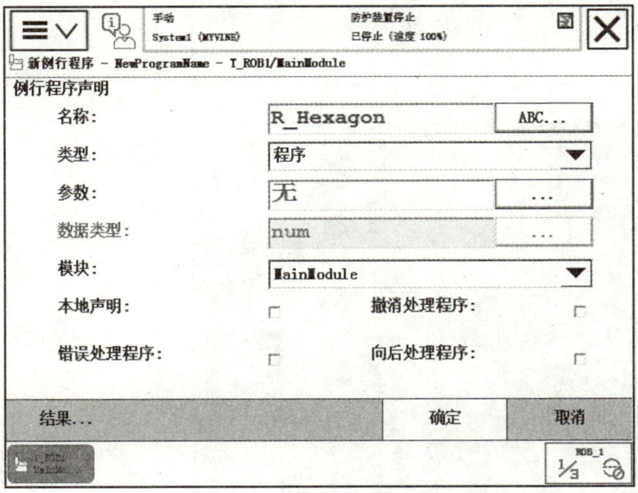	建立正六边形例行程序，位于MainModule模块

续表 7.10

序号	图片示例	操作步骤
3	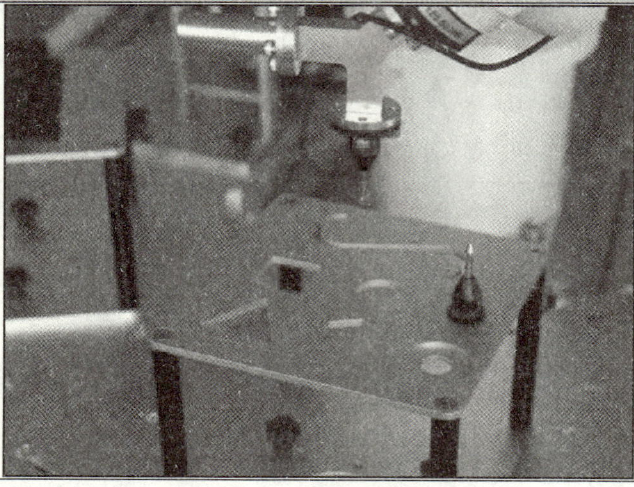	手动移动机器人至正六边形第一点上方
4	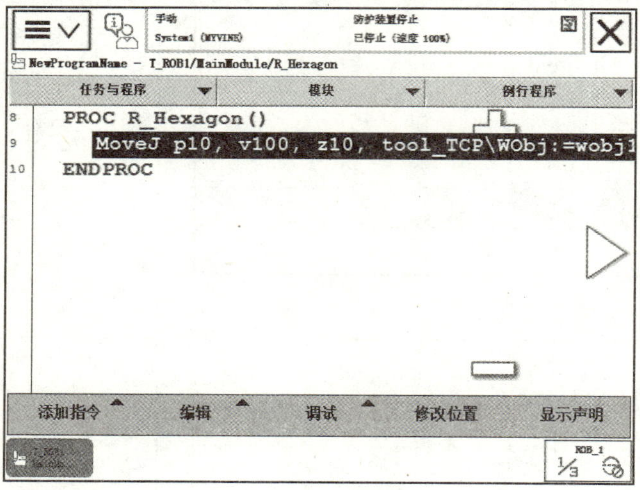	添加 MoveJ 指令，修改相应参数。速度修改成 v100，转弯半径修改为“z10”。选择【p10】，点击【修改位置】
5	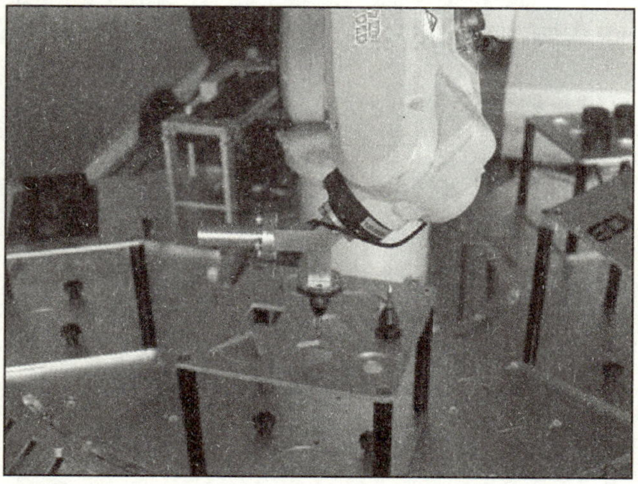	手动移动机器人至正六边形第一点

续表 7.10

序号	图片示例	操作步骤
6	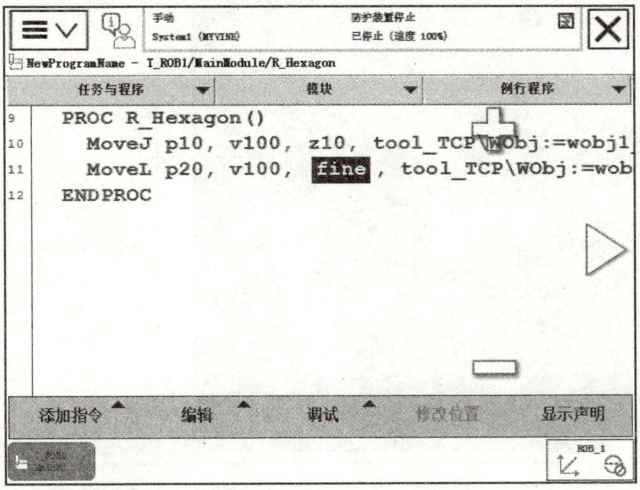	添加 MoveL 指令，修改相应参数。速度修改成 v100，转弯半径修改为“fine”。选择【p20】，点击【修改位置】
7		手动移动机器人至正六边形第二个点
8	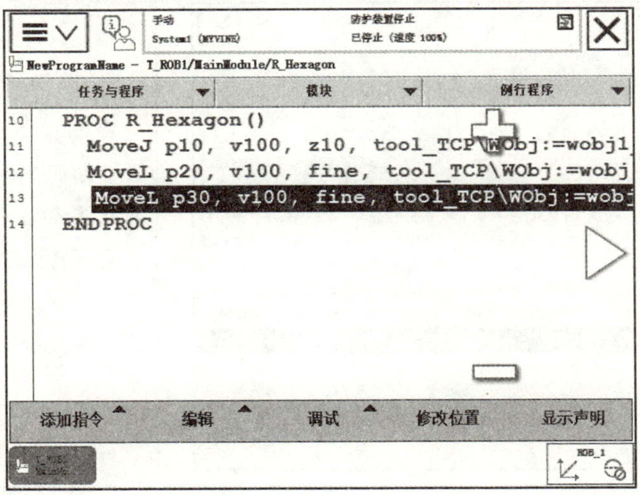	添加 MoveL 指令，修改相应参数。速度修改成 v100，转弯半径修改为“fine”。选择【p30】，点击【修改位置】。 同理建立其他点

续表 7.10

序号	图片示例	操作步骤
9	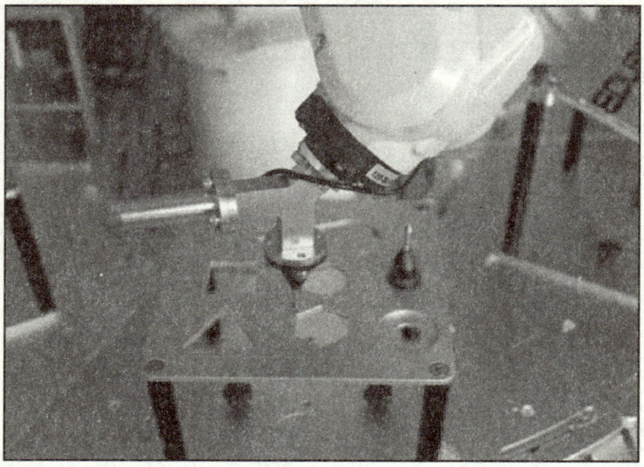	手动移动机器人至正六边形第六个点
10	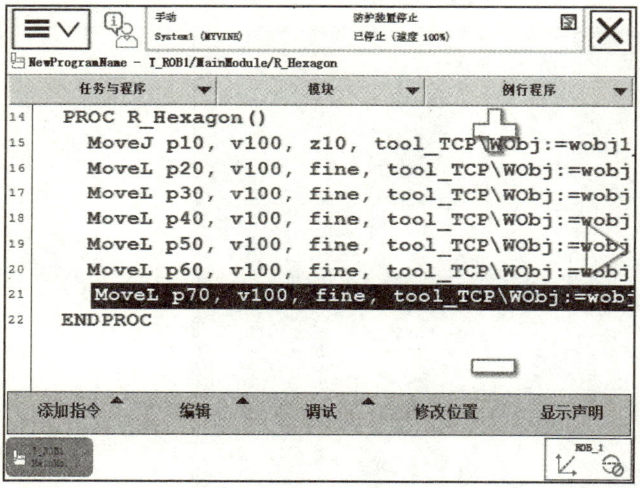	添加 MoveL 指令，修改相应参数。速度修改成 v100，转弯半径修改为“fine”。选择【p70】，点击【修改位置】
11	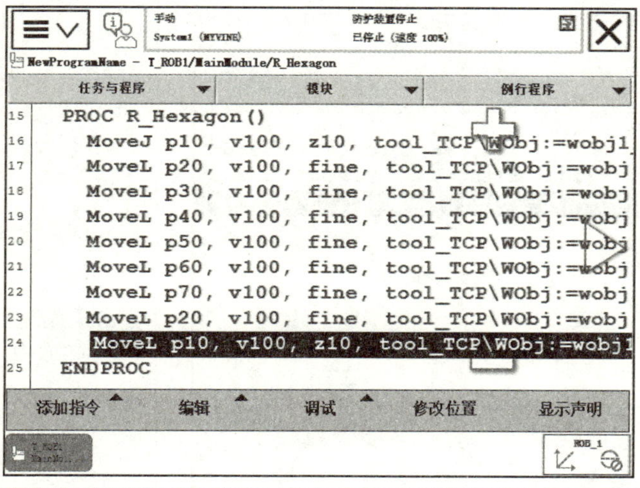	返回正六边形第一点，添加 MoveL 指令，选择【p20】。 返回正六边形第一点上方位置，添加 MoveL 指令，选择【p10】

7.4.6 综合调试

※ 基础实训项目综合调试

1. main 主程序

main 主程序见表 7.11。

表 7.11 main 主程序

序号	图片示例	操作步骤
1		手动移动机器人至安全点位置
2	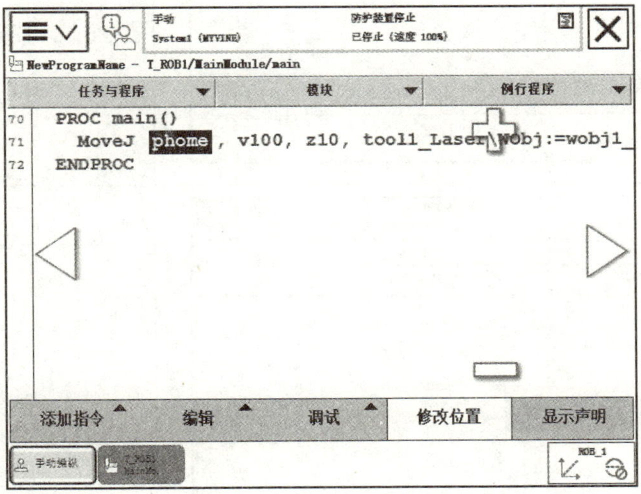	打开 main 主程序。 点击【添加指令】， 添加 MoveJ 指令，修改相应参数，将目标点改名为 phome，点击【修改位置】

续表 7.11

<table>
<tr><th>序号</th><th>图片示例</th><th>操作步骤</th></tr>
<tr><td>3</td><td>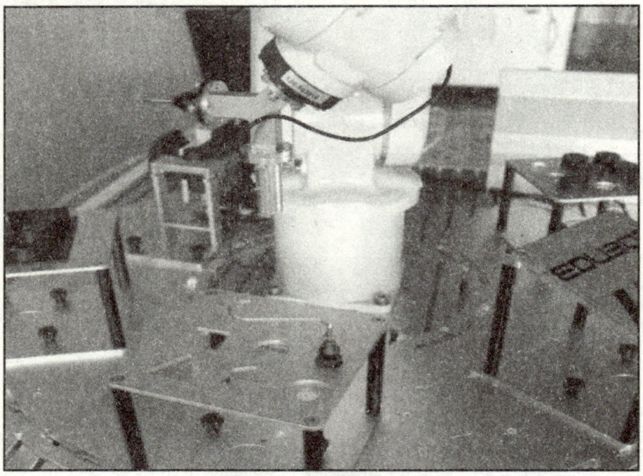</td><td>手动移动机器人至基础模块上方。该点作为过渡点，用于从安全点将机器人姿态更改为程序正常执行的姿态</td></tr>
<tr><td>4</td><td>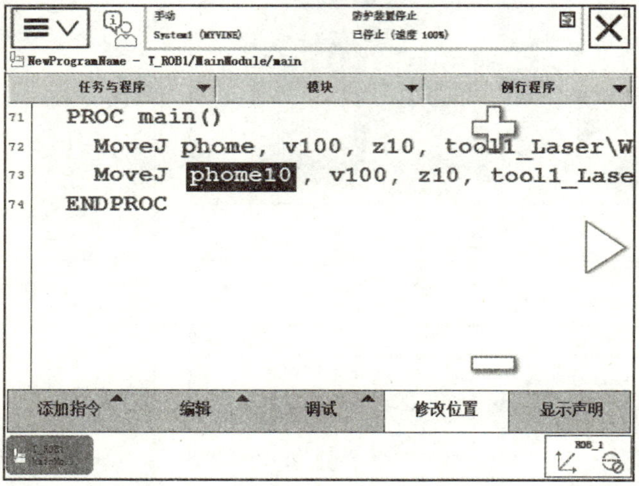
</td><td>添加 MoveJ 指令，修改相应参数，将目标点改名为 phome10，点击【修改位置】。
点击【添加指令】，添加 ProcCall 指令</td></tr>
<tr><td>5</td><td>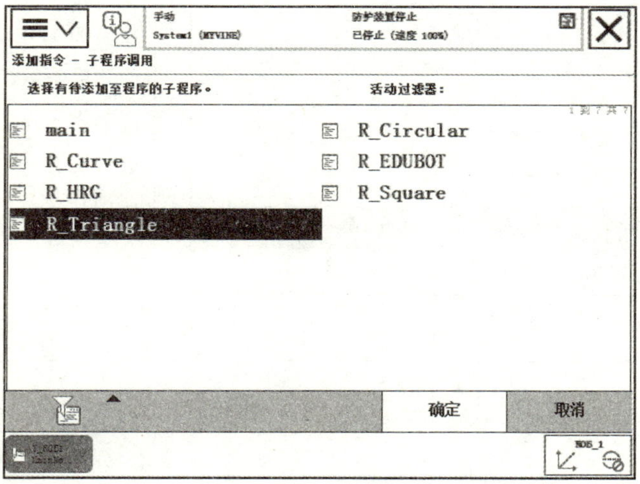
</td><td>选择对应的例行程序</td></tr>
</table>

续表 7.11

序号	图片示例	操作步骤
6	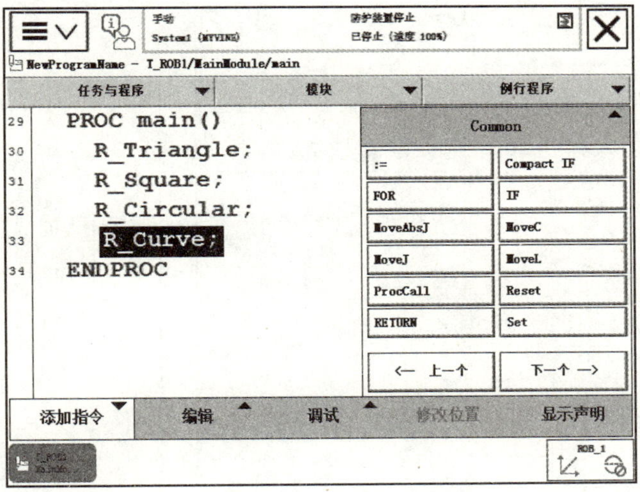	依次添加编写的例行程序
7	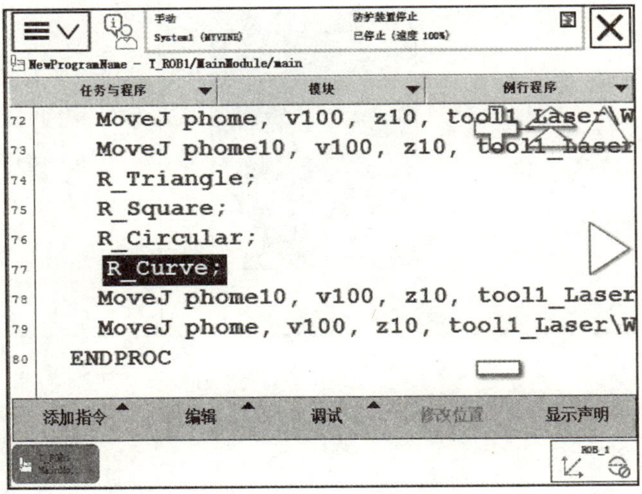	在【R_Curve】例行程序后面加入返回过渡点和安全的程序

2. 手动调试

手动调试见表 7.12。

表 7.12　手动调试

序号	图片示例	操作步骤
1	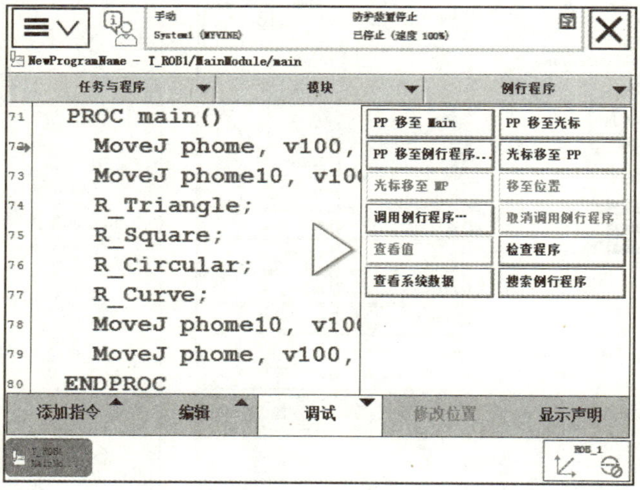	点击【调试】，点击【PP 移至 Main】
2	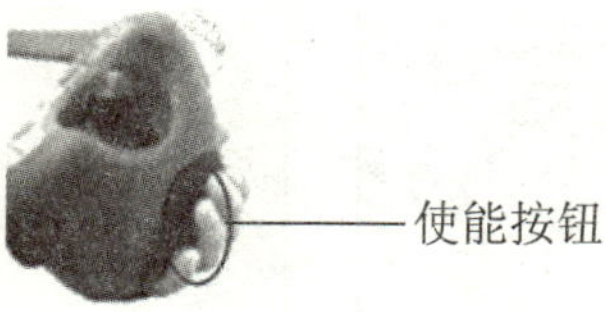 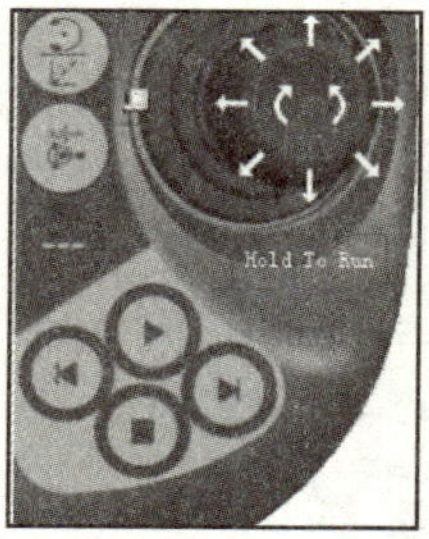	半按使能按钮，同时按住步进按键。 机器人将进行单步动作

3. 自动运行

自动运行见表 7.13。

表 7.13　自动运行

序号	图片示例	操作步骤
1		将模式开关切换成自动模式

续表 7.13

<table>
<tr><th>序号</th><th>图片示例</th><th>操作步骤</th></tr>
<tr><td>2</td><td>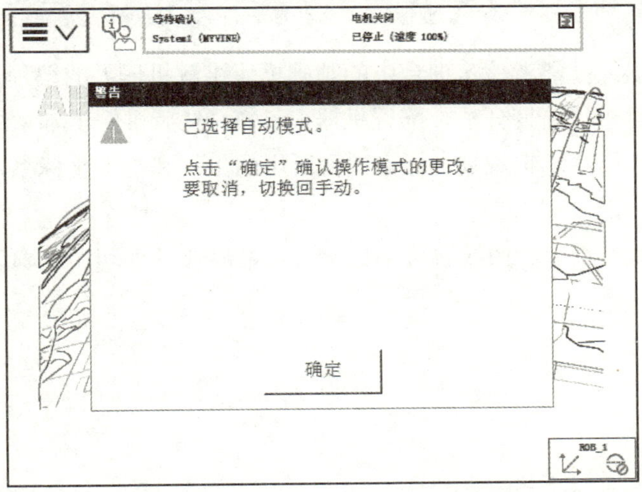
</td><td>点击【确定】</td></tr>
<tr><td>3</td><td>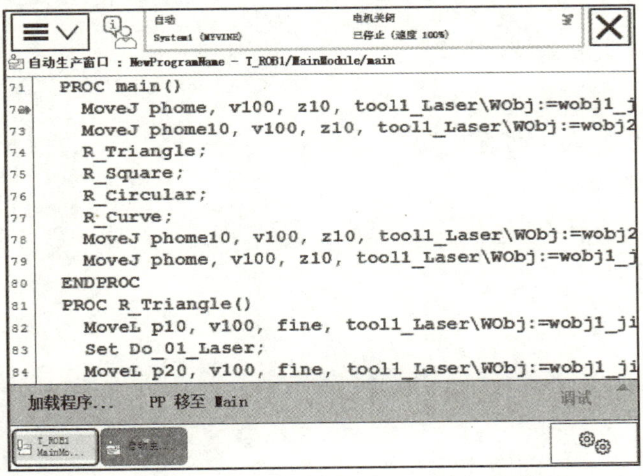
</td><td>点击【PP 移至 Main】</td></tr>
<tr><td>4</td><td>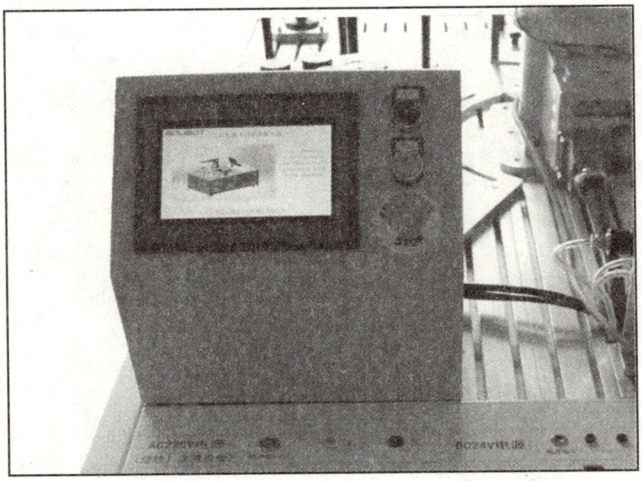</td><td>点击面板【启动】按钮，机器人将自动运行。
点击面板【停止】按钮，机器人将在完成整套程序后停止</td></tr>
</table>

7.5 本章小结

本章主要通过工业机器人技能考核实训台中的基础模块讲解机器人的编程及操作。

首先对所要编程的项目进行前期分析，配置机器人 I/O。然后讲解了本章编程所需要的核心指令，通过掌握基本程序编辑规划，标定项目所用的工具和工件坐标系，学习了机器人运动指令。

针对基础模块进行直线、圆弧、曲线轨迹编程学习，最后通过手动调试确认机器人程序，并且自动运行所编写程序。

思考题

1. 如何配置机器人通用 I/O？
2. 机器人如何通过 I/O 关联系统信号？
3. 简述运动指令中各个参数含义。
4. 如何通过程序修改机器人运动速度？
5. 简述转弯半径 fine 的含义。
6. 关节运动和直线运动有什么区别？
7. 机器人安全运动轨迹如何规划？

第 8 章 模拟激光雕刻轨迹项目

8.1 项目准备

8.1.1 行业背景介绍

随着光电子技术的飞速发展，模拟激光雕刻轨迹技术应用范围越来越广泛。激光加工与材料表面没有接触，不受机械运动影响，表面不会变形，一般无需固定。模拟激光雕刻轨迹加工精度高，速度快，应用领域广泛。

※ 模拟激光雕刻轨迹项目准备

通过模拟激光雕刻轨迹模块的训练，利用激光器模拟激光雕刻，充分熟悉机器人的运动控制，在基础模块的基础上更加熟练地操作机器人。

8.1.2 项目分析

（1）HRG 轨迹都为直线，使用 MoveL 指令完成。

（2）EDUBOT 轨迹为直线和弧线的组合，需使用 MoveL 和 MoveC 指令完成。

（3）单个模块运动点很多，需要添加速度变量和转弯半径变量进行统一控制处理。

（4）轨迹由激光来完成，激光 I/O 配置。

（5）运动轨迹位于斜面上，需添加工具、工件坐标系。利用工件坐标系手动控制机器人运动。

（6）机器人运动轨迹较多，为便于程序查看修改，每个程序需建立例行程序。充分掌握程序调用思想。

8.1.3 模块安装

模块安装见表 8.1。

表 8.1　模块安装

序号	图片示例	说明
1		确认模拟激光雕刻轨迹模块
2		通过梅花螺丝，将模拟激光雕刻轨迹模块固定在实训台 D 区 7 和 8 号安装孔位置上
3		模拟激光雕刻轨迹模块工具安装到机械手末端

8.2　I/O 配置与指令介绍

8.2.1　I/O 配置

模拟激光雕刻轨迹项目需用到的 I/O 配置见表 8.2。具体配置步骤见第 7 章 I/O 配置。

表 8.2　模拟激光雕刻轨迹模块 I/O 配置

序号	名称	信号类型	映射地址	功能
1	Di_01_start	输入信号	0	控制机器人启动
2	Di_02_stop	输入信号	1	控制机器人停止
3	Do_01_Laser	输出信号	0	控制激光器的开启和关闭

8.2.2 指令介绍

1. Robtarget 型数据

Robtarget 型数据属于位置数据，用于定义机械臂和附加轴的位置，如图 8.1 所示。

CONST robtarget p10 := [[364.35, 96.62, 54.33], [1, 0, 0, 0], [1, 1,0, 0], [11, 12.3, 9E9, 9E9, 9E9, 9E9]];

表示机械臂的位置：在目标坐标系中，x=364.35 mm、y=96.62 mm、z=54.33 mm。

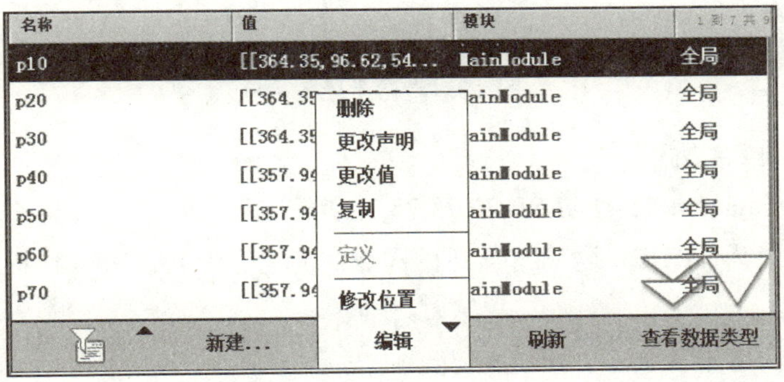

图 8.1 机器人位置点修改

2. Speeddata 型数据

Speeddata 型数据属于速度数据，用于规定机械臂和外轴移动时的速率，如图 8.2 所示。

CONST speeddata speed1:=[200,500,5000,1000];

v_tcp：工具中心点的速率，以 mm/s 表示。

v_ori：TCP 的重新定位速率，以度/秒表示。

v_leax：线性外轴的速率，以 mm/s 表示。

v_reax：旋转外轴的速率，以（°）/s 表示。

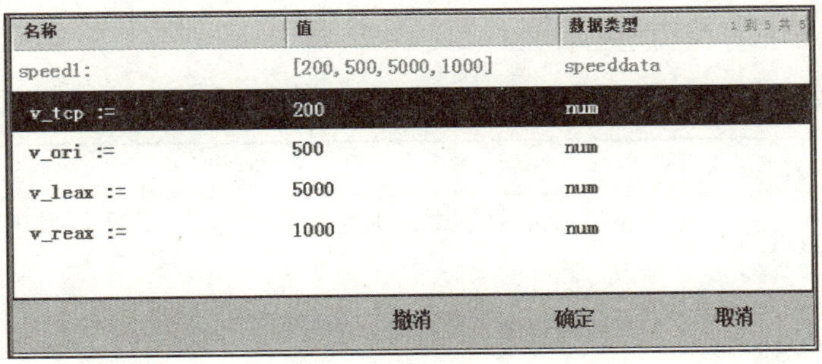

图 8.2 速度变量值修改

3. Zonedata 型数据

Zonedata 型数据属于转弯半径，描述机器人移动到下一个目标点的精确度，准确到达目标点为 fine，如图 8.3 所示。

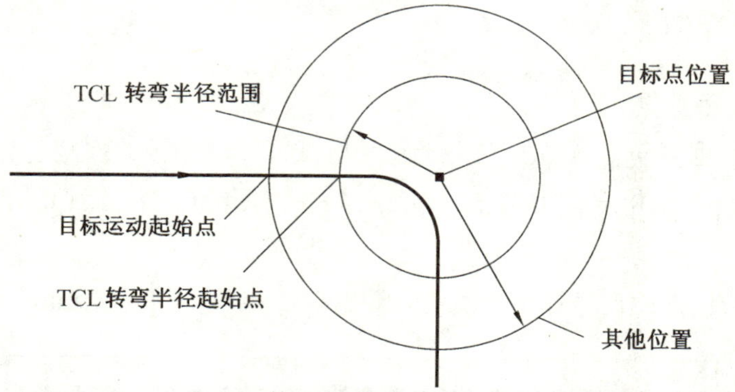

图 8.3　转弯半径图示

数据定义如图 8.4 所示。

CONST zonedata zone1:=[FALSE,20,75,75,7.5,75,7.5];

Finep：设置值为 TRUE，运动精确到目标点；设置值为 FALSE，目标点区域由转弯半径数据决定。

pzone_tcp：转弯半径大小，以 mm 表示。

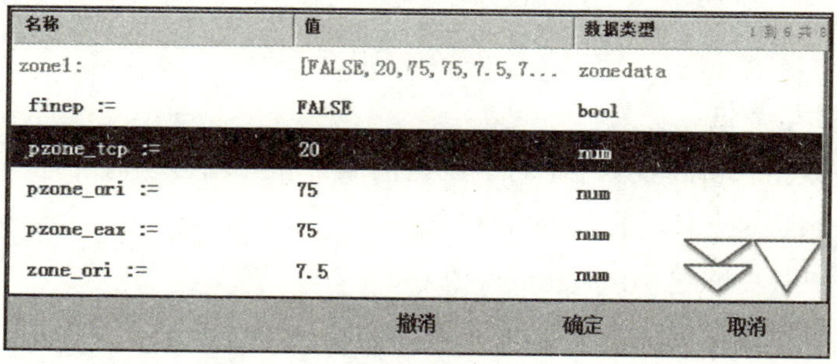

图 8.4　转弯半径值修改

4. ABB 机器人数据存储类型

ABB 机器人数据存储类型见表 8.3。

表 8.3　ABB 机器人数据存储类型

序号	存储类型	说明
1	常量 CONST	常量 CONST 的特点是在定义时已赋予了数值，其不能在程序中进行修改，除非手动修改
2	变量 VAR	变量型数据在程序执行的过程中和停止时，会保持当前的值。但如果程序指针被移到主程序后，数据就会丢失
3	可变量 PERS	可变量 PERS 的特点是，无论程序的指针如何，都会保持最后赋予的值。在机器人执行的 RAPID 程序中也可以对可变量存储类型数据进行赋值操作，在程序执行以后，赋值的结果会一直保持，直到对其进行重新赋值

5. SetDO 指令

改变数字信号输出信号值为 0 或者 1。

6. WaitTime 指令

等待给定的时间，单位 s。

7. Stop 指令

停止程序执行。在 Stop 指令就绪之前，将完成当前执行的所有移动。

8. WaitRob 指令

等待直至达到停止点或零速度。

9. FOR 指令

重复给定的次数。

8.3 程序编辑与调试

8.3.1 程序编辑规划

（1）建立各个路径轨迹的子程序。

（2）在移动机器人至关键点时可以选择对应的工件坐标系，方便在斜面上运动。

（3）通过程序调用指令，进行各个子程序的调用。

（4）需添加 FOR 指令，进行模拟激光二次加工。

（5）通过 main 主程序调用各个子程序，进行自动运行。

※ 模拟激光雕刻轨迹项目程序编辑

8.3.2 HRG 路径编写

HRG 路径编写见表 8.4。

表 8.4 HRG 路径编写

序号	图片示例	操作步骤
1	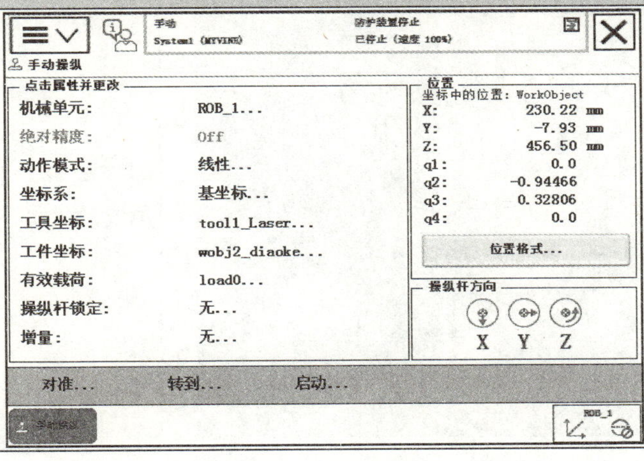	确认当前工具坐标系和工件坐标系。 分别选择工具坐标系：tool1_Laser；工件坐标系：wobj2_diaoke

续表 8.4

序号	图片示例	操作步骤
2	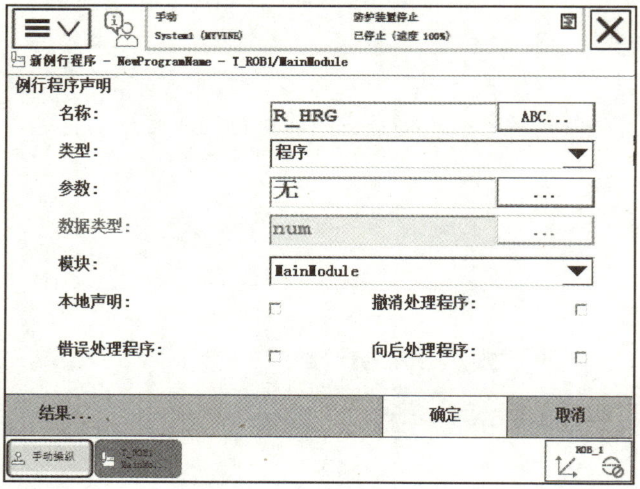	建立 HRG 例行程序，位于 MainModule 模块。
3	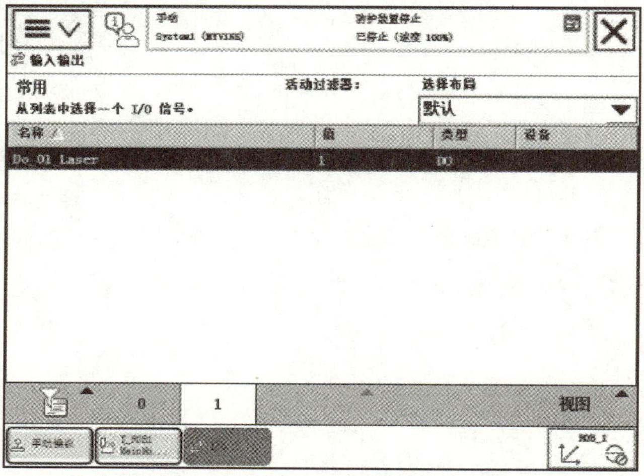	手动打开激光： 进入输入输出界面，选择【Do_01_Laser】，点击【1】打开激光；点击【0】关闭激光。 此外，还可以自定义可编程控制键来手动控制激光
4	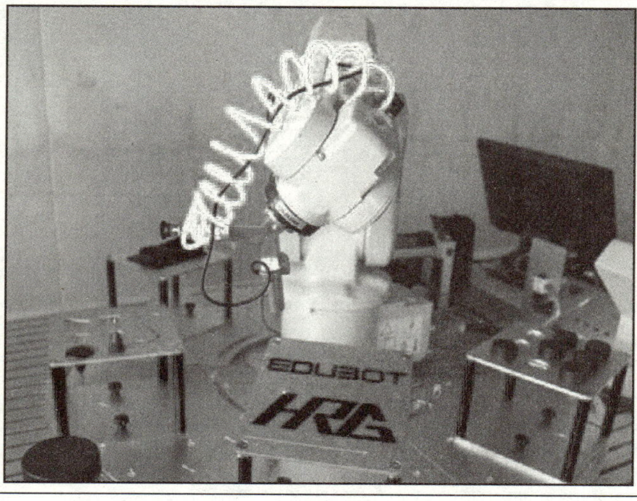	手动移动机器人至 HRG 第一点

续表 8.4

<table>
<tr><th>序号</th><th>图片示例</th><th>操作步骤</th></tr>
<tr><td>5</td><td>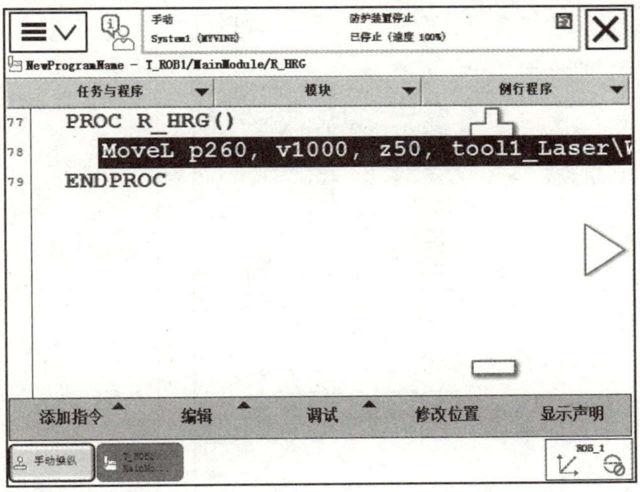
</td><td>添加 MoveL 指令。分别修改速度变量为 speed_diaoke，转弯半径为 fine</td></tr>
<tr><td>6</td><td>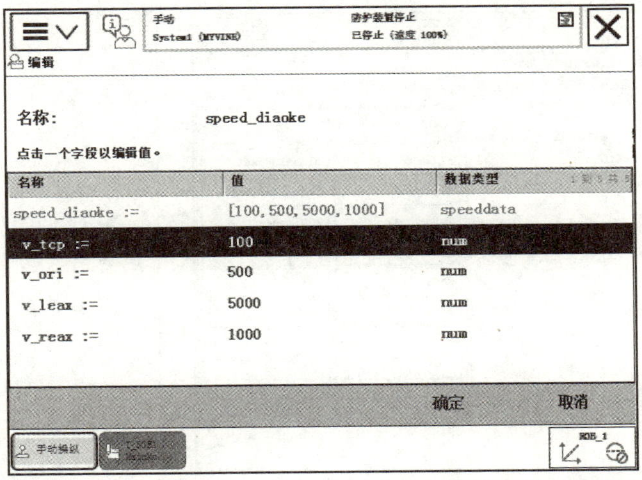
</td><td>修改速度变量初始值为“100”，相当于 v100。加入速度变量便于统一修改速度</td></tr>
<tr><td>7</td><td>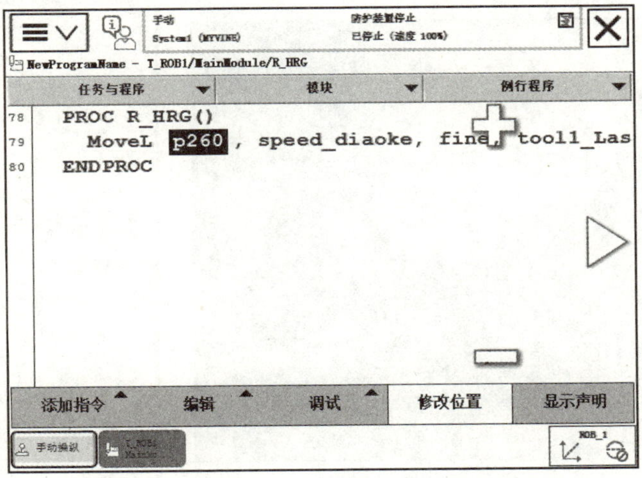
</td><td>相关参数修改如图，选择【p260】，点击【修改位置】</td></tr>
</table>

续表 8.4

序号	图片示例	操作步骤
8	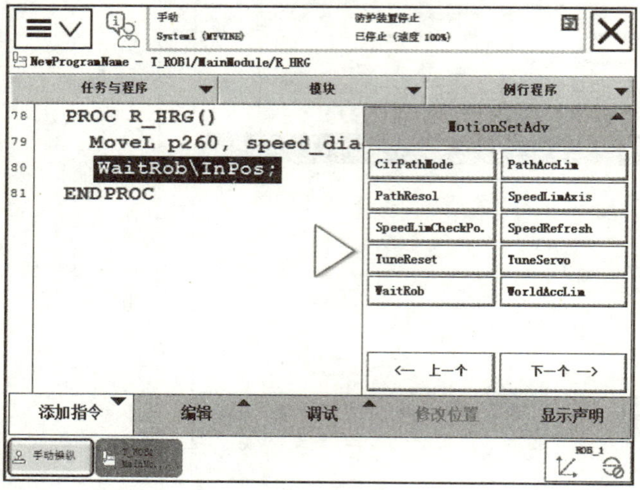	添加 WaitRob 指令，等待机器人完全运动到目标点
9	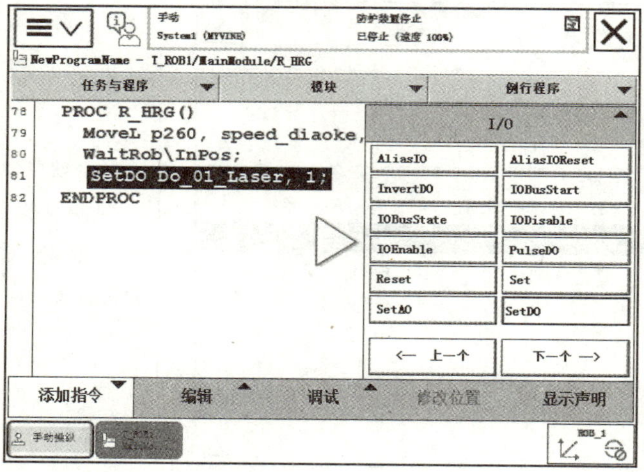	添加 SetDO 指令，开启激光信号
10	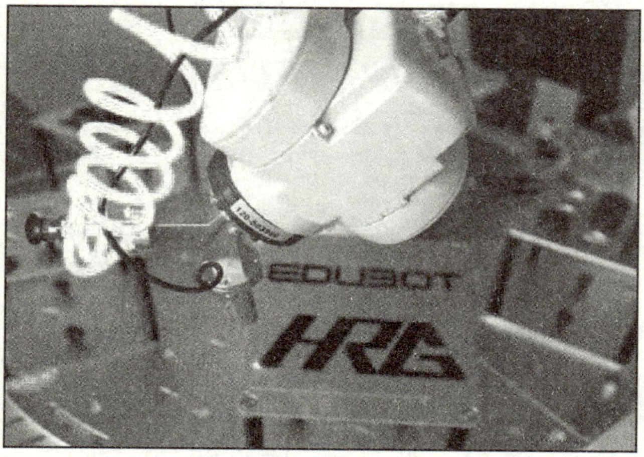	手动移动机器人至 HRG 第二个点

续表 8.4

序号	图片示例	操作步骤
11	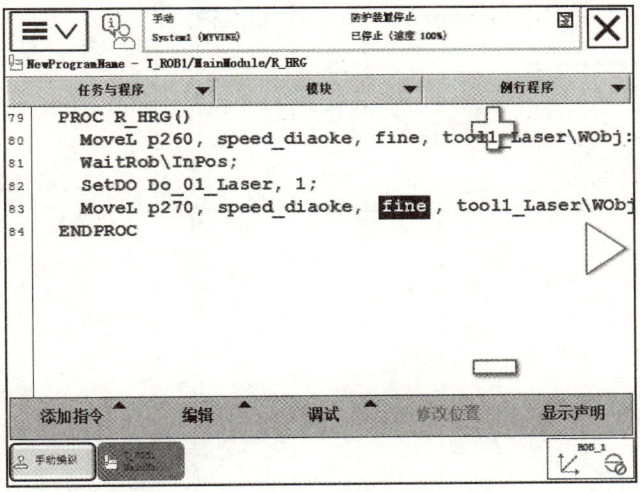	添加 MoveL 指令，选择【fine】，修改转弯半径变量为 zone_diaoke
12	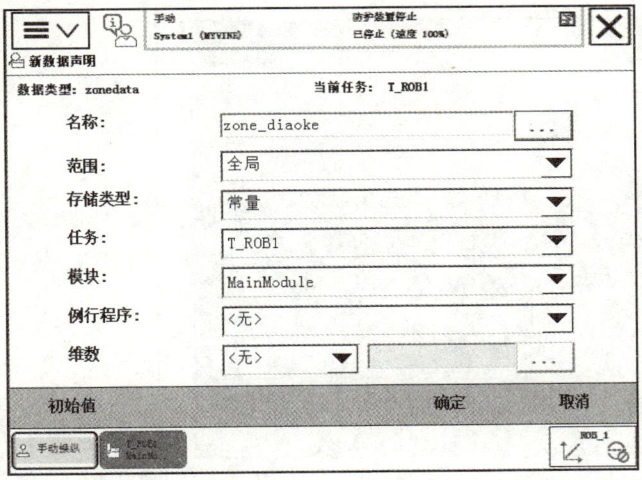	修改转弯半径变量 zone_diaoke，选择【常量】。 点击【初始值】
13	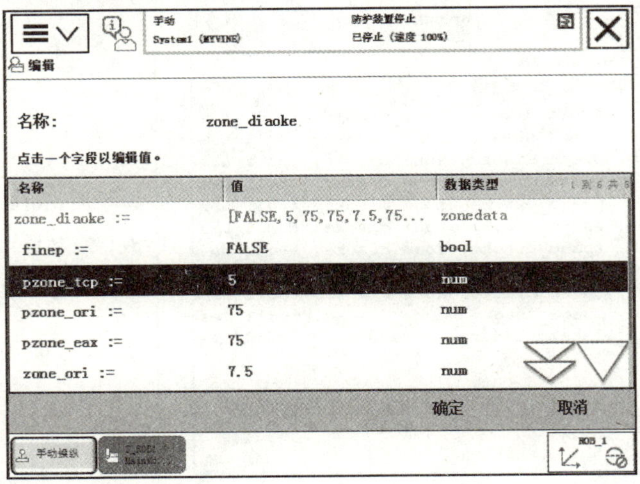	点击【pzone_tcp】，修改值为“5”，相当于 z5。 点击【确定】

续表 8.4

序号	图片示例	操作步骤
14	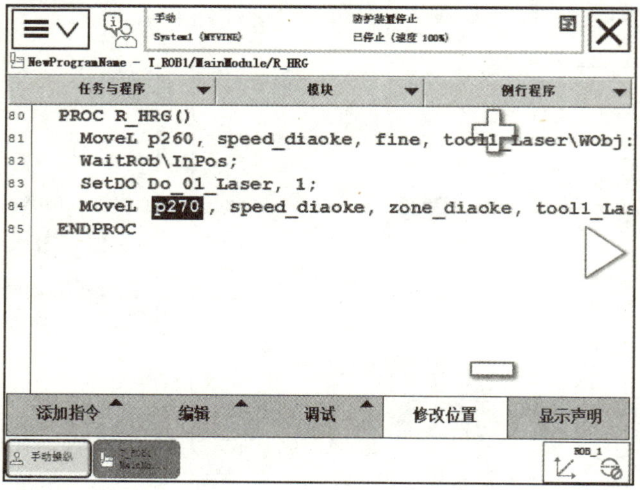	选择【p270】，点击【修改位置】。 同理修改 HRG 轨迹其他点
15	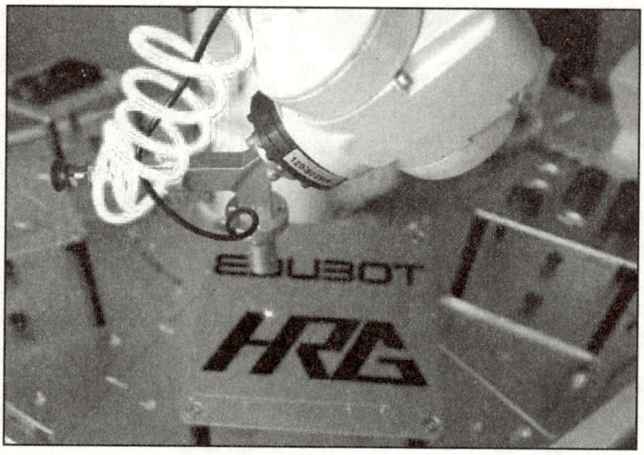	手动移动机器人至 HRG 边缘点
16	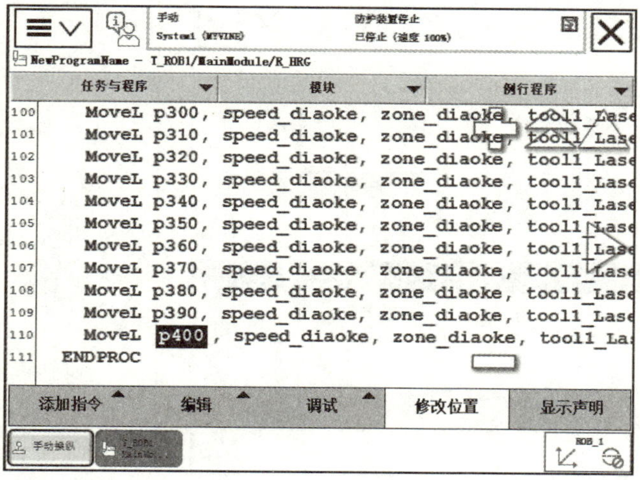	添加 MoveL 指令，修改相应参数。 点击【修改位置】

续表 8.4

序号	图片示例	操作步骤
17	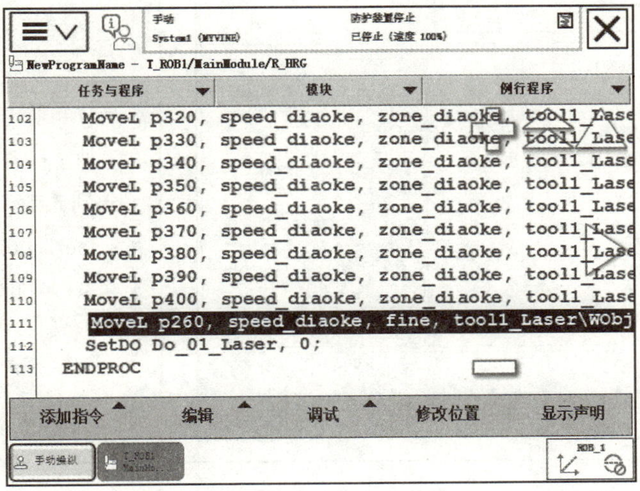	返回 HRG 第一点【P260】，添加 SetDO 指令，关闭激光信号
18	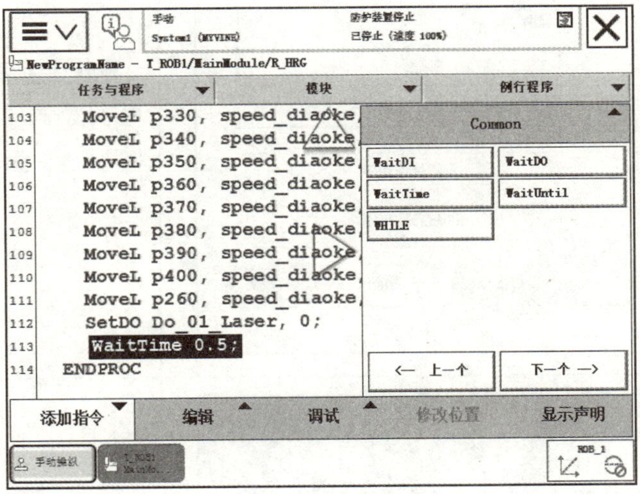	添加 WaitTime 指令，修改等待时间为 0.5 s

8.3.3　EDUBOT 路径编写

EDUBOT 路径编写见表 8.5。

表 8.5　EDUBOT 路径编写

<table>
<tr><th>序号</th><th>图片示例</th><th>操作步骤</th></tr>
<tr><td>1</td><td>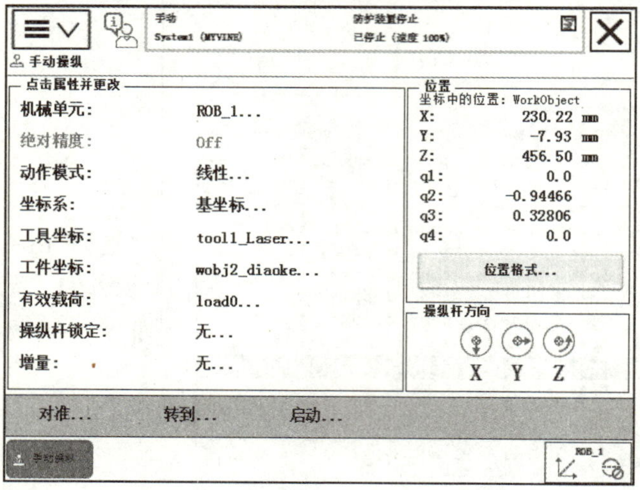
</td><td>确认当前工具坐标系和工件坐标系。
分别选择工具坐标系：tool1_Laser；工件坐标系：wobj2_diaoke</td></tr>
<tr><td>2</td><td>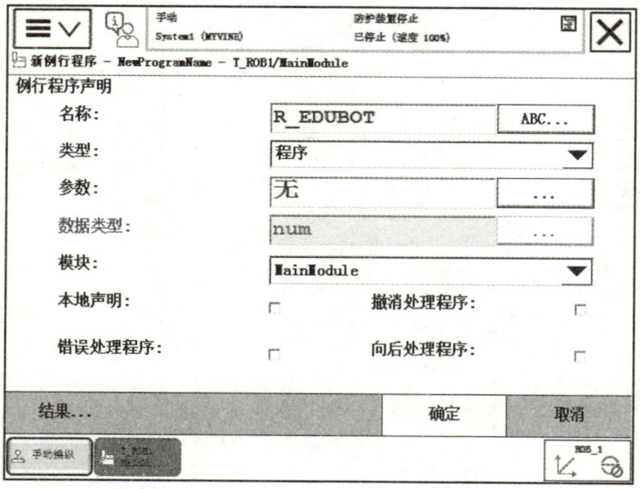
</td><td>建立 EDUBOT 例行程序，位于 MainModule 模块</td></tr>
<tr><td>3</td><td>
</td><td>手动移动机器人至 EDUBOT 第一点</td></tr>
</table>

续表 8.5

序号	图片示例	操作步骤
4	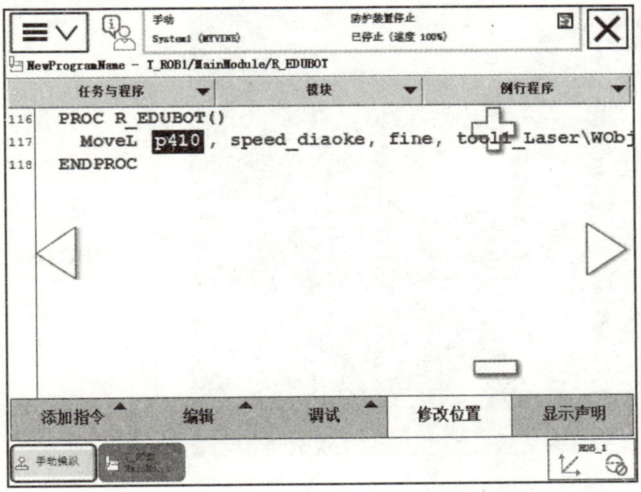	添加 MoveL 指令。分别修改速度变量为 speed_diaoke，转弯半径为 fine。 点击【修改位置】
5	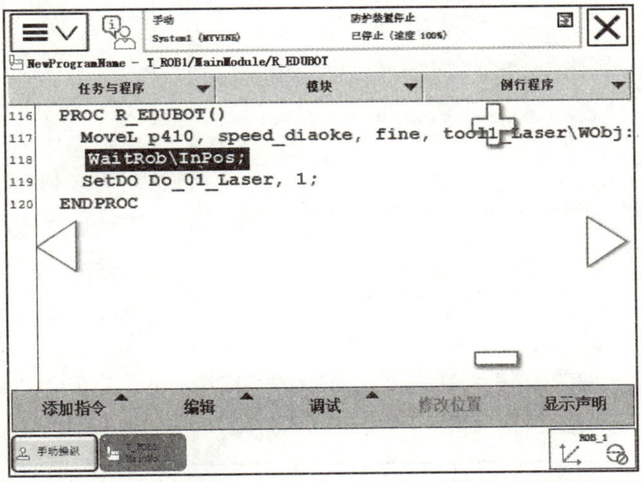	添加 WaitRob 指令，等待机器人完全运动到目标点。 添加 SetDO 指令，开启激光信号
6		手动移动机器人至 EDUBOT 第二个点。 添加 MoveL 指令，修改相应参数，点击【修改位置】

续表 8.5

<table>
<tr><th>序号</th><th>图片示例</th><th>操作步骤</th></tr>
<tr><td>7</td><td>
</td><td>手动移动机器人至 EDUBOT 第三个点</td></tr>
<tr><td>8</td><td>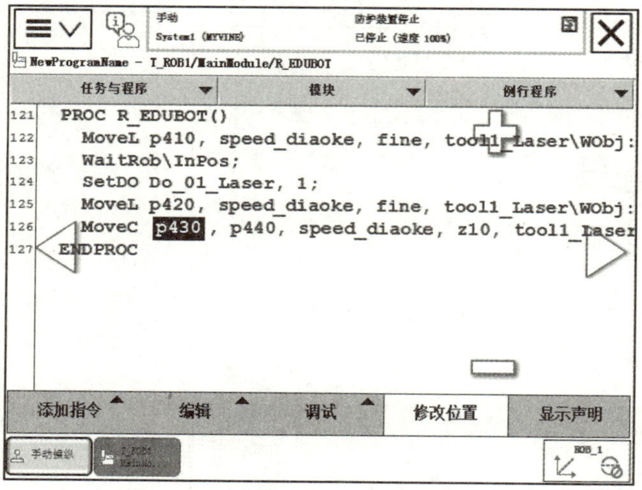
</td><td>添加 MoveC 指令，修改相应参数，点击【修改位置】。
同理修改 EDUBOT 其他点位置。
注意：在每模拟雕刻完成一个字母时需要先关闭激光信号，下一个字母开启激光信号</td></tr>
<tr><td>9</td><td>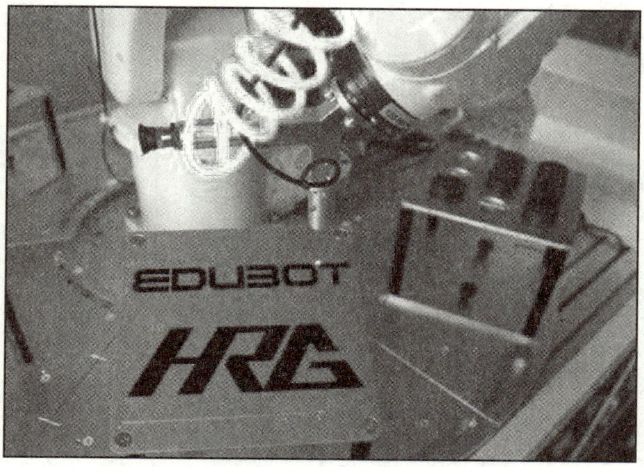
</td><td>手动移动机器人至 EDUBOT 最后一个点</td></tr>
</table>

续表 8.5

序号	图片示例	操作步骤
10	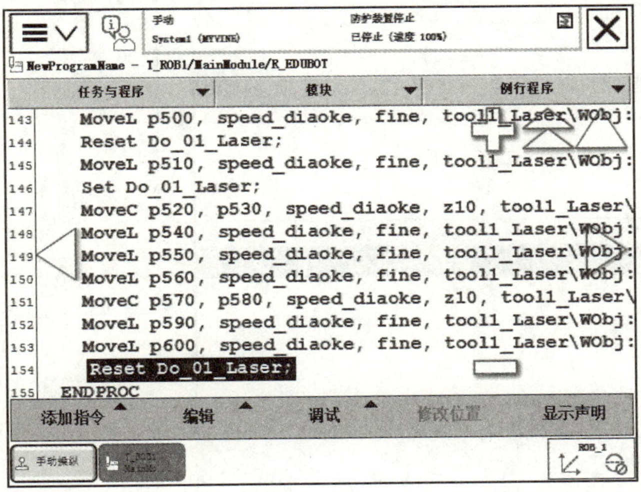	添加 MoveL 指令，修改相应参数，选择【p600】，点击【修改位置】。 添加 Reset 指令，关闭激光信号
11	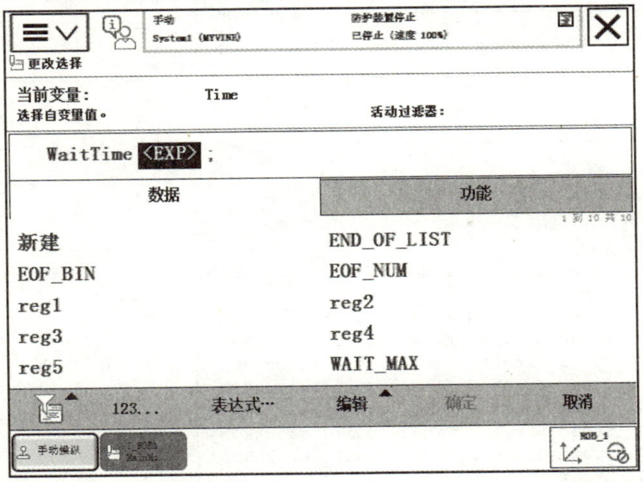	添加 WaitTime 指令，创建一个时间常量
12	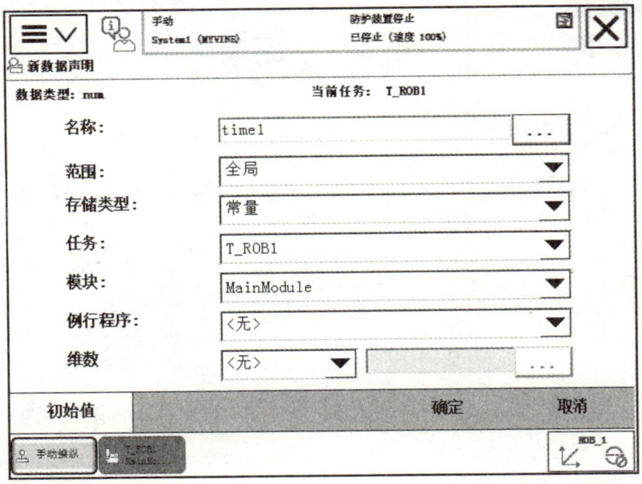	选择【名称】，修改为“time1”，修改存储类型为“常量”，点击【初始值】

续表 8.5

<table>
<tr><th>序号</th><th>图片示例</th><th>操作步骤</th></tr>
<tr><td>13</td><td>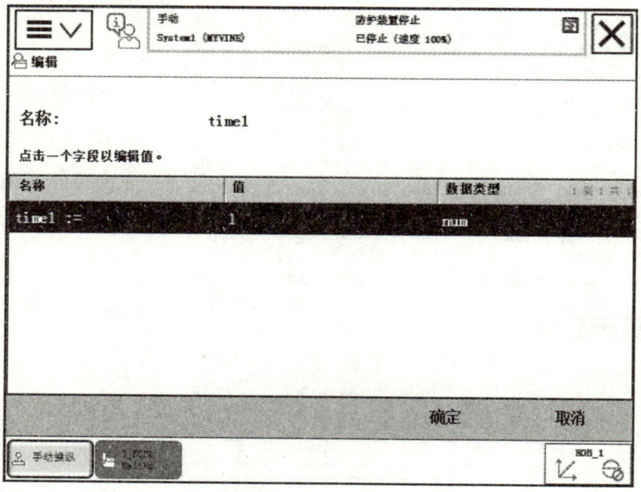
</td><td>修改【time1】初始值为“1”</td></tr>
<tr><td>14</td><td>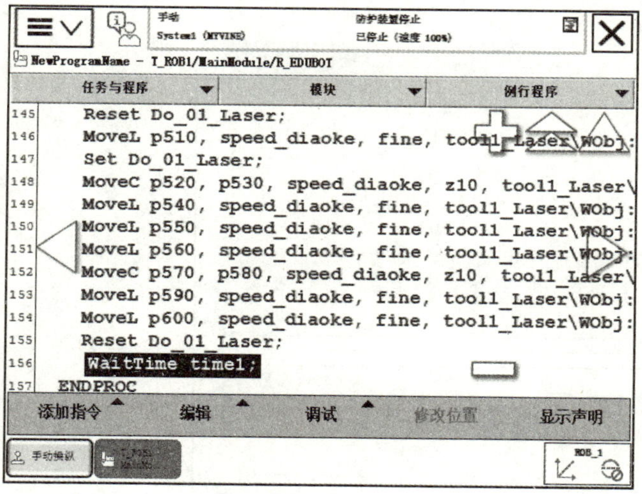
</td><td>在关闭激光信号后延时 1 s</td></tr>
</table>

8.3.4 综合调试

❋ 模拟激光雕刻轨迹项目综合调试

1. main 主程序

main 主程序见表 8.6。

表 8.6 main 主程序

序号	图片示例	操作步骤
1	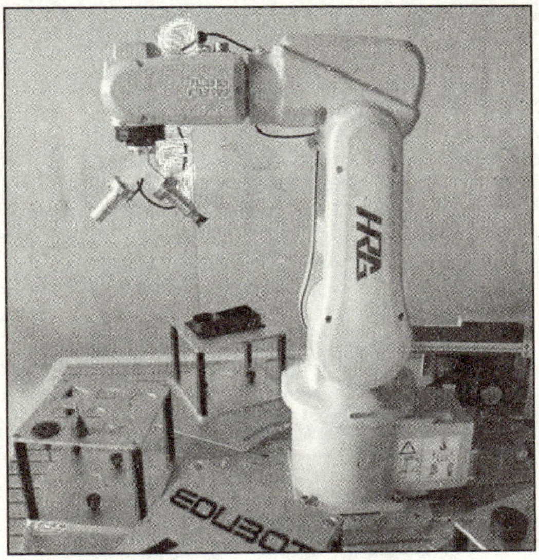	手动移动机器人至安全点位置
2	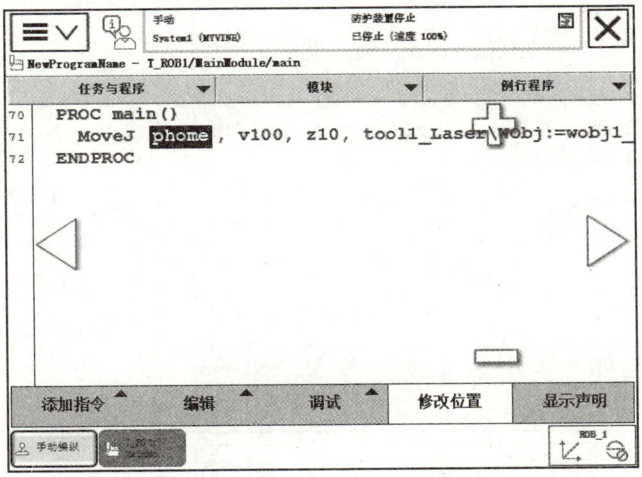	打开 main 主程序。 点击【添加指令】，添加 MoveJ 指令，修改相应参数，将目标点改名为 phome，点击【修改位置】
3	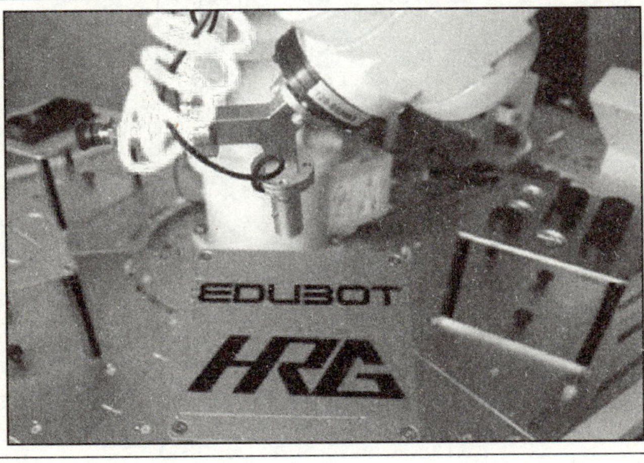	手动移动机器人至模拟激光雕刻轨迹模块上方。该点作为过渡点，用于从安全点将机器人姿态更改为程序正常执行的姿态

续表 8.6

序号	图片示例	操作步骤
4	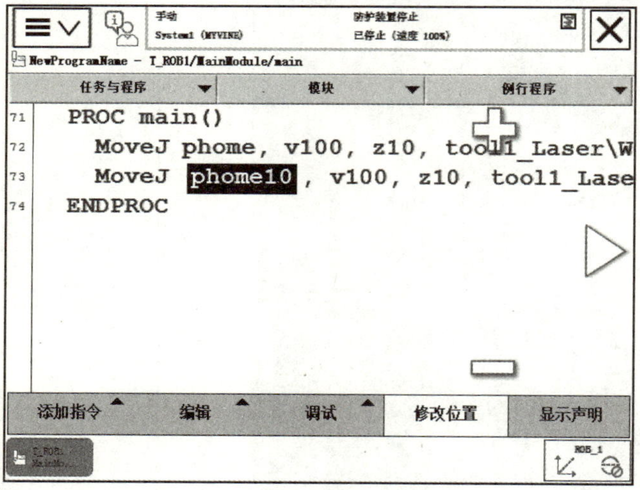	添加 MoveJ 指令，修改相应参数，将目标点改名为 phome10，点击【修改位置】。 点击【添加指令】，添加 FOR 指令
5	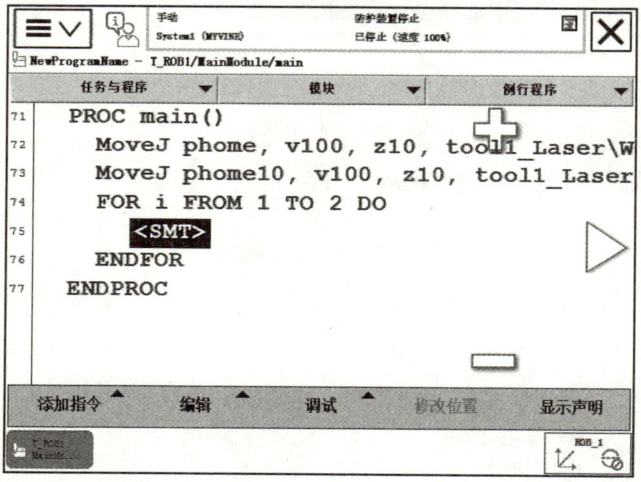	修改 FOR 指令相关参数，控制 FOR 循环两次。 点击【<SMT>】，添加 FOR 循环内容。 点击【添加指令】，点击【ProcCall】
6	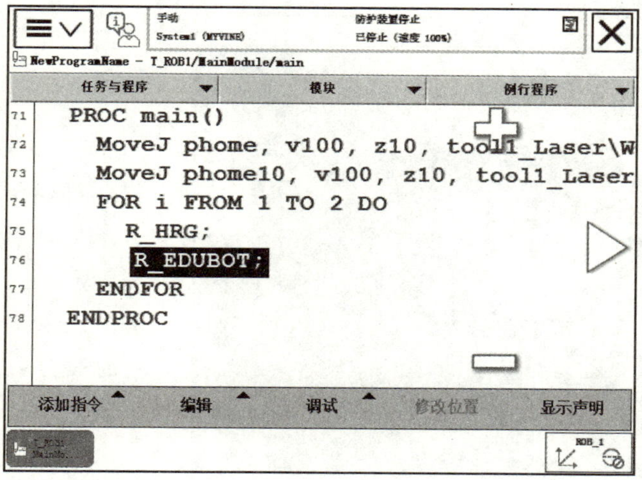	分别调用 HRG 和 EDUBOT 路径

续表 8.6

<table>
<tr><th>序号</th><th>图片示例</th><th>操作步骤</th></tr>
<tr><td>7</td><td>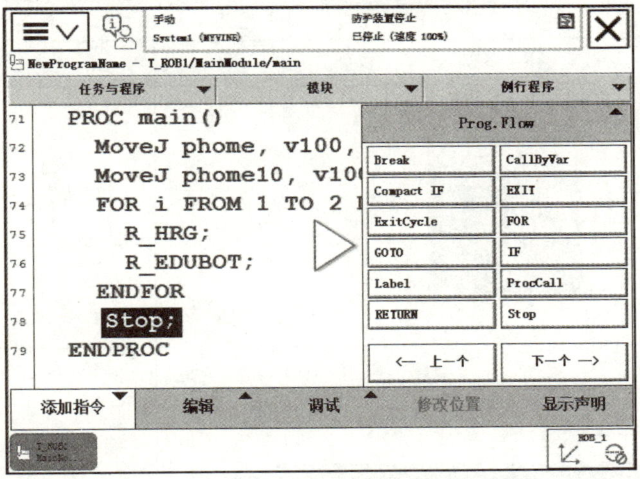
</td><td>点击【添加指令】添加 Stop 指令。
即在进行两次模拟激光雕刻轨迹后，机器人停止动作</td></tr>
</table>

2. 手动调试

手动调试见表 8.7。

表 8.7 手动调试

<table>
<tr><th>序号</th><th>图片示例</th><th>操作步骤</th></tr>
<tr><td>1</td><td>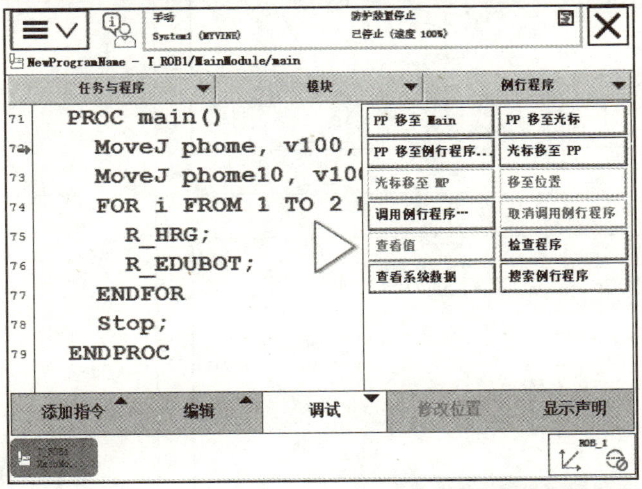
</td><td>点击【调试】，点击【PP 移至 Main】</td></tr>
<tr><td>2</td><td>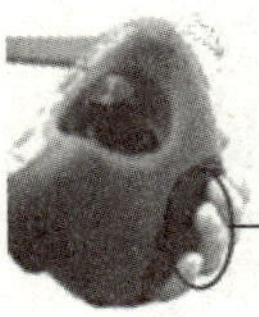 使能按钮 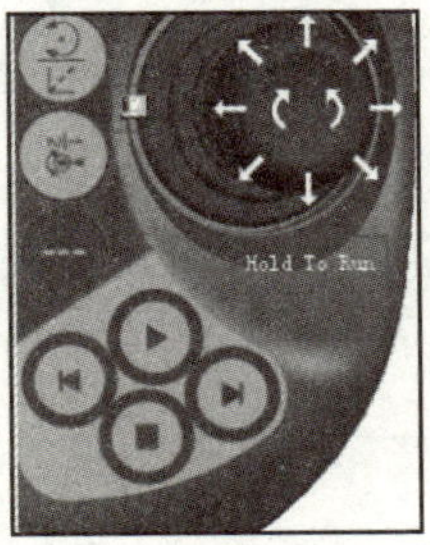
</td><td>半按使能按钮，同时按住步进按键。
机器人将进行单步动作</td></tr>
</table>

3. 自动运行

自动运行见表 8.8。

表 8.8　自动运行

序号	图片示例	操作步骤
1		将模式开关切换成自动模式
2	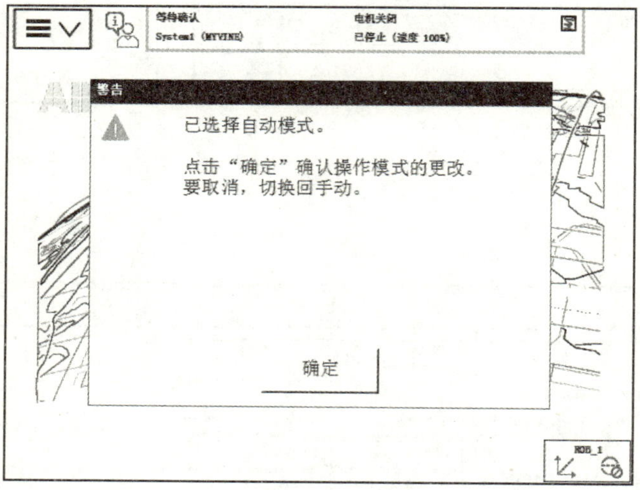	点击【确定】
3	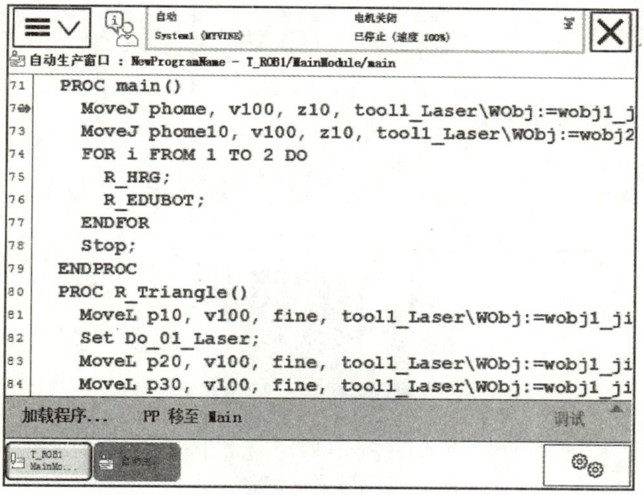	点击【PP 移至 Main】

续表 8.8

序号	图片示例	操作步骤
4	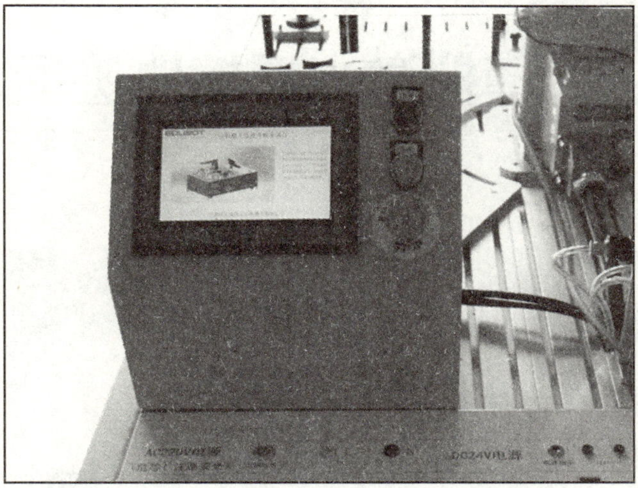	点击面板上【启动】按钮，机器人将自动运行。 由于停止信号选择为循环停止，在停止信号前程序中有 stop 指令，所以机器人外部停止由内部 stop 指令控制

8.4 本章小结

本章通过模拟激光雕刻轨迹模块模拟激光雕刻动作，巩固机器人运动指令的使用，通过本章的学习需掌握运动指令各个参数的意义，所使用的数据类型。本章的核心指令是机器人编程常用的指令，需熟练掌握，此外通过本章的学习可以编写一个简单的动作模块，掌握编写程序的基本思想。

思考题

1. 如何添加一个速度变量来控制整个程序的速度？
2. 如何添加一个转弯半径变量来控制整个程序的转弯半径？
3. 简述数据存储类型的区别。
4. FOR 指令如何使用？
5. SetDO 指令如何使用？
6. 改变 EDUBOT 字母顺序时该如何规划程序？

第 9 章 模拟激光焊接轨迹项目

9.1 项目准备

9.1.1 行业背景介绍

目前在工业机器人迅猛发展的势头下，传统的焊接行业也迎来了新的变化与要求。焊接是工业生产中非常重要的加工手段，同时由于焊接烟尘、弧光、金属飞溅的存在，焊接的工作环境非常恶劣，焊接质量的好坏又对产品质量起决定性的影响，因而造就了焊接机器人当今的地位。

※ 模拟激光焊接轨迹项目准备

通过模拟激光焊接轨迹模块的训练，利用激光器激光轨迹模拟焊接轨迹，掌握焊接工艺中机器人姿态的把控，更加熟练地操作机器人。

9.1.2 项目分析

（1）焊接工件由三段直线和一段圆弧组成，轨迹需要使用 MoveL 和 MoveC 指令完成。

（2）控制好机器人初始状态，调整好焊接过程中机器人的姿态，提升焊接效果。

（3）控制好机器人焊接速度和转弯半径，提高焊接质量。

（4）轨迹由激光模拟来完成，需要调整激光 I/O 配置。

（5）在手动移动机器人时，需添加焊枪工具坐标系，以便更加方便地控制机器人。

（6）利用计时指令采集机器人焊接时间。

9.1.3 模块安装

模块安装见表 9.1。

表 9.1 模块安装

序号	图片示例	说明
1		确认模拟激光焊接轨迹模块
2	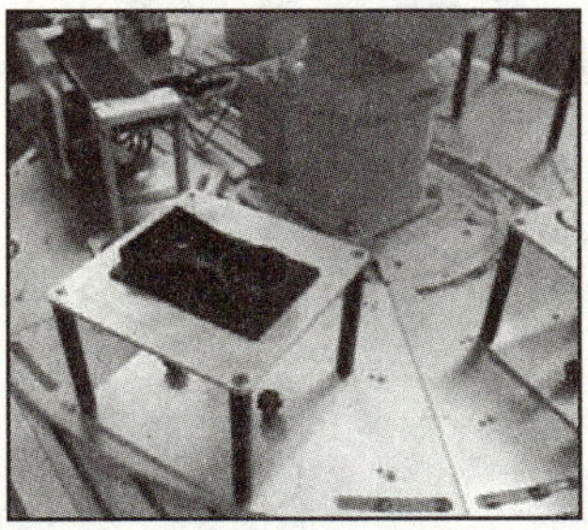	通过梅花螺丝，将模拟激光焊接轨迹模块固定在实训台 B 区 7 和 8 号安装孔位置上
3		模拟激光焊接轨迹模块工具安装到机械手末端

9.2 I/O 配置与指令介绍

9.2.1 I/O 配置

模拟激光焊接轨迹项目需用到的 I/O 配置见表 9.2。具体配置步骤见第 7 章 I/O 配置。

表 9.2 模拟激光焊接轨迹模块 I/O 配置

序号	名称	信号类型	映射地址	功能
1	Di_01_start	输入信号	0	控制机器人启动
2	Di_02_stop	输入信号	1	控制机器人停止
3	Do_01_Laser	输出信号	0	控制激光器的开启和关闭

9.2.2 指令介绍

（1）MoveAbsJ 指令：移动机械臂至绝对位置。机器人以单轴运动的方式运动至目标点，不存在死点，运动状态完全不可控制。

（2）AccSet 指令：修改加速度。

（3）VelSet 指令：编程速率设定。

（4）:=赋值指令：用于向数据分配值。该值可以是一个常数，也可以是一个算术表达式。

（5）WHILE 指令：只要……便重复。当重复一些指令时，使用 WHILE 指令。

（6）EXIT 指令：用于终止程序执行，仅可从主程序第一个指令重新执行程序。

（7）ClkReset 指令：重置定时的时钟。

（8）ClkStart 指令：启动用于定时的时钟。

（9）ClkStop 指令：停止用于定时的时钟。

（10）功能函数 ClkRead（）：读取用于定时的时钟。

9.3 程序编辑与调试

9.3.1 程序编辑规划

※ 模拟激光焊接轨迹项目程序编辑

（1）建立模拟激光焊接轨迹路径子程序。

（2）控制好机器人速度和加速度，以及焊接过程中的速度和转弯半径，提升焊接质量。

（3）在机器人模拟激光焊接轨迹过程中，控制好机器人的姿态，两个目标点之间的机器人末端执行器姿态变化幅度不能太大也不能太小，要适当调整。

（4）通过赋值指令和 WHILE 指令，模拟焊接二次加工。

（5）通过 main 主程序调用焊接子程序，包括安全的、过渡点、计时指令添加子程序，进行自动运行。

9.3.2 模拟激光焊接轨迹路径编写

模拟激光焊接轨迹路径编写见表 9.3。

表 9.3　模拟激光焊接轨迹路径编写

序号	图片示例	操作步骤
1	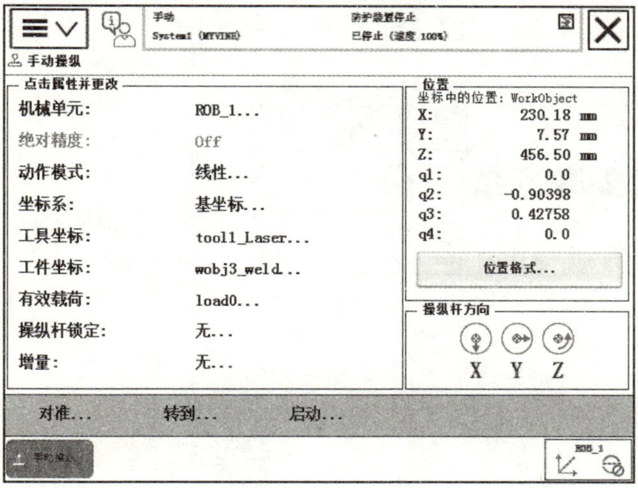	确认当前工具坐标系和工件坐标系。 分别选择工具坐标系：tool1_Laser；工件坐标系：wobj3_weld
2	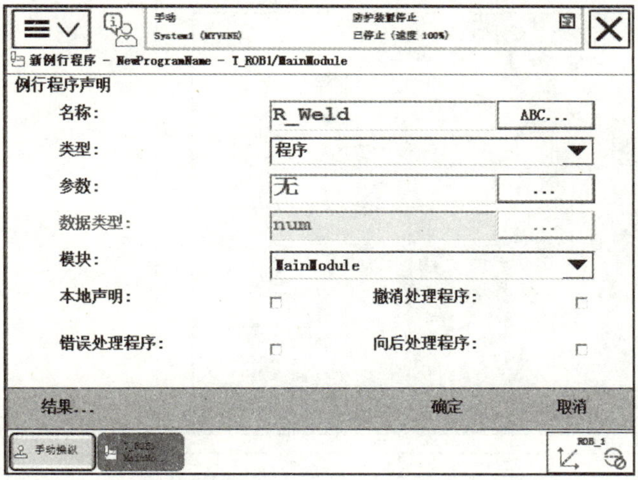	建立焊接例行程序，位于 MainModule 模块
3	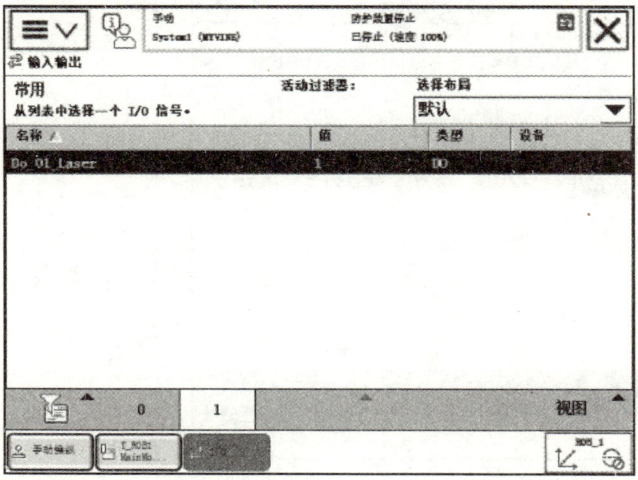	手动打开激光： 进入输入输出界面，选择【Do_01_Laser】，点击【1】打开激光；点击【0】关闭激光。 此外，还可以自定义可编程控制键来手动控制激光

续表 9.3

序号	图片示例	操作步骤
4	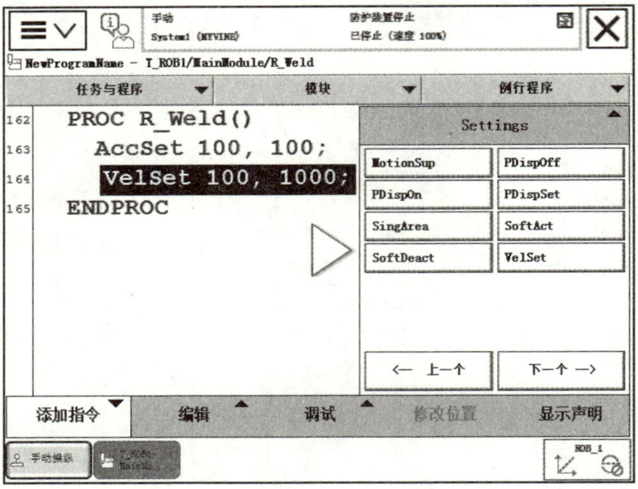	添加 AccSet 和 VelSet 指令
5		添加焊接轨迹过渡点
6	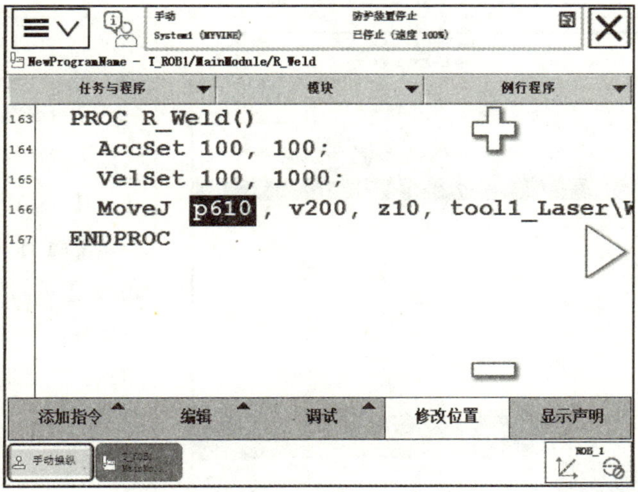	添加 MoveJ 指令，修改相应参数，选择【p610】，点击【修改位置】

续表 9.3

<table>
<tr><th>序号</th><th>图片示例</th><th>操作步骤</th></tr>
<tr><td>7</td><td></td><td>手动移动机器人至焊接工件第一点</td></tr>
<tr><td>8</td><td>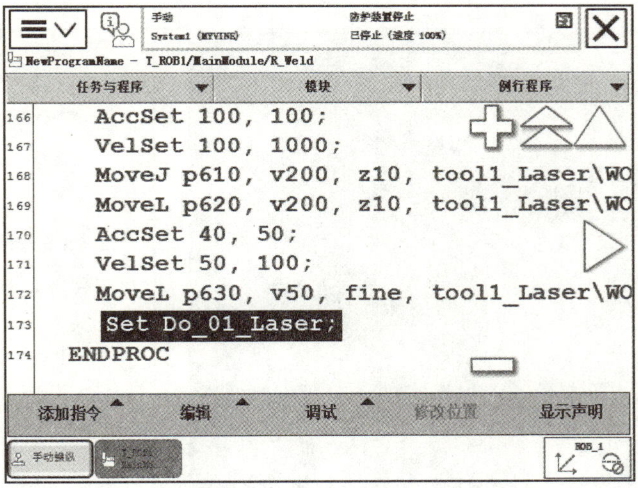
</td><td>添加 MoveL 指令，添加点 p620 快速移动至焊接边缘处。
添加 AccSet 和 VelSet 指令，控制速度。
添加 MoveL 指令，添加点 p630 慢速移动至焊接处，转弯半径选择 fine。
添加开启激光信号</td></tr>
<tr><td>9</td><td></td><td>手动移动机器人至焊接工件第二点</td></tr>
</table>

续表 9.3

序号	图片示例	操作步骤
10	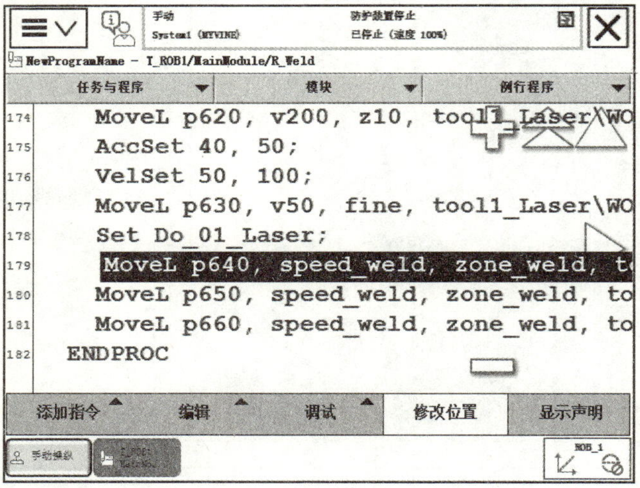	添加 MoveL 指令。分别修改速度变量为 speed_weld，设定速度为 10；转弯半径为 zone_weld，修改半径值为 1。 同理添加其他点 p650 和 p660
11	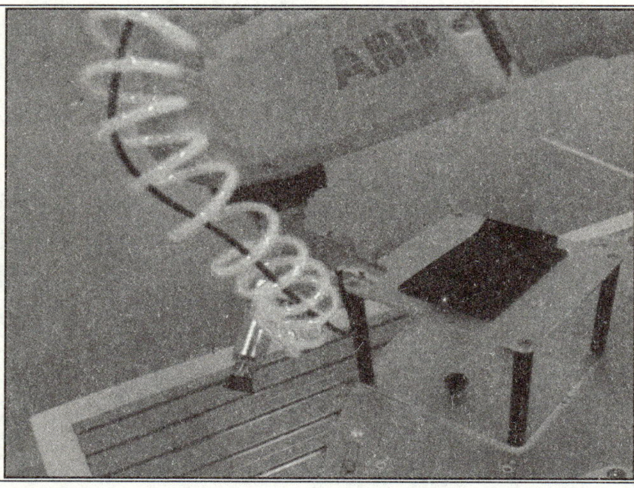	手动移动机器人至焊接工件圆弧点处
12	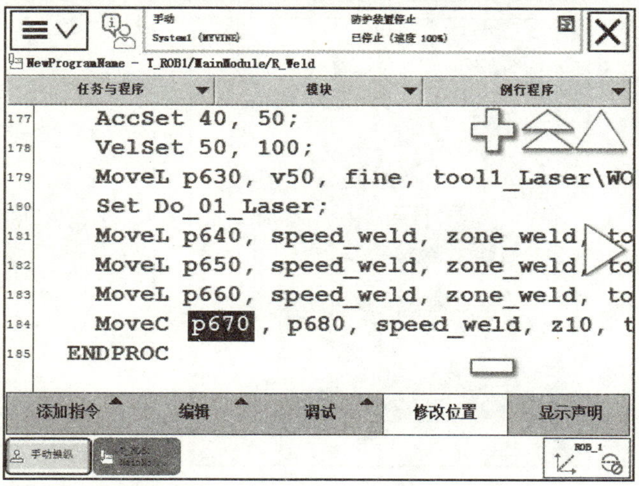	选择【p670】，点击【修改位置】

续表 9.3

<table>
<tr><th>序号</th><th>图片示例</th><th>操作步骤</th></tr>
<tr><td>13</td><td>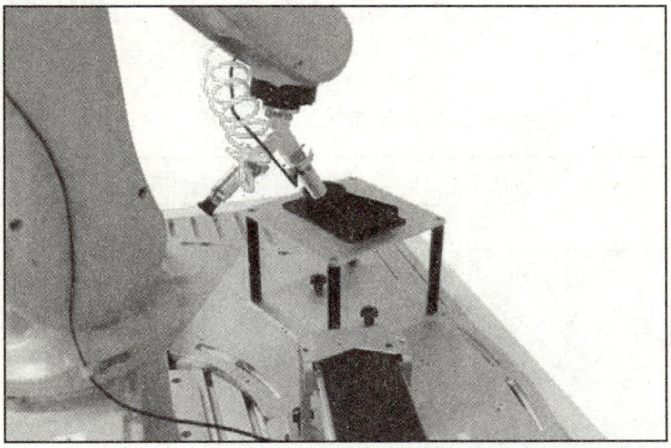</td><td>手动移动机器人至焊接工件最后一点处</td></tr>
<tr><td>14</td><td>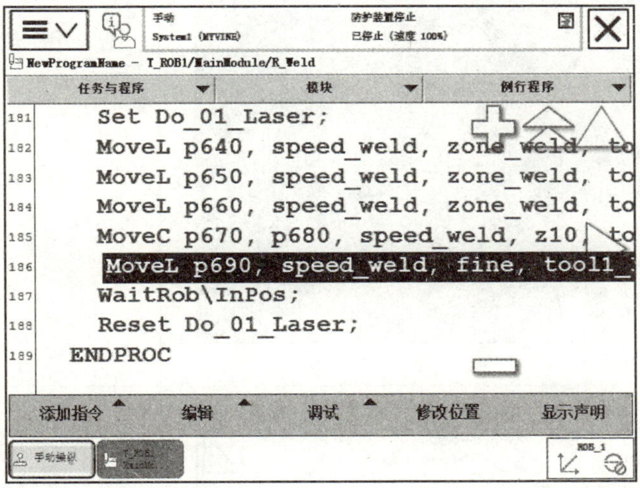
</td><td>添加 MoveL 指令，修改相应参数，转弯半径修改为 fine。
添加 WaitRob 指令，等待机器人完全运动到目标点。
添加 Reset 指令，关闭激光信号</td></tr>
<tr><td>15</td><td>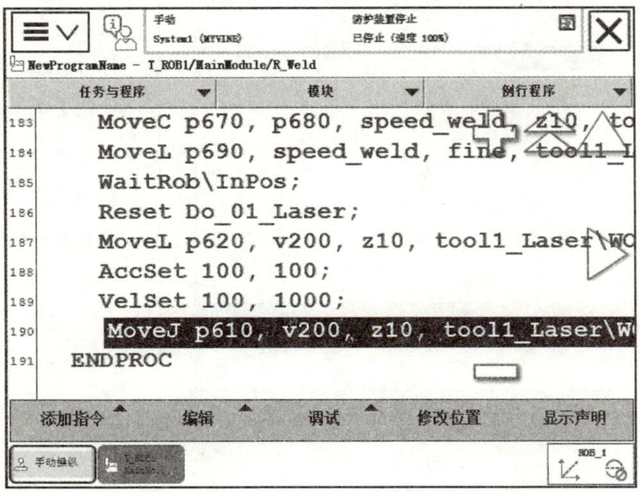
</td><td>添加返回过渡点程序。
以直线运动慢速运动至 p620，修改速度，快速以关节方式运动至 p610</td></tr>
</table>

9.3.3　综合调试

1. main 主程序

main 主程序见表 9.4。

❋ 模拟激光焊接轨迹项目综合调试

表 9.4　main 主程序

序号	图片示例	操作步骤
1	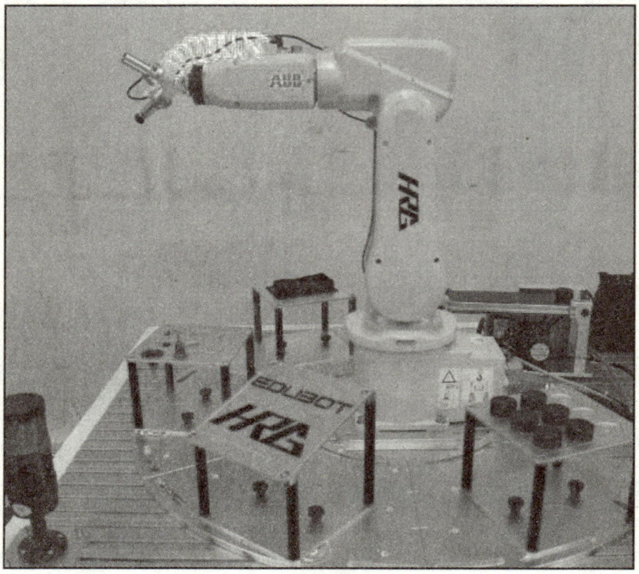	通过绝对位置指令将机器人移动至零点位置
2	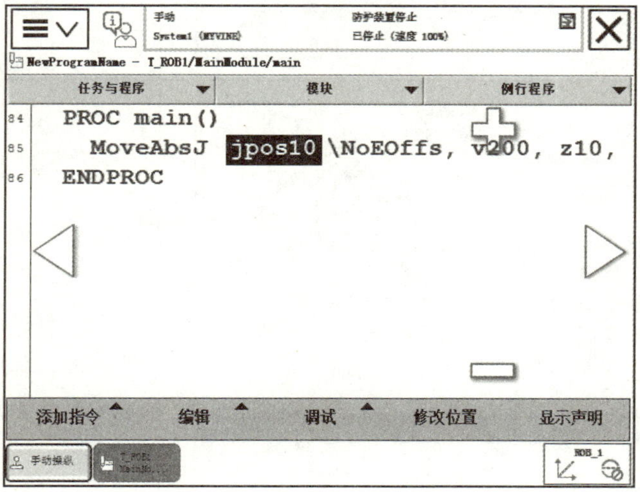	打开 main 主程序。 点击【添加指令】，添加 MoveAbsJ 指令，修改相应参数，将目标点改名为 jpos10

续表 9.4

序号	图片示例	操作步骤
3	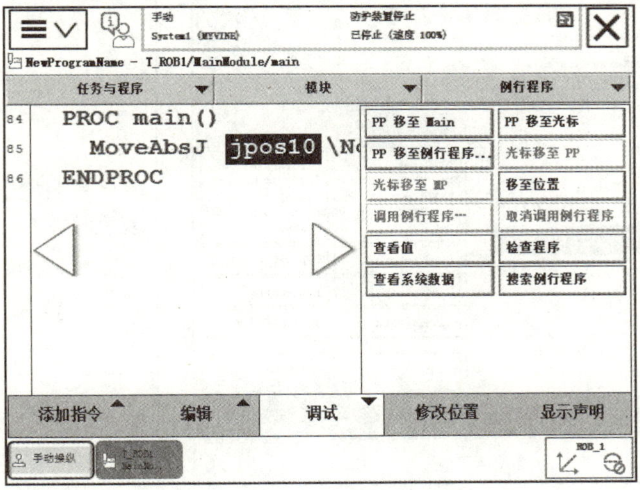	点击【调试】，点击【查看值】
4	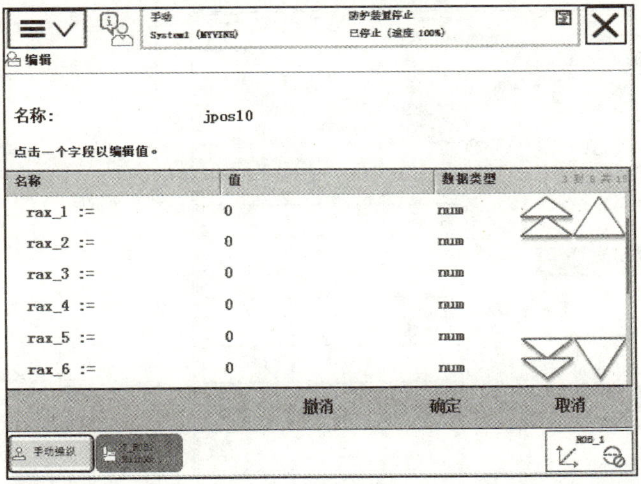	修改六个关节值为 0
5	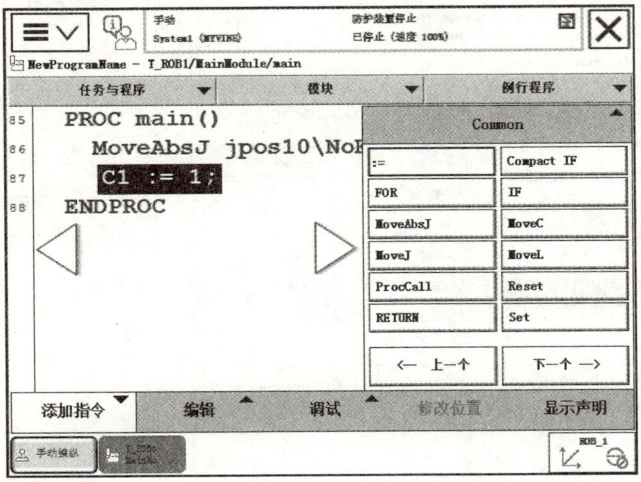	添加：=赋值指令，修改相关数据

续表 9.4

<table>
<tr><th>序号</th><th>图片示例</th><th>操作步骤</th></tr>
<tr><td>6</td><td>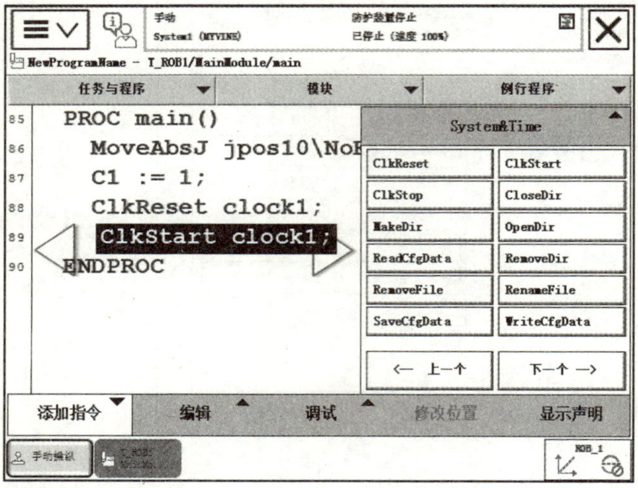
</td><td>添加 clkReset 指令，复位时钟 1。
添加 clkStart 指令，启动时钟 1</td></tr>
<tr><td>7</td><td>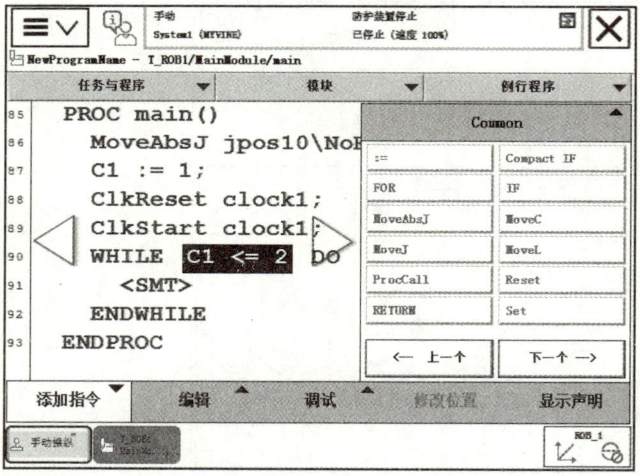
</td><td>添加 WHILE 指令，修改条件为 C1 小于等于 2</td></tr>
<tr><td>8</td><td>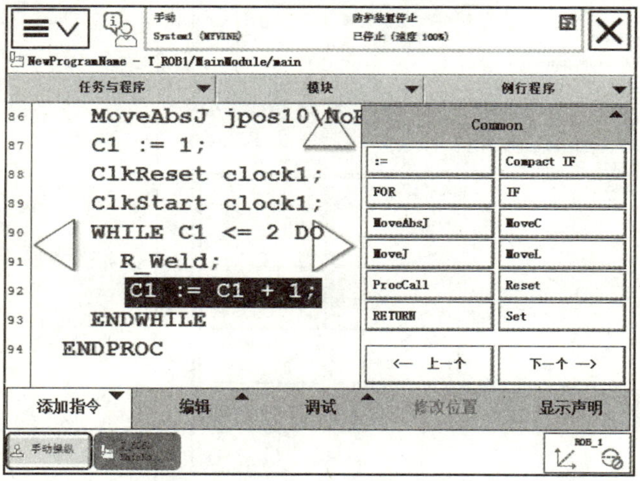
</td><td>添加焊接程序 R_Weld 调用，添加 C1 变量处理程序。
通过 C1 可以控制焊接程序运行两次</td></tr>
</table>

续表 9.4

序号	图片示例	操作步骤
9	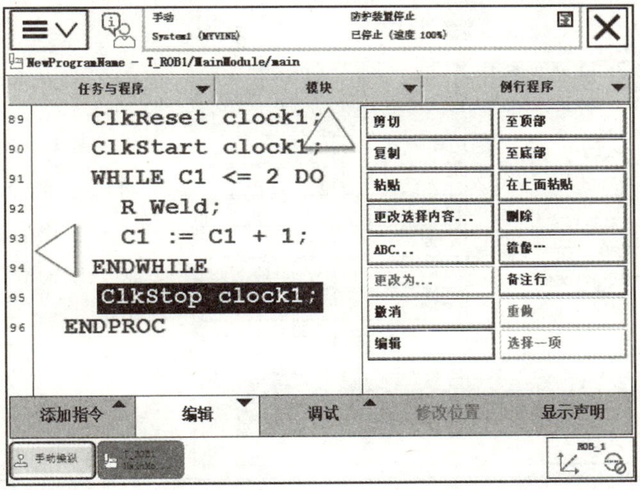	添加 ClkStop 指令，停止时钟 1 计时
10	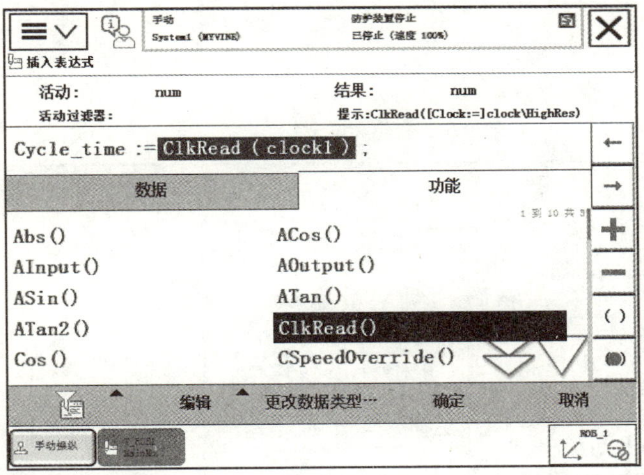	添加赋值指令，将时钟 1 的时间赋值给变量“Cycle time”。 数据类型选择【num】型，点击赋值右边内容，选择【功能】栏，选择【ClkRead ( )】，选择时钟【clock1】
11	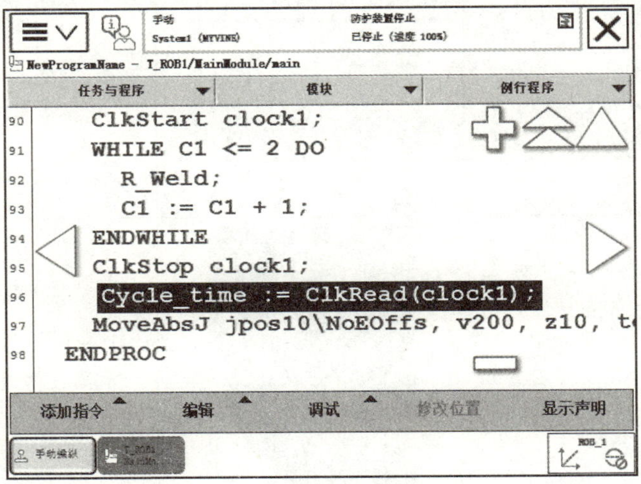	可以选择程序数据【num 型】查看焊接时间 Cycle time 的值。 添加绝对位置移动，返回安全点

续表 9.4

序号	图片示例	操作步骤
12	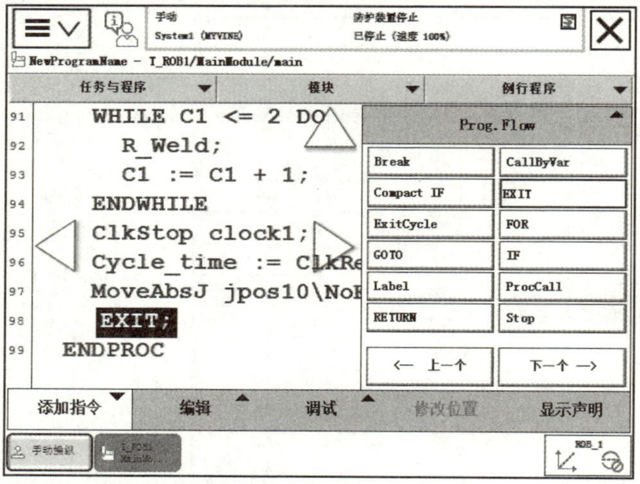	点击【添加指令】添加 EXIT 指令。 在完成两次焊接，回到安全点后，机器人将停止运动

2. 手动调试

手动调试见表 9.5。

表 9.5　手动调试

序号	图片示例	操作步骤
1	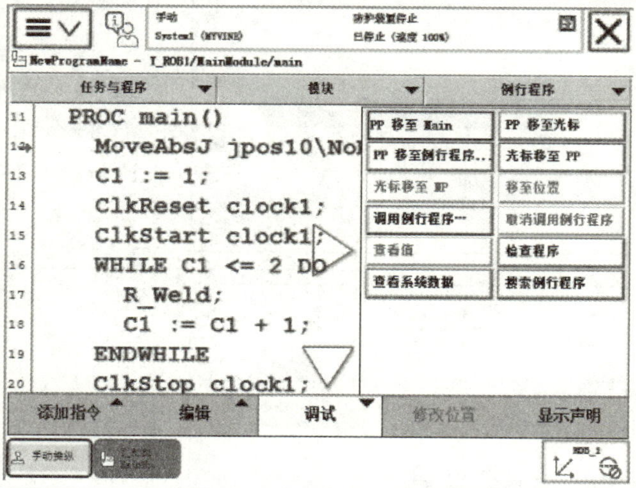	点击【调试】，点击【PP 移至 Main】
2	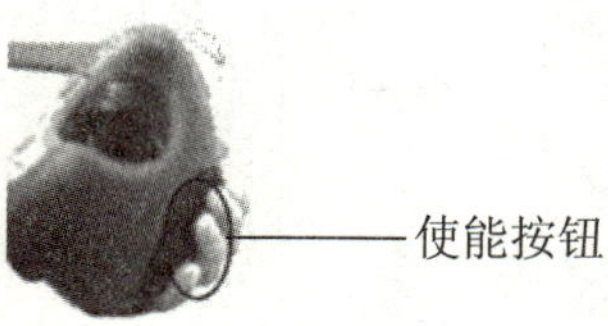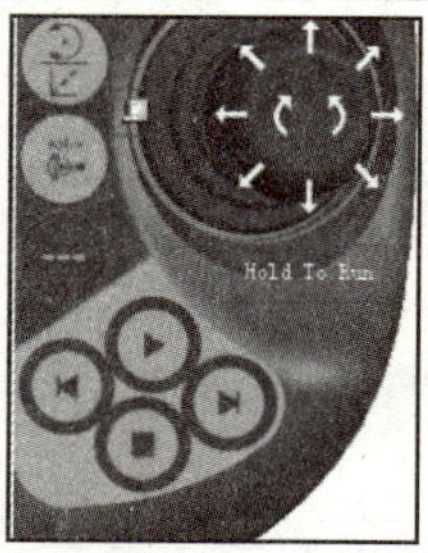	半按使能按钮，同时按住步进按键。 机器人将进行单步动作

3. 自动运行

自动运行见表 9.6。

表 9.6　自动运行

序号	图片示例	操作步骤
1		将模式开关切换成自动模式
2	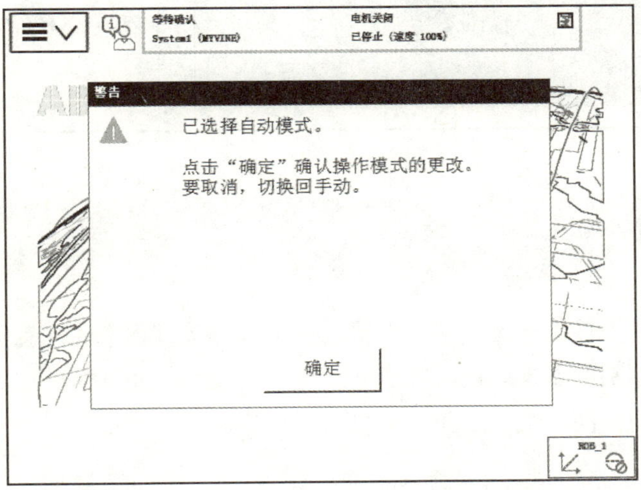	点击【确定】
3	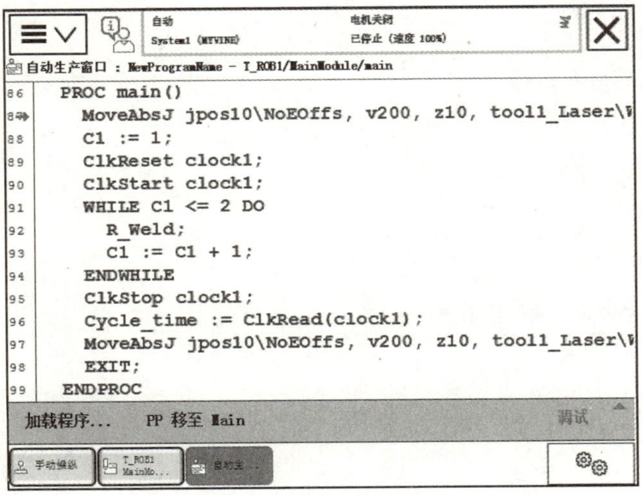	点击【PP 移至 Main】

续表 9.6

序号	图片示例	操作步骤
4		点击面板上【启动】按钮，机器人将自动运行。 由于停止信号选择为循环停止，在停止信号前程序中有 EXIT 指令，所以机器人外部停止由内部 EXIT 指令控制

9.4 本章小节

本章通过激光模拟工件焊接的轨迹，学习机器人在工件焊接过程中需注意的事项，包括合理调整机器人姿态、控制机器人焊接时的速度及转弯半径。此外可以通过机器人计时指令来测算出机器人焊接的时间，给工业生产提供参考数据。

思考题

1. 如何快速让机器人回到零点位置？
2. 如何更改机器人的最大速度？
3. 机器人计时指令如何使用？
4. 焊接路径如何规划？
5. WHILE 指令如何使用？
6. 通过哪些指令可以控制机器人停止？
7. 赋值指令如何使用？
8. 如何利用变量控制程序动作？

第 10 章 搬运项目

10.1 项目准备

10.1.1 行业背景介绍

随着科技工业自动化的发展，很多轻工业都相继采用自动化流水线作业，不仅效率提高几十倍，生产成本也降低了。机器人搬运码垛生产线随着用工荒和劳动力成本上涨的趋势，以劳动密集型企业为主的中国制造业进入新的发展状态，配送、搬用、码垛等工作开始进入工业机器人领域。

※ 搬运项目准备

通过搬运模块的训练，利用吸盘抓取圆饼物料，熟悉 ABB 机器人搬运程序的编写。

10.1.2 项目分析

（1）搬运模块动作流程：

- 搬运工位 1 至工位 5 分别有五个圆饼物料。
- 搬运正向动作：将圆饼物料从 5 号工位搬运至 6 号工位，4 号工位搬运至 5 号工位，依次循环。
- 搬运反向动作：将圆饼物料从 2 号工位搬运至 1 号工位，3 号工位搬运至 2 号工位，依次循环。

（2）搬运动作采用吸盘工具，需定义吸盘工具坐标系。

（3）工件坐标点位置采用 offs()指令，需建立搬运模块工件坐标系。

（4）动作由吸盘工具完成，需配置吸盘 I/O 信号。

（5）吸盘动作会有延时，为了提高机器人效率需提前开吸盘和关吸盘。

10.1.3 模块安装

1. 模块安装过程

模块安装过程见表 10.1。

表 10.1　模块安装过程

序号	图片示例	说明
1		确认搬运模块
2		通过梅花螺丝，将搬运模块固定在实训台 A 区 7 和 8 号安装孔位置上
3		搬运模块工具安装到机械手末端

2. 气路组成

实训台气路组成如图 10.1 所示，各部分作用见表 10.2。手滑阀打开，压缩空气进入二联件，由二联件对空气进行过滤和稳压，当电磁阀导通时，空气通过真空发生器由正压变为负压，从而产生吸力，通过真空吸盘吸取工件。

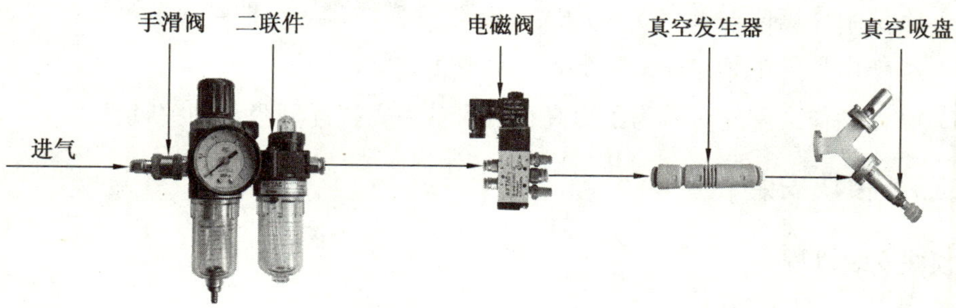

图 10.1　气路组成

表 10.1 气路各部分作用

序号	图例	说明
1	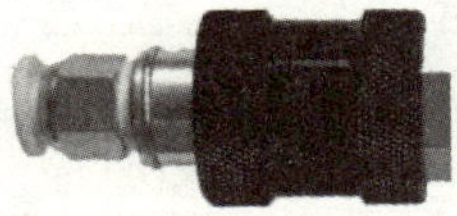	**手滑阀：**两位三通的手动滑阀，接在管道中作为气源开关，当气源关闭时，系统中的气压将同时排空
2	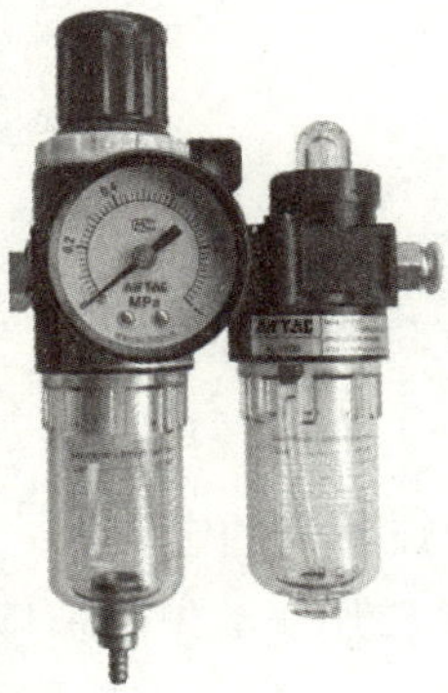	**二联件：**由空气过滤器、减压阀、油雾器组成，对空气进行过滤，同时调节系统气压
3		**电磁阀：**由设备的数字量输出信号控制空气的通断，当有信号输入时，电磁线圈产生的电磁力将关闭件从阀座上提起，阀门打开，反之阀门关闭
4		**真空发生器：**一种利用正压气源产生负压的新型、高效的小型真空元器件
5	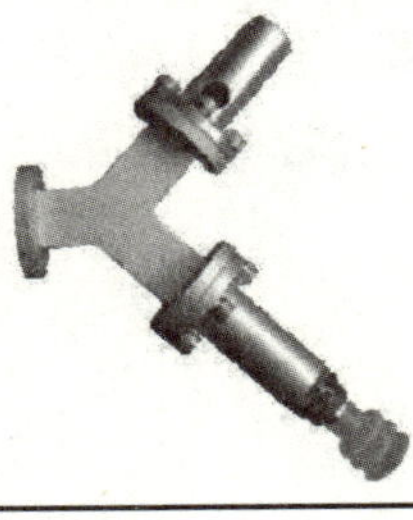	**真空吸盘：**一种真空设备执行器，可由多种材质制作，广泛应用于多种真空吸持设备上

10.2 I/O 配置与指令介绍

10.2.1 I/O 配置

基础实训项目需用到的 I/O 配置见表 10.2，具体配置见第 7 章 I/O 配置。

表 10.2 I/O 配置

序号	名称	信号类型	映射地址	功能
1	Di_01_start	输入信号	0	控制机器人启动
2	Di_02_stop	输入信号	1	控制机器人停止
3	Do_02_vacuum	输出信号	1	控制吸盘的开启和关闭

10.2.2 指令介绍

（1）offs 功能函数：用于目标点在 X、Y 和 Z 轴上的偏移。

（2）数组：通过数组将同一类别的变量集合在一起处理，方便使用。

（3）DIV 函数：除法指令，取得被除数的商。

（4）MOD 函数：求模指令，取得被除数的余数。

（5）带参数程序：在例行程序中增加参数变量，变量通过不同的定义模式，既可以为例行程序传入参数，也可以由例行程序返回值，方便程序的模块化编辑和调用。

10.3 程序编辑与调试

10.3.1 程序编辑规划

※ 搬运项目程序编辑

搬运模块上有 3×3 共 9 个工位，其中每行每列间距相等，可以通过创建码垛模块进行编程，基本步骤如下：

（1）创建程序模块 Handing，存放码垛相关程序及数据。

（2）创建 robtarget 型 3×3 的二维数组，保存工位码垛数据，各数据点与工位数据对照如图 10.2 所示。

（3）创建 caculPos 例行程序，根据工位间距及初始点位置计算工位数据。

（4）创建 GetWbPos 例行程序，根据输入点号获取工位位置数据。

（5）创建 RHandling 例行程序，实现运动动作。

图 10.2 搬运模块工位点分布

10.3.2　程序编写

1. 创建程序模块

创建程序模块见表 10.3。

表 10.3　创建程序模块

序号	图片示例	操作步骤
1	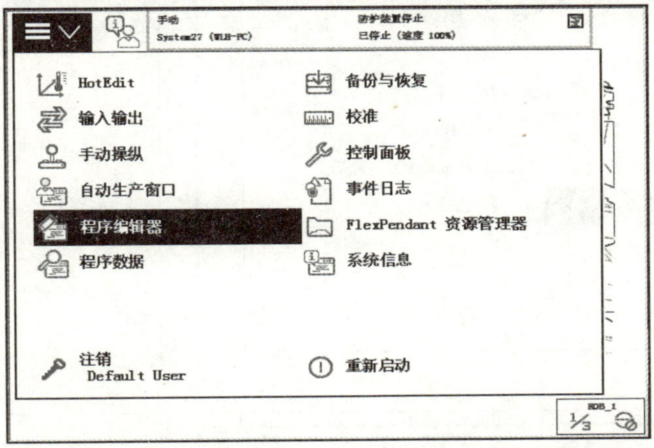	点击【主菜单】下【程序编辑器】
2	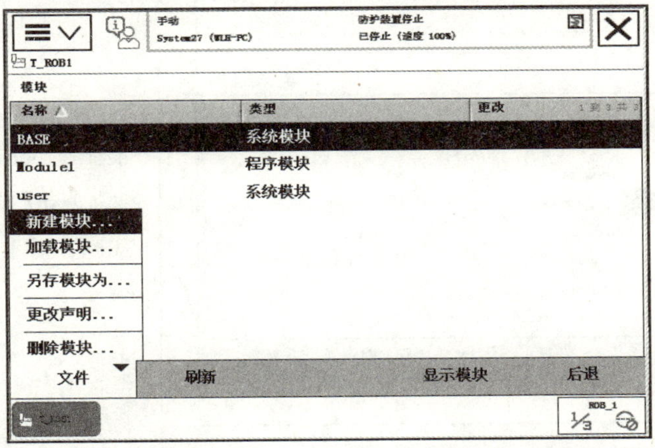	点击【文件】子菜单下的【新建模块...】菜单项
3	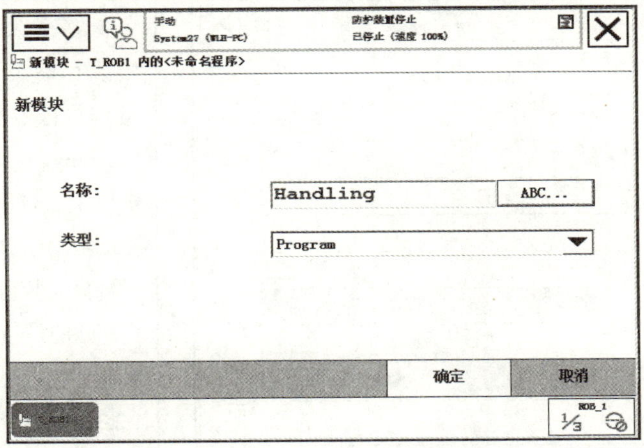	输入模块名称，点击【确定】，完成模块创建

2. 创建数组数据

创建数组数据见表 10.4。

表 10.4　创建数组数据

序号	图片示例	操作步骤
1	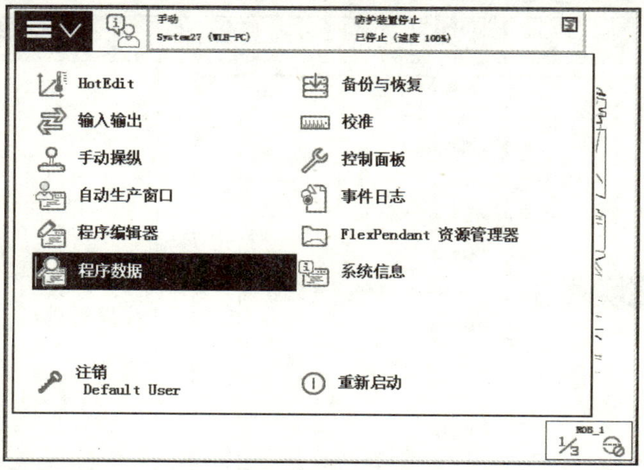	点击【主菜单】下【程序数据】
2	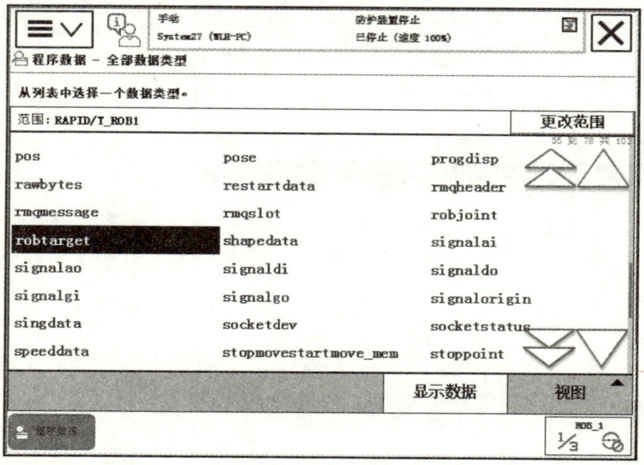	选择【robtarget】数据类型，点击【显示数据】，点击【新建】
3	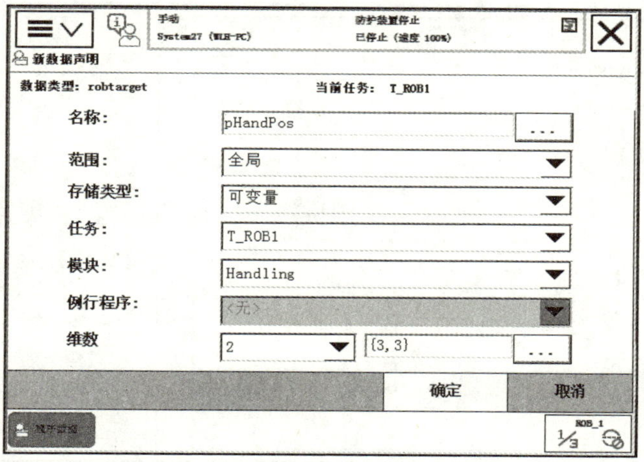	修改名称为 pHandPos，修改存储类型为可变量，修改存储模块为 Handling，修改数据为 2 维{3,3}，点击【确定】，完成数据创建 机器人数据索引是从 1 开始的，{3,3}二维数组的行列索引号分别为 1,2,3；1,2,3

3. caculPos 例行程序编写

caculPos 例行程序编写见表 10.5。

表 10.5 caculPos 例行程序编写

序号	图片示例	操作步骤
1	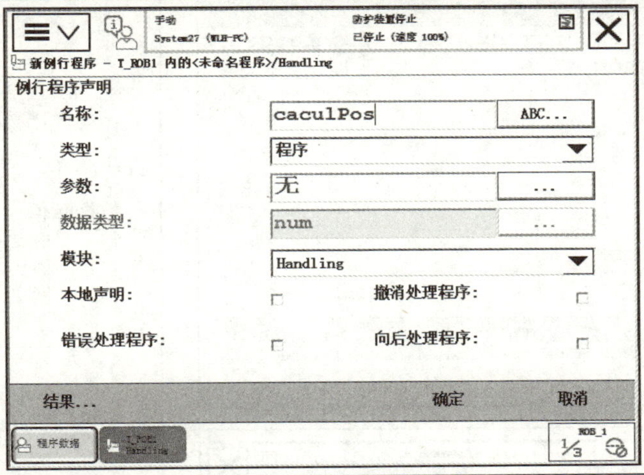	在程序编辑器的 Handling 模块中新建例行程序，名称修改为 caculPos，点击【参数】选项
2	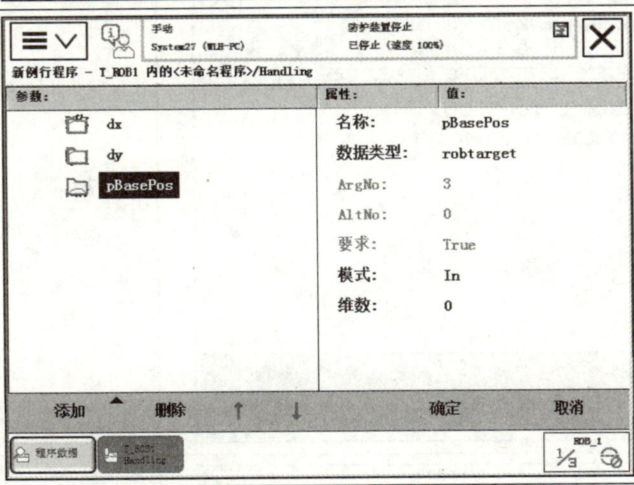	添加三个参数如下： dx：num 型数据，行间距 dy：num 型数据，列间距 pBasePos：robtarget 型数据，示教基准点
3	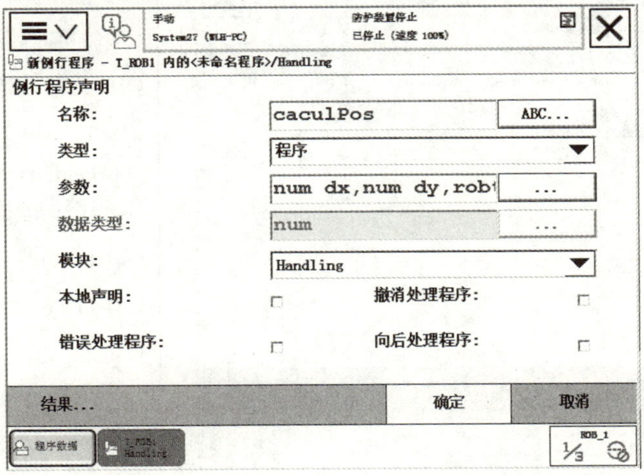	点击【确定】，完成例行程序的创建

续表 10.5

序号	图片示例	操作步骤
4	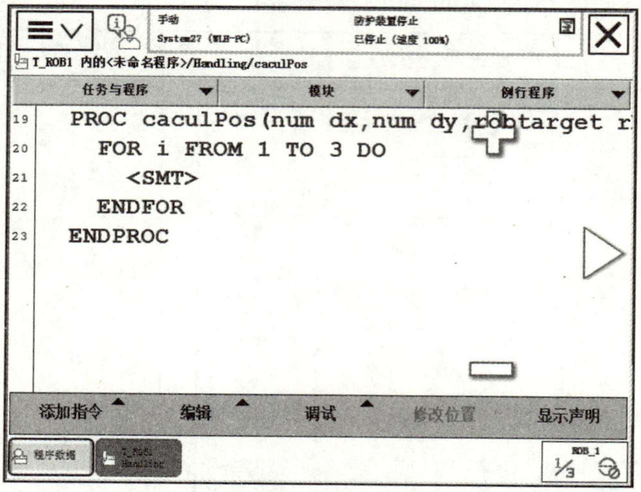	在程序中添加第一个 For 循环，表示为第 i 行数据赋值
5	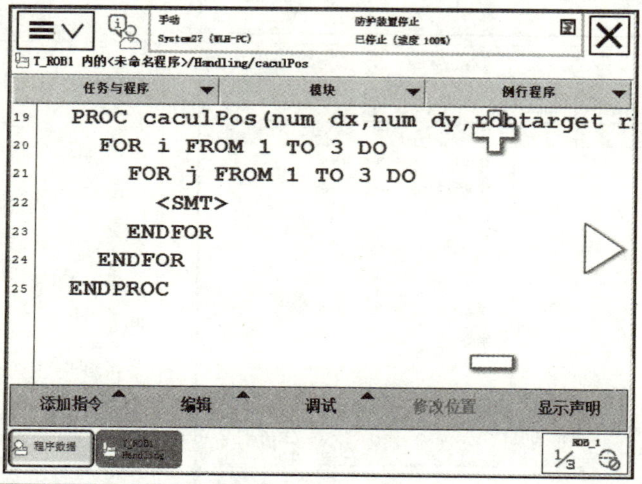	添加第二个 For 循环，表示为第 j 列赋值
6	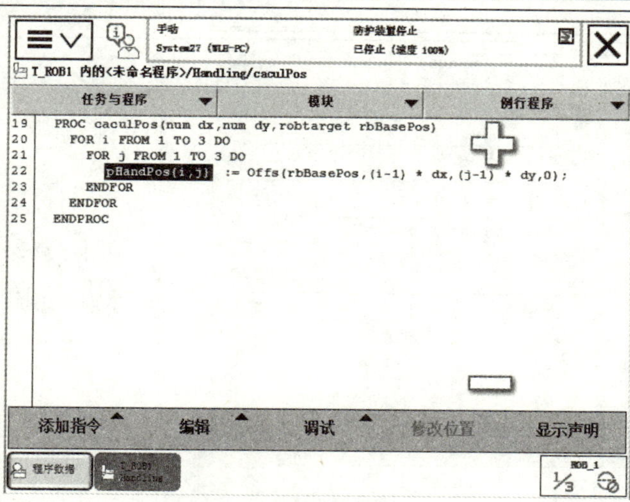	添加赋值指令，使用 Offs 函数计算各点偏移值，代码如下： pHandPos{i,j} := Offs(rbBasePos, (i-1) * dx , (j-1) * dy, 0); 完成程序编写

4. GetWbPos 例行程序编写

GetWbPos 例行程序编写见表 10.6。

表 10.6　GetWbPos 例行程序编写

<table>
<tr><th>序号</th><th>图片示例</th><th>操作步骤</th></tr>
<tr><td>1</td><td>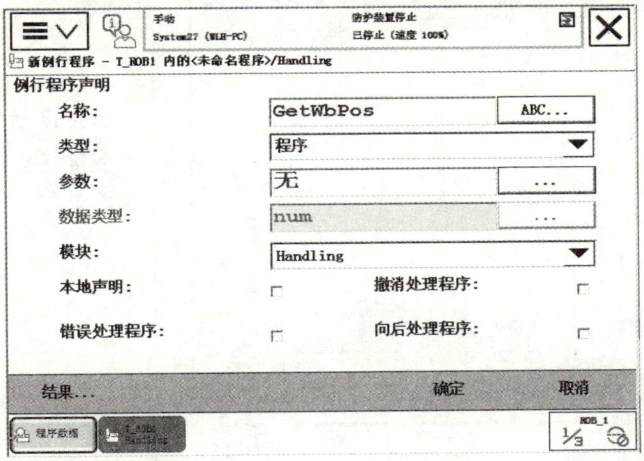
</td><td>在程序编辑器的 Handling 模块中新建例行程序，名称修改为 GetWbPos，点击【参数】选项</td></tr>
<tr><td>2</td><td>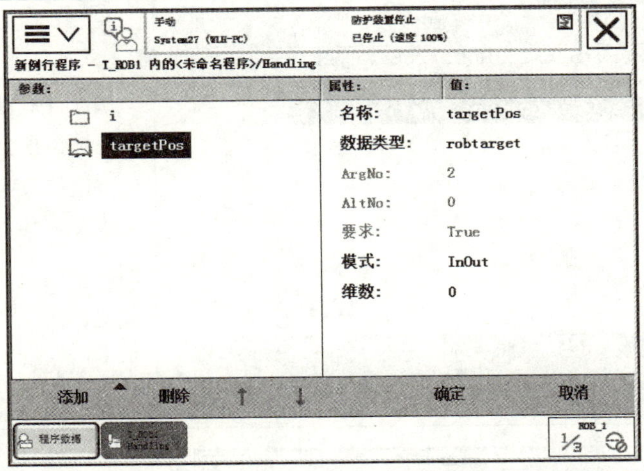
</td><td>添加两个参数如下：
i：num 型数据，工件编号。
targetPos：robtarget 型数据，InOut 模式，返回位置数据</td></tr>
<tr><td>3</td><td>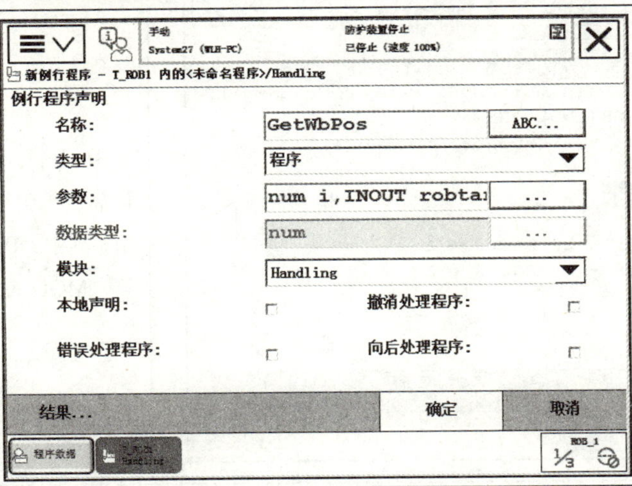
</td><td>点击【确定】，完成例行程序的创建</td></tr>
</table>

续表 10.6

序号	图片示例	操作步骤
4	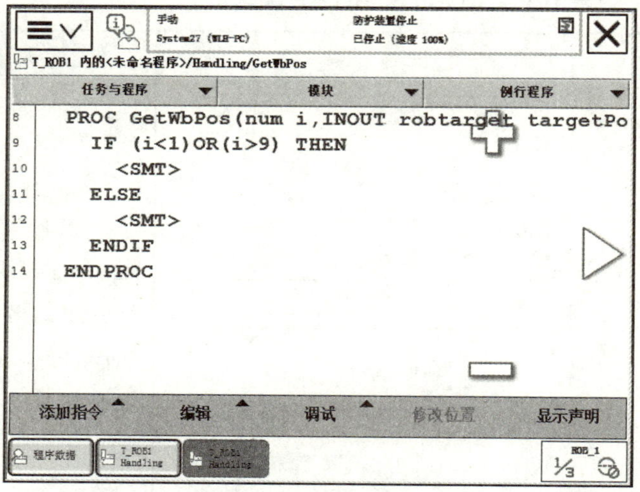	添加 IF 指令，判断输入变量范围是否在[1,9]区间内
5	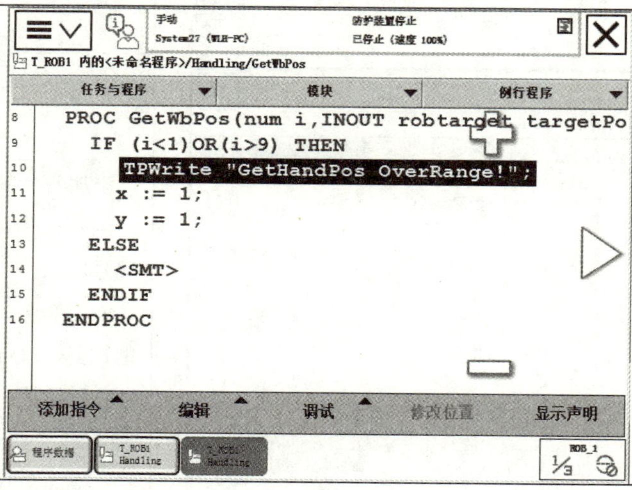	当 i 不在[1,9]区间内时，输出报警信息，同时置取值为 1 行 1 列，其中 x 代表行，y 代表列
6	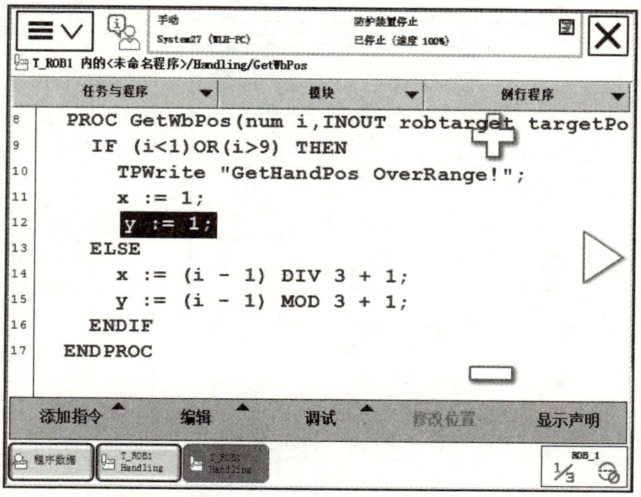	当 i 在[1,9]区间内时，计算数组中行、列的数值，其中 DIV 为除法运算，MOD 为求模运算

续表 10.6

序号	图片示例	操作步骤
7	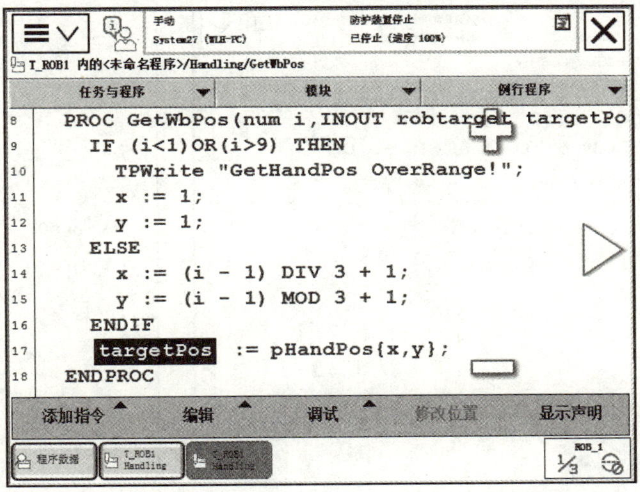	为目标点数据赋值，完成程序编辑

5. RHandling 例行程序编写

RHandling 例行程序编写见表 10.7。

表 10.7　RHandling 例行程序编写

序号	图片示例	操作步骤
1	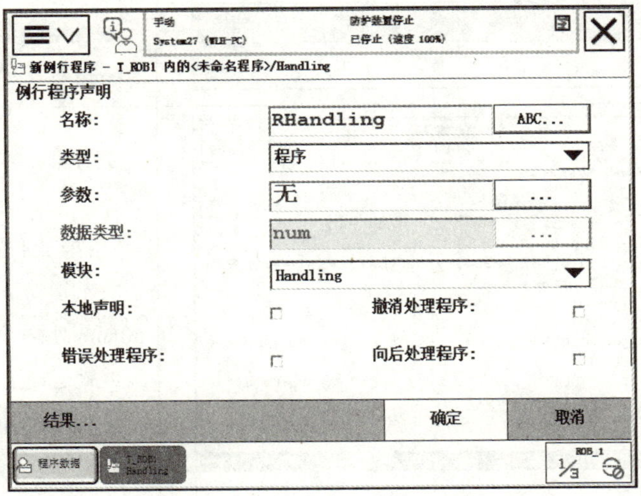	在程序编辑器的 Handling 模块中新建例行程序，名称修改为 RHandling，点击【确定】

续表 10.7

序号	图片示例	操作步骤
2	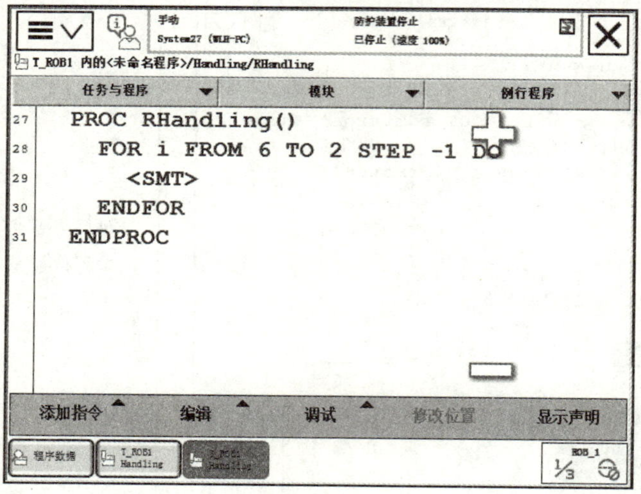	添加 For 循环，指定范围为[6,2]
3	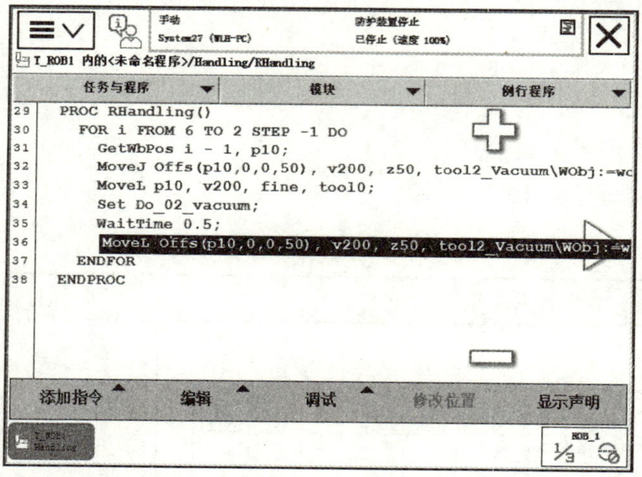	抓取第 i-1 点，流程如下： 计算 i-1 点位置； 关节运动至位置上方 50 mm 处； 线性运动至 i-1 点位置； 设置吸盘信号为 1； 延时 0.5 s； 线性运动至位置上方 50 mm 处
4	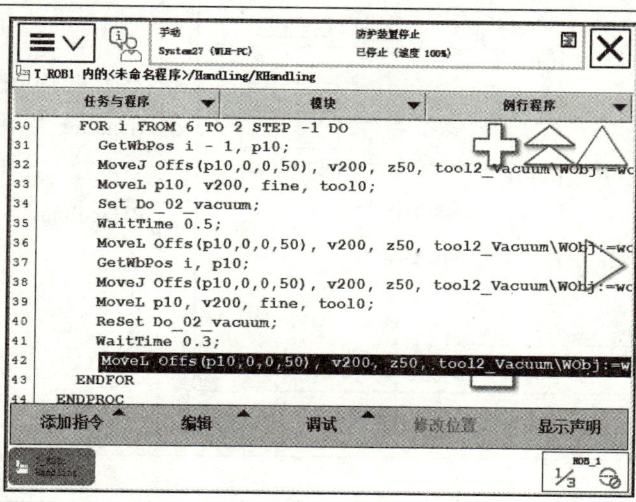	放置第 i 点，流程如下： 计算 i 点位置； 关节运动至位置上方 50 mm 处； 线性运动至 i 点位置； 设置吸盘信号为 0； 延时 0.3 s； 线性运动至位置上方 50 mm 处

续表 10.7

<table>
<tr><th>序号</th><th>图片示例</th><th>操作步骤</th></tr>
<tr><td>5</td><td>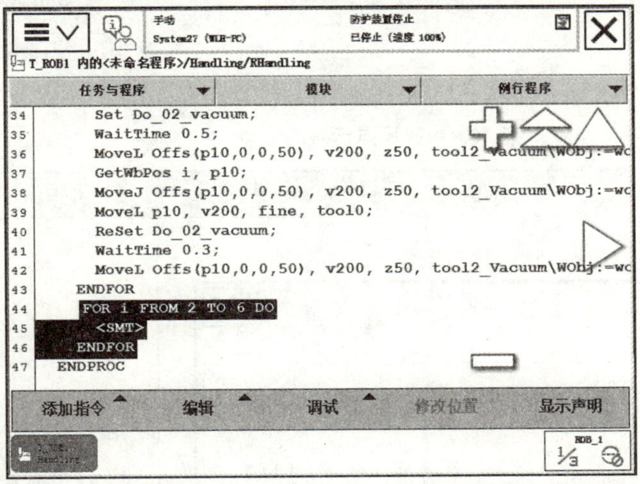</td><td>添加第二个For循环，指定范围为[2,6]</td></tr>
<tr><td>6</td><td>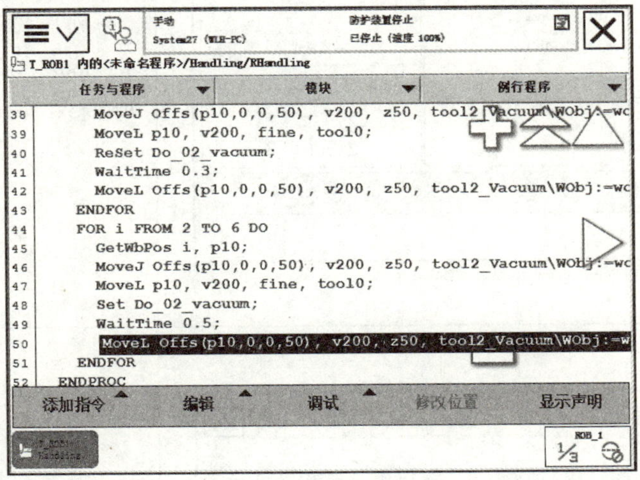</td><td>抓取第 i 点，流程如下：
计算 i 点位置；
关节运动至位置上方 50 mm 处；
线性运动至 i 点位置；
设置吸盘信号为 1；
延时 0.5 s；
线性运动至位置上方 50 mm 处</td></tr>
<tr><td>7</td><td>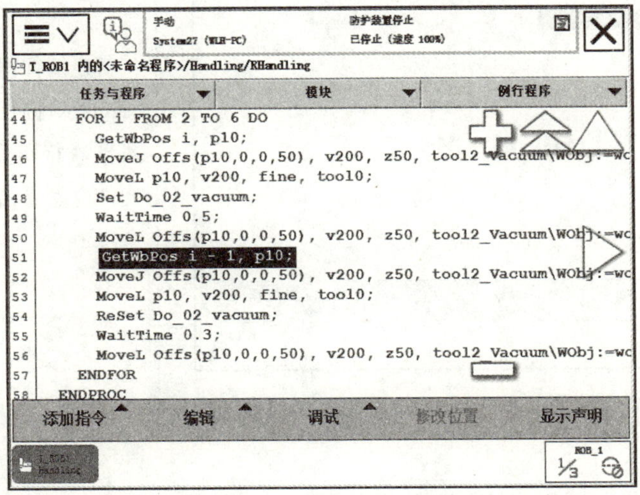</td><td>放置第 i-1 点，流程如下：
计算 i-1 点位置；
关节运动至位置上方 50 mm 处；
线性运动至 i-1 点位置；
设置吸盘信号为 0；
延时 0.3 s；
线性运动至位置上方 50 mm 处。
完成程序编写</td></tr>
</table>

10.3.3　综合调试

※ 搬运项目综合调试

1. 码垛点示教

码垛点示教见表 10.8。

表 10.8　码垛点示教

<table>
<tr><th>序号</th><th>图片示例</th><th>操作步骤</th></tr>
<tr><td>1</td><td>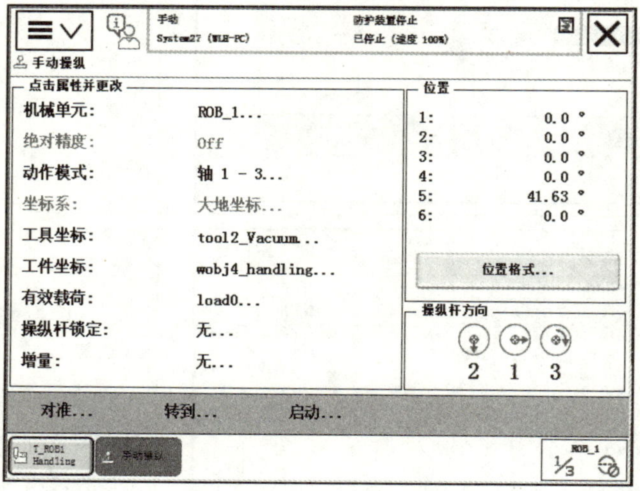
</td><td>确认当前工具坐标系和工件坐标系。
分别选择工具坐标系：tool2_Vacuum；工件坐标系：wobj4_handling</td></tr>
<tr><td>2</td><td>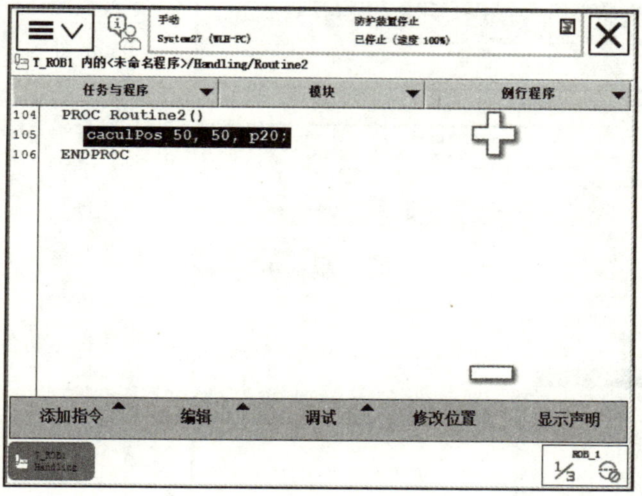
</td><td>新建例行程序，调用 caculPos 例行程序，输入参数行距 50，列距 50，位置点 p20</td></tr>
</table>

续表 10.8

序号	图片示例	操作步骤
3		将机器人移动至 1 号工位处
4	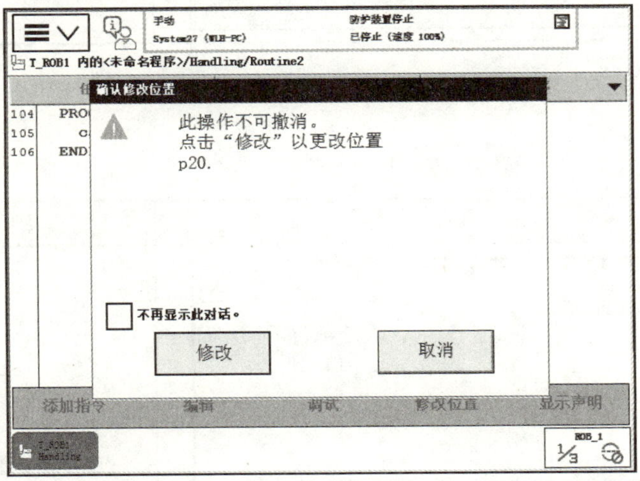	修改 p20 位置
5	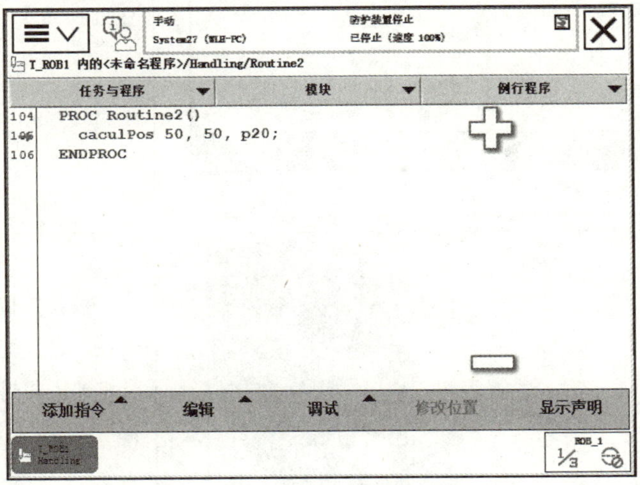	调试执行例行程序，完成位置计算

2. 主程序编写

主程序编写见表 10.9。

表 10.9　主程序编写

序号	图片示例	操作步骤
1	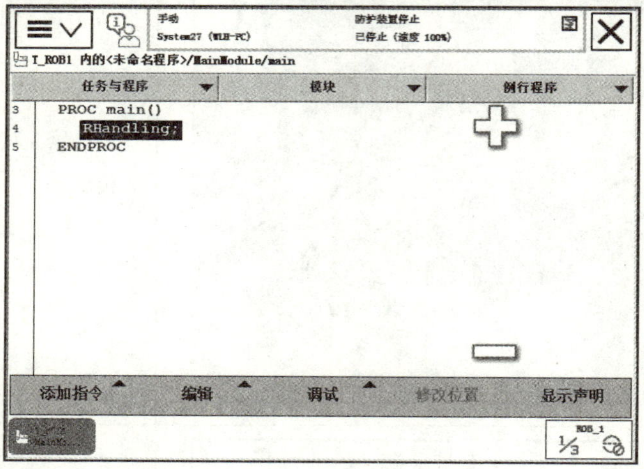	主程序中调用 RHandling

3. 手动调试

手动调试见表 10.10。

表 10.10　手动调试

序号	图片示例	操作步骤
1	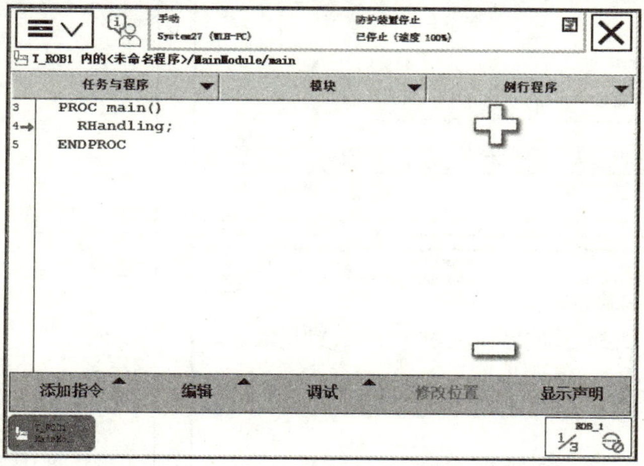	点击【调试】，点击【PP 移至 Main】
2	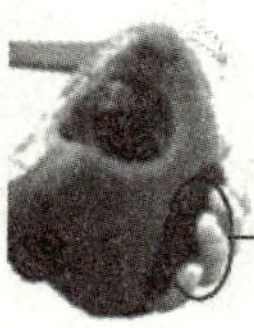 使能按钮 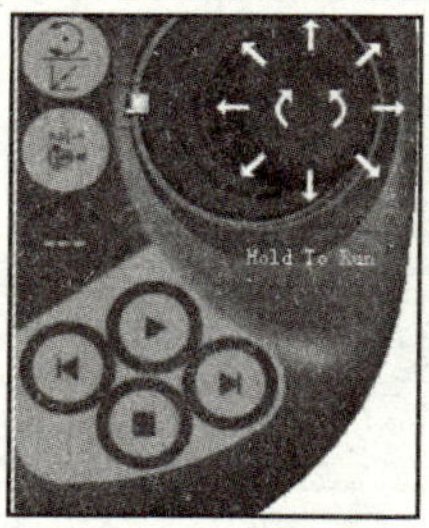	半按使能按钮，同时按住步进按键。 机器人将进行单步动作

4. 自动运行

自动运行见表 10.11。

表 10.11 自动运行

序号	图片示例	操作步骤
1		将模式开关切换成自动模式
2	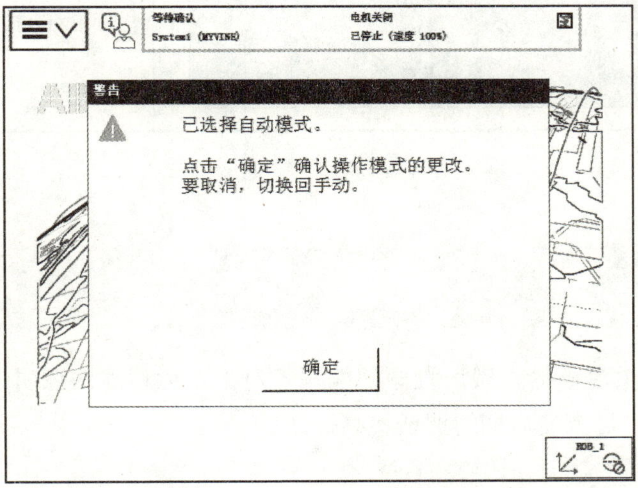	点击【确定】
3	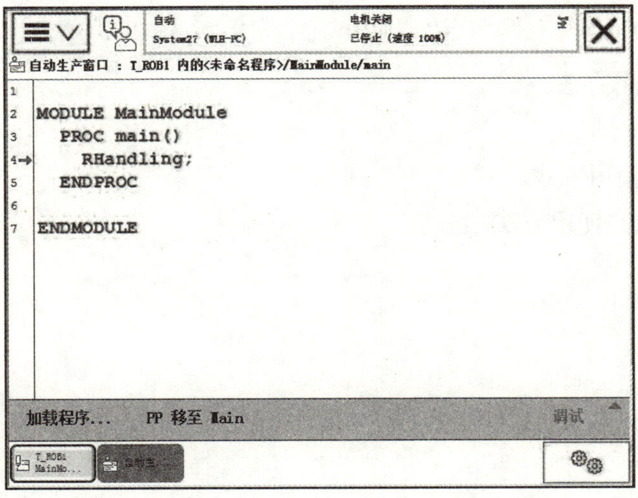	点击【PP 移至 Main】

续表 10.11

序号	图片示例	操作步骤
4	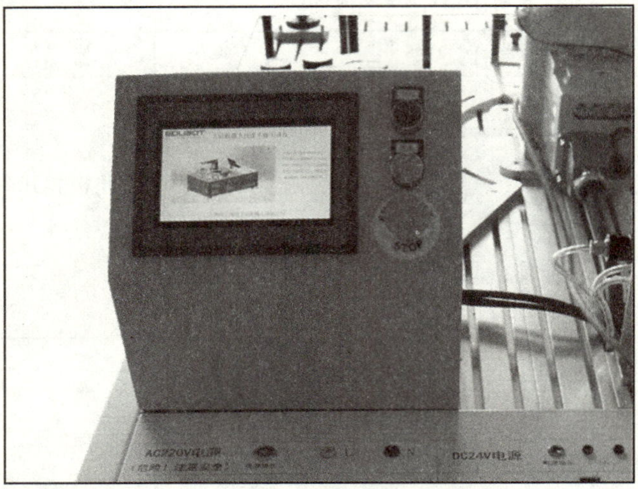	点击面板上【启动】按钮，机器人将自动运行。 由于停止信号选择为循环停止，在停止信号前程序中有 EXIT 指令，所以机器人外部停止由内部 EXIT 指令控制

10.4 本章小节

本章通过搬运模块来学习机器人搬运程序的编写，对于搬运程序的逻辑需要深入思考，学会这种程序的写法，可方便后期的调试和维护。

思考题

1. 简述数组数据的使用方法。
2. 简述工件位置计算原理。
3. 简述 For 循环指令使用方式。
4. 简述 Offs 功能函数的使用方法。

第 11 章 物流自动流水线项目

11.1 项目准备

11.1.1 行业背景介绍

当下科技自动化，流水线作业盛行。搭载输送带流水线作业最为常见，配合搬运码垛盘成为工业自动化的主要方法。

本章通过输送带模块和搬运模块，利用吸盘进行吸取，模拟工业化自动流水线。

※ 输送带项目准备

11.1.2 项目分析

（1）动作流程：

➢ 输送带上初始放置一个圆饼物料。

➢ 搬运模块使用 7 号、8 号、9 号位置（图 11.1）；初始只有 7 号位置放置一个圆饼物料。

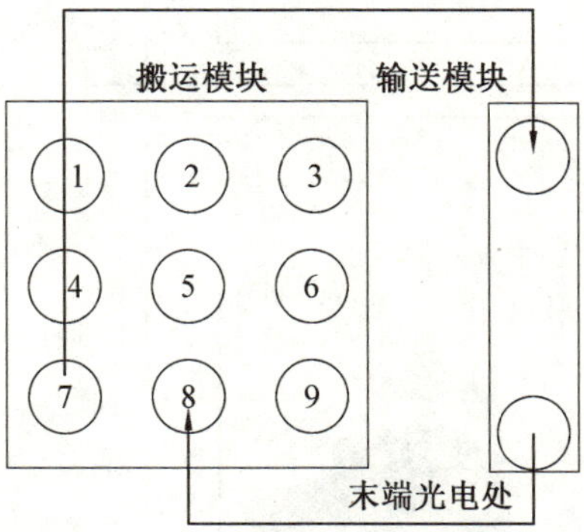

图 11.1

➢ 输送带由机器人输出信号 Do_03_ssdcontrol 控制启动。

➢ 输送带启动后，当末端光电开关检测到物料时，动作流程如下：

① 输送带将检测到的物料搬运至搬运模块 8 号位置，然后将 7 号位置的物料搬运至输送带上。

② 将输送带检测到的物料搬运至 9 号位置，然后将 8 号搬运至输送带上。

③ 将检测到的物料搬运至搬运模块 7 号位置，然后将 9 号位置搬运至输送带上，如此循环。

（2）在应用中输送带需要一直运转，所以在程序初始值控制输送带启动，在程序停止时控制输送带停止。

（3）输送带末端需要等待物料，需要用 WaitDI。

（4）需添加相应的工具工件坐标系。

（5）需要添加初始化程序控制输送带启动，主程序循环通过 GOTO 指令。

（6）控制输送带停止需要通过中断指令，在中断程序中控制输送带停止。

11.1.3　模块安装

模块安装见表 11.1。

表 11.1　模块安装

序号	图片示例	说明
1		确认输送带模块和搬运模块
2		通过梅花螺丝，将搬运模块固定在实训台 A 区 7 号和 8 号安装孔位置上；将输送带模块固定在实训台 E 区 8 号和 9 号安装孔位置上

续表 11.1

3		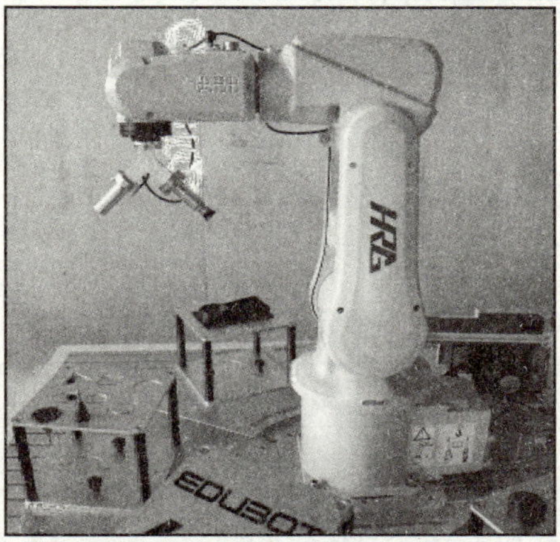	输送带模块工具安装到机械手末端

11.2　I/O 配置与指令介绍

11.2.1　I/O 配置

异步输送带项目需要用到模块 I/O 配置(表 11.2)。具体配置步骤详见第 7 章 I/O 配置。

表 11.2　异步输送带模块 I/O 配置

序号	名称	信号类型	映射地址	功能
1	Di_01_start	输入信号	0	控制机器人启动
2	Di_02_stop	输入信号	1	控制机器人停止
3	Di_03_ssdjc	输入信号	2	输送带末端物料检测
4	Do_02_vacuum	输出信号	1	控制吸盘的开启和关闭
5	Do_03_ssdcontrol	输出信号	2	控制输送带的启动和停止

11.2.2　指令介绍

（1）Label 指令：标签名称。Label 指令和 GOTO 指令搭配使用，Label 只是跳转指令的一个位置标签，通过跳转指令跳转到当前标签位置后继续向下执行。

（2）GOTO 指令：跳转指令，即当程序执行到 GOTO 指令时跳转到对应 Label 标签下面程序执行。

（3）WaitDI 指令：等待直至已设置数字输入信号。当等待信号条件成立时执行下面程序，否则一直等待。

（4）TEST 指令：根据 TEST 数据执行程序。TEST 数据可以是数值也可以是表达式，根据该数值执行相应的 CASE。

（5）TPErase 指令：清除示教器操作员窗口上的写入文本。

（6）TPWrite 指令：在示教器操作员窗口上写入显示文本。

（7）Compact IF 指令：如果满足条件，那么……（一个指令）。

（8）CONNECT 指令：将中断识别号与软中断程序相连，指令示例如下。

```
CONNECT intno1 WITH trap;
```

其中各部分含义见表 11.3。

表 11.3　CONNECT 指令各部分含义

序号	参数	说明
1	CONNECT	指令名称
2	intno1	中断识别号：数据类型 intnum
3	trap1	软中断程序：通过新建例行程序创建软中断程序

（9）ISignalDI 指令：用于设置数字输入信号与中断识别号的关联，指令示例如下。

```
ISignalDI\Single,Di_06_interrupt,1,intnol;
```

其中各部分含义见表 11.4。

表 11.4　ISignalDI 指令各部分含义

序号	参数	说明
1	ISignalDI	指令名称
2	Di_06_interrupt	中断输入信号：用于产生中断输入的信号
3	1	中断信号设定值：设置触发中断的输入信号有效值
4	intno1	中断识别号：设置中断输入信号要触发的中断识别号

11.3　程序编辑与调试

11.3.1　程序编辑规划

（1）建立输送带搬运三个子程序，用于调用。

（2）物料抓取放置点，通过 Offs 函数控制高度。

（3）程序主逻辑通过 TEST 指令控制，对应的 CASE 执行对应的程序。

※ 输送带项目程序编辑

（4）通过赋值指令控制 TEST 参数 *n* 的值，并且对 *n* 值进行控制。

（5）初始化程序对输送带，机器人初始位置，*n* 的值进行初始化控制。

（6）主动作程序通过 GOTO 跳转指令执行，并且与初始化程序隔开。

（7）机器人停止选择立即停止，输送带停止通过停止信号关联中断程序，在中断程序中控制输送带停止。

11.3.2 输送带路径编写

输送带路径编写流程见表 11.5。

表 11.5 输送带路径编写流程

序号	图片示例	操作步骤
1	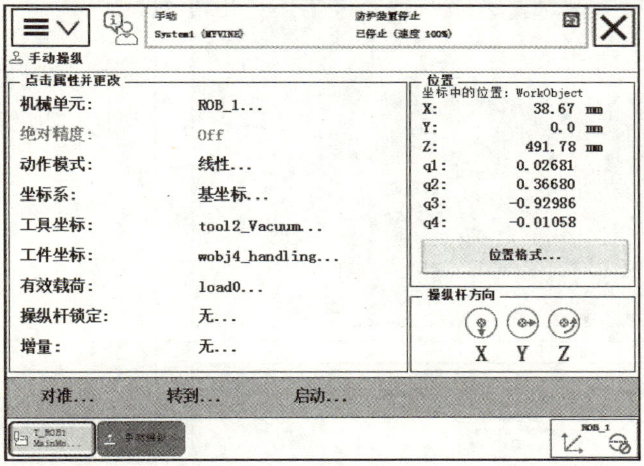	确认当前工具坐标系和工件坐标系。 分别选择工具坐标系：tool2_Vacuum；工件坐标系：wobj4_handling
2	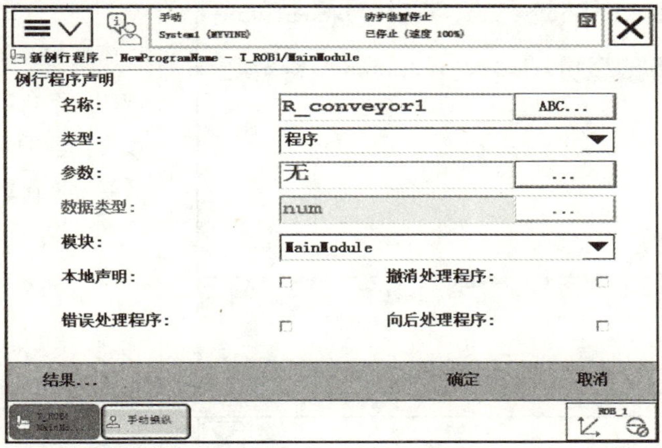	建立输送带搬运 1（R_conveyor1）例行程序，位于 MainModule 模块
3	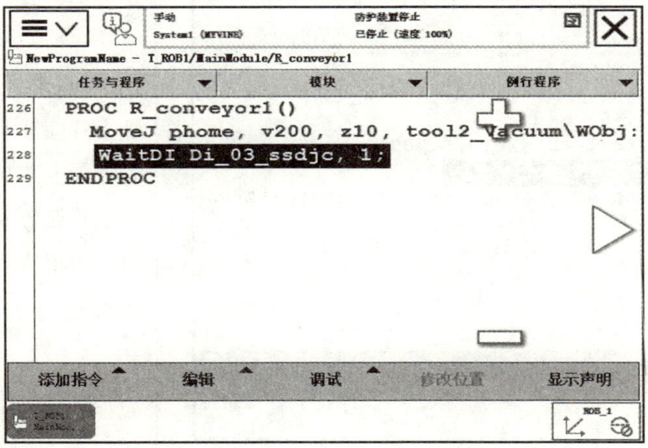	添加移动至安全点程序，等待输送带末端检测信号为 1

续表 11.5

序号	图片示例	操作步骤
4	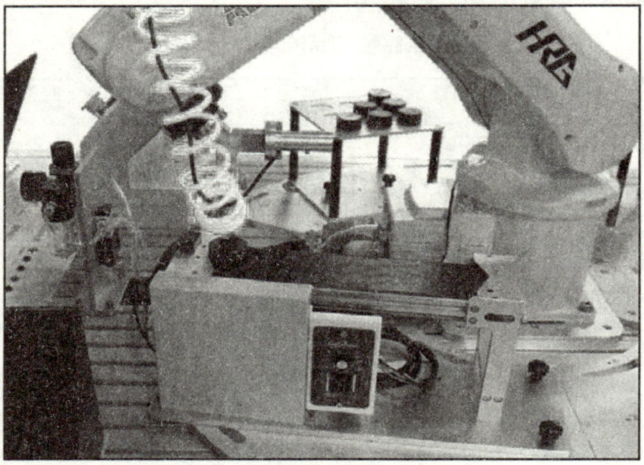	手动移动机器人至输送带末端圆饼物料上
5	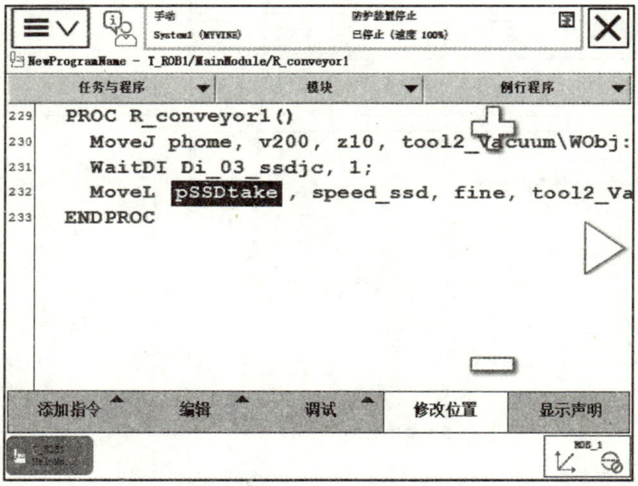	添加 MoveL 指令，修改相应参数，目标点修改为“pSSDtake”，点击【修改位置】
6	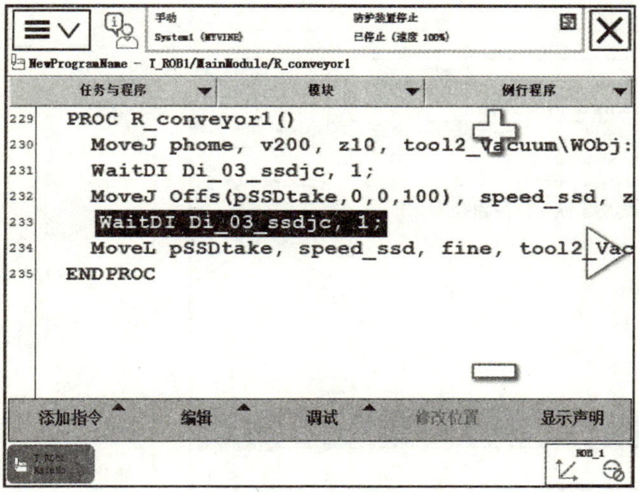	添加 Offs 指令，让机器人移动至输送带拿取目标点上方 100 mm 处，添加输送带末端检测信号，防止信号丢失，增加安全

续表 11.5

<table>
<tr><th>序号</th><th>图片示例</th><th>操作步骤</th></tr>
<tr><td>7</td><td>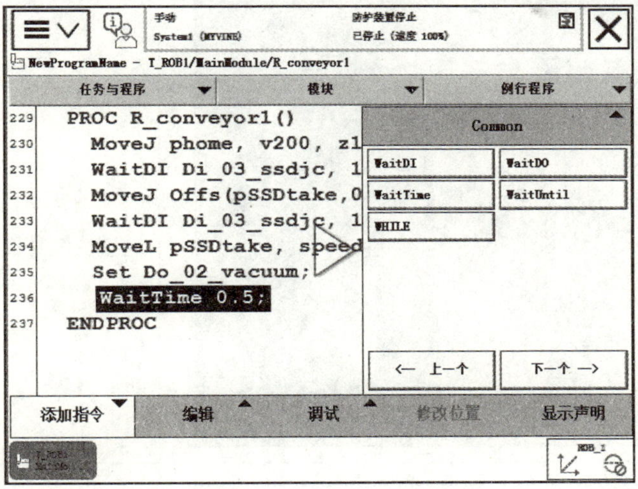
</td><td>添加开启吸盘信号，并且延时 0.5 s</td></tr>
<tr><td>8</td><td>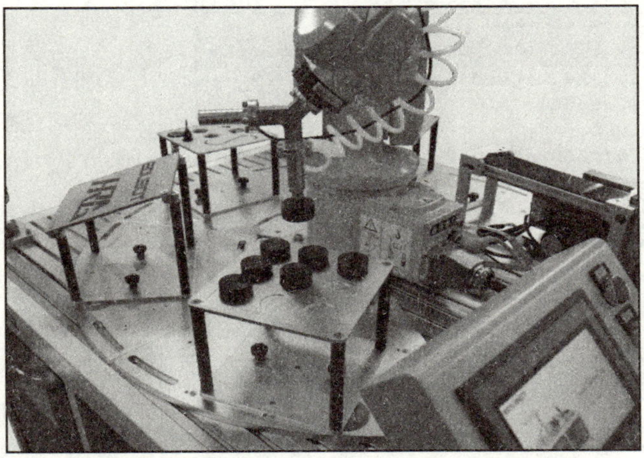</td><td>手动移动机器人至搬运模块上方</td></tr>
<tr><td>9</td><td>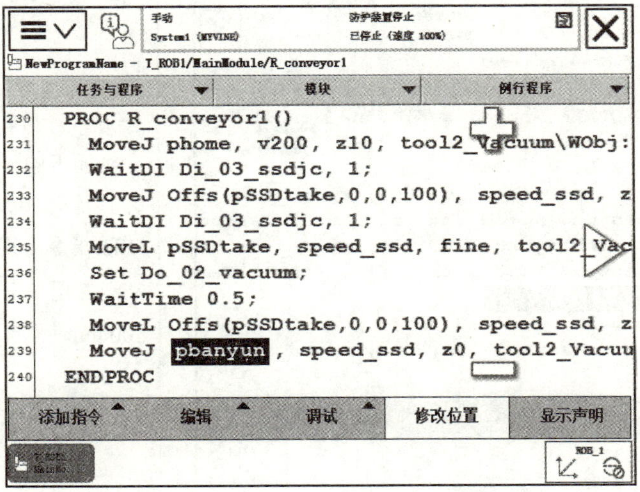
</td><td>添加 Offs 指令，让机器人移动至输送带拿取目标点上方 100 mm 处，用于物料拿取返回。
添加 MoveJ 指令。修改相应参数，目标点修改为“pbanyun”，点击【修改位置】</td></tr>
</table>

续表 11.5

序号	图片示例	操作步骤
10	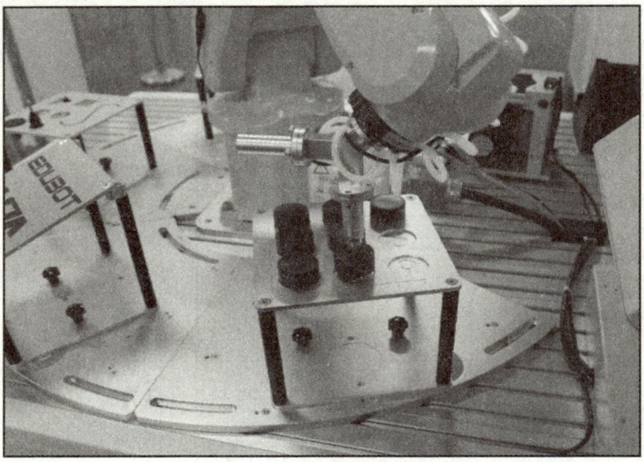	手动移动机器人至搬运模块8号位置
11	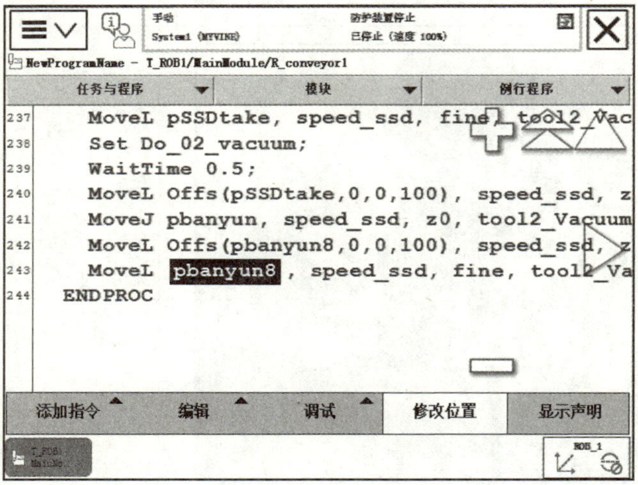	添加Offs指令，让机器人移动至搬运模块8号位置上方100 mm处，添加MoveL指令，修改相应参数，目标点修改为“pbanyun8”，点击【修改位置】
12	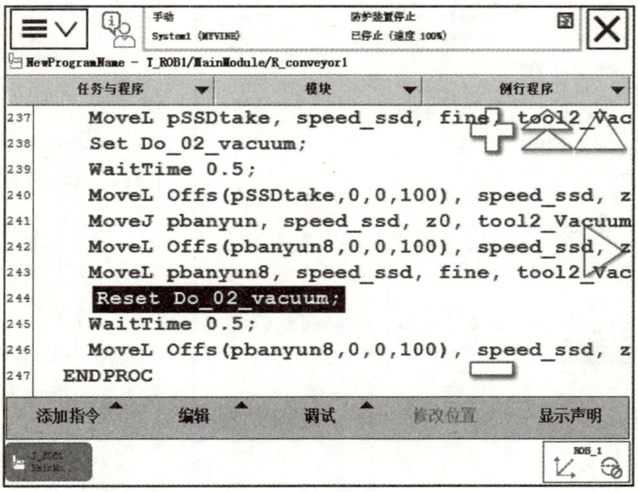	添加关闭吸盘信号，并且延时0.5 s，添加Offs指令，将机器人移动至搬运8号位置上方100 mm处

续表 11.5

<table>
<tr><th>序号</th><th>图片示例</th><th>操作步骤</th></tr>
<tr><td>13</td><td>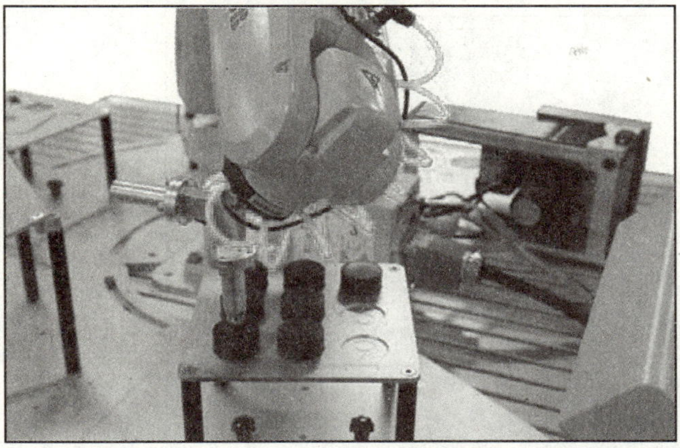</td><td>手动移动机器人至搬运模块 7 号位置</td></tr>
<tr><td>14</td><td>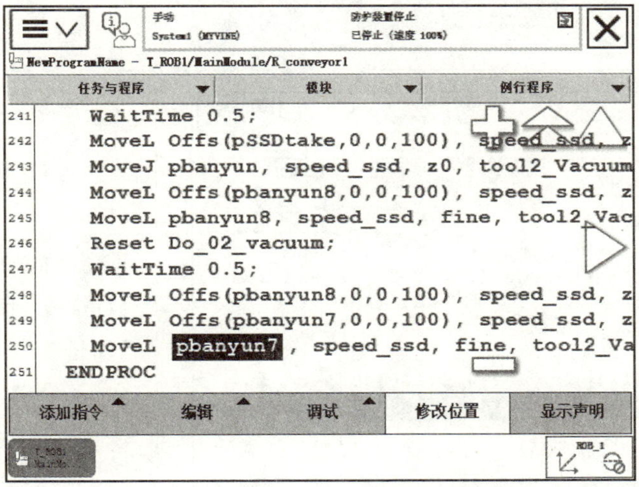
</td><td>添加 Offs 指令，让机器人移动至搬运模块 7 号位置上方 100 mm 处。
添加 MoveL 指令，修改相应参数，目标点修改为“pbanyun7”，点击【修改位置】</td></tr>
<tr><td>15</td><td>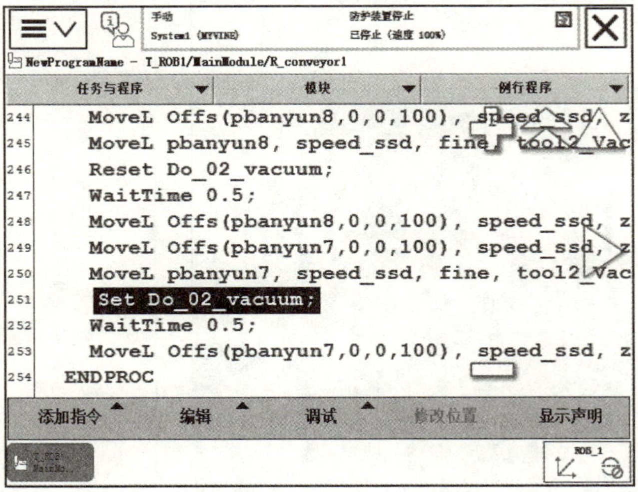
</td><td>添加开启吸盘信号，延时 0.5 s。
添加 Offs 指令，将机器人移动至 7 号位置上方 100 mm 处</td></tr>
</table>

续表 11.5

序号	图片示例	操作步骤
16	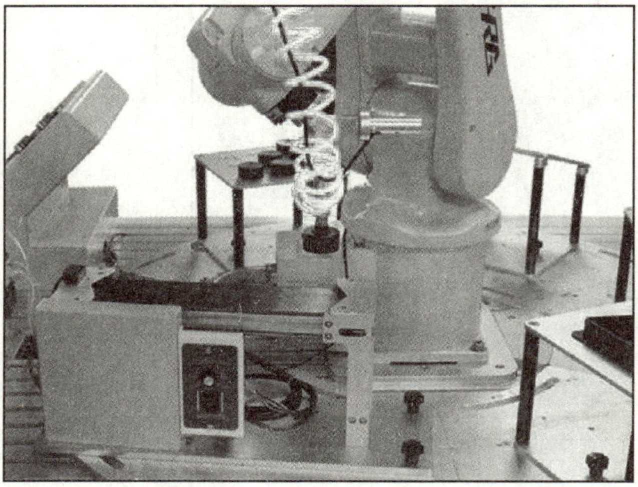	移动机器人至输送带放置点上方 150 mm 位置
17	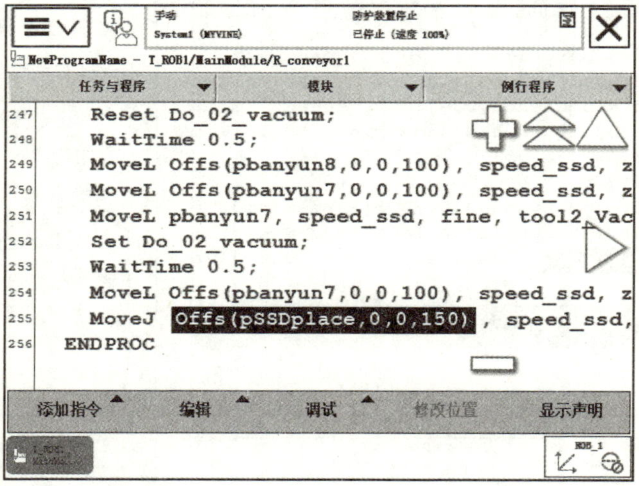	添加 MoveJ 指令，通过 Offs 函数移动机器人至输送带放置点上面 150 mm 位置处
18	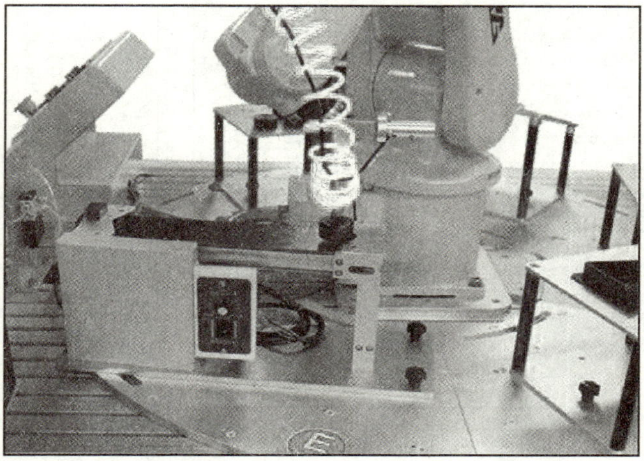	手动移动机器人至输送带模块放置点位置

续表 11.5

序号	图片示例	操作步骤
19	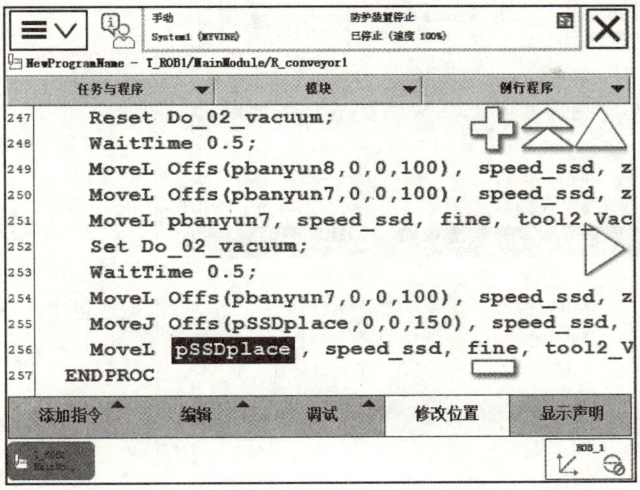	添加 MoveL 指令，修改相应参数，目标点修改为“pSSDplace”，点击【修改位置】
20	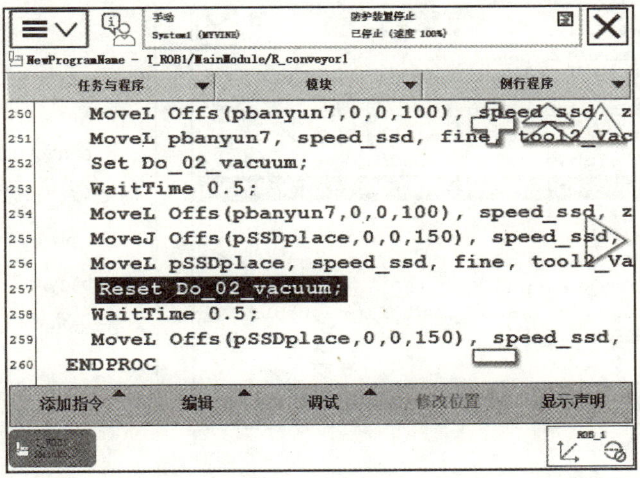	添加关闭吸盘信号，延时 0.5 s。 添加 Offs 指令，移动机器人至输送带放置点上方 150 mm 位置
21	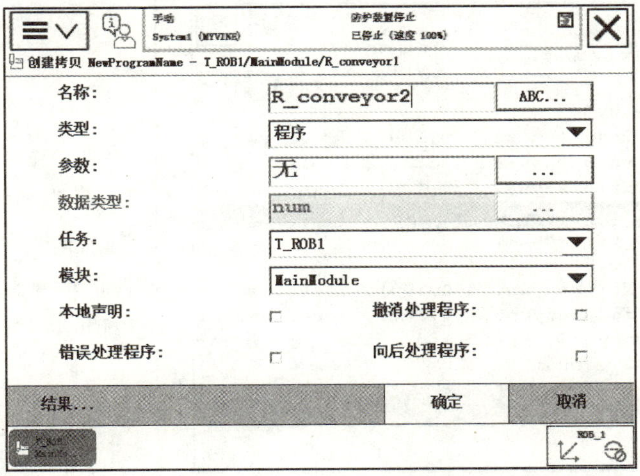	复制 R_conveyor1 程序，改名为 R_conveyor2。 再次复制程序，改名为 R_conveyor3

续表 11.5

序号	图片示例	操作步骤
22	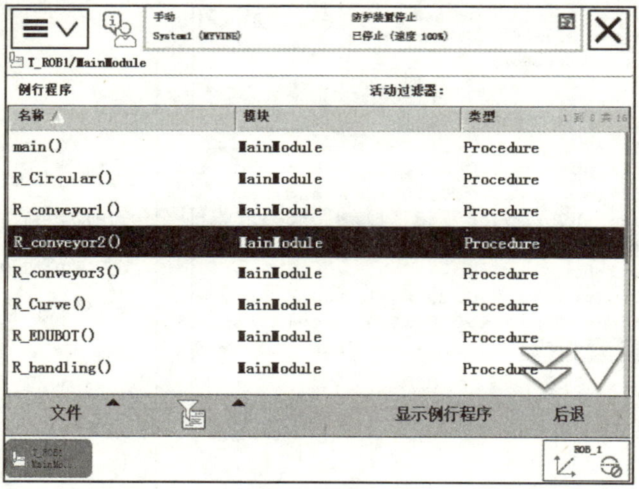	打开 R_conveyor2 例行程序。 conveyor 三个例行程序区别在于搬运模块的取放程序，所以只需修改这 3 个点即可
23	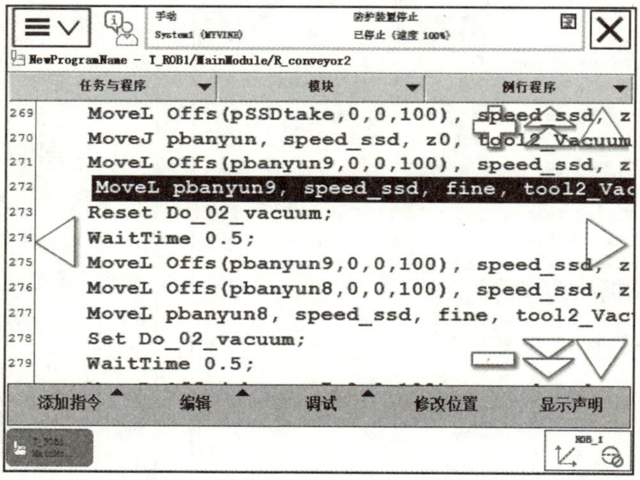	R_conveyor2 程序中，需要将“pbanyun8”改为“pbanyun9”；将“pbanyun7”改为“pbanyun8”
24	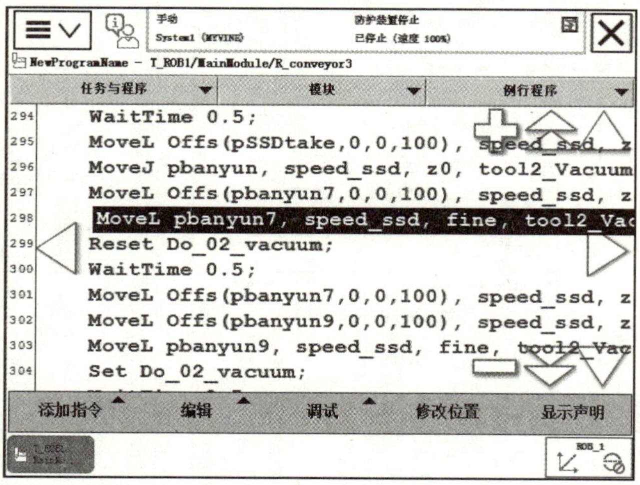	R_conveyor3 程序中，需要将“pbanyun9 改为“pbanyun7”；将“pbanyun8”改为“pbanyun9”

11.3.3 综合调试

※ 输送带项目综合调试

1. main 主程序

main 主程序见表 11.6。

表 11.6 main 主程序

序号	图片示例	操作步骤
1	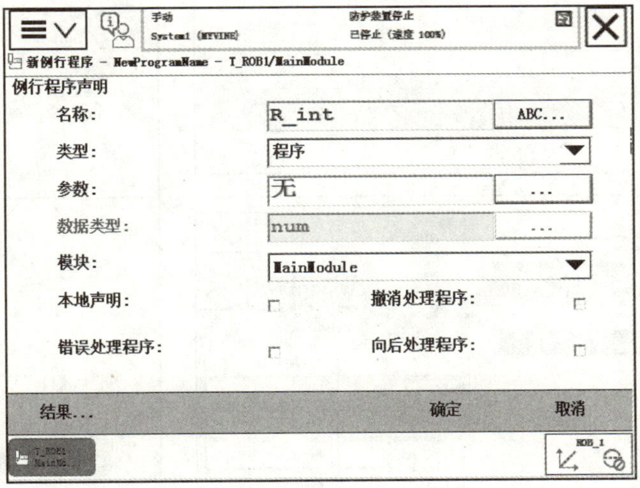	新建初始化程序
2	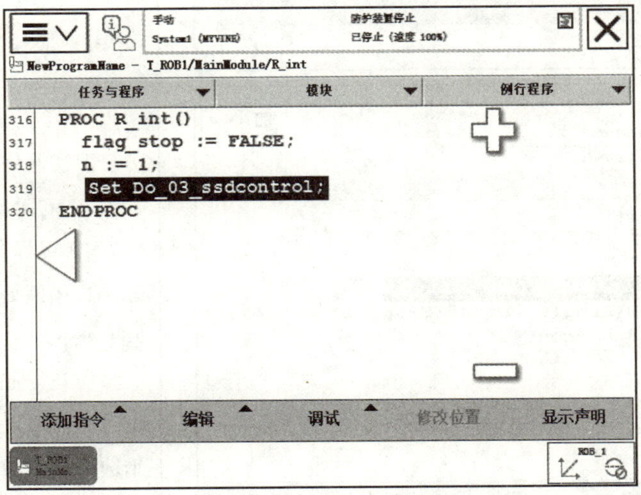	初始化程序编辑：停止标志更改为 FALSE，TEST 参数 *n* 赋值为 1，控制输送带开启

续表 11.6

序号	图片示例	操作步骤
3	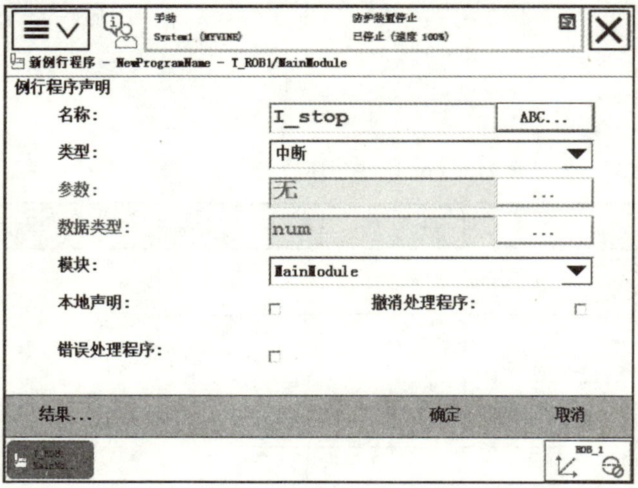	建立中断停止处理程序
4	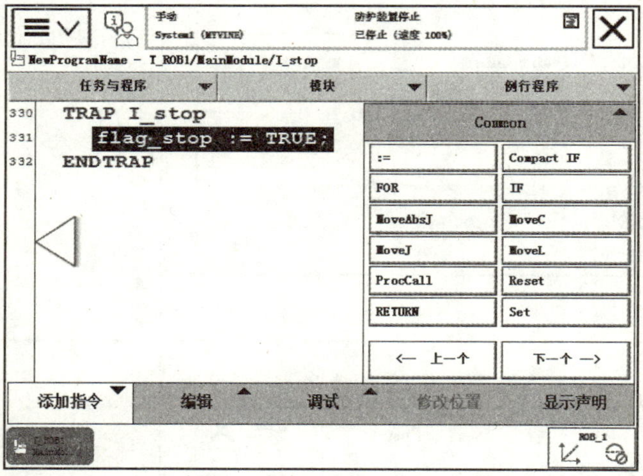	当中断信号触发时，执行中断程序。 将停止标志赋值为 TRUE
5	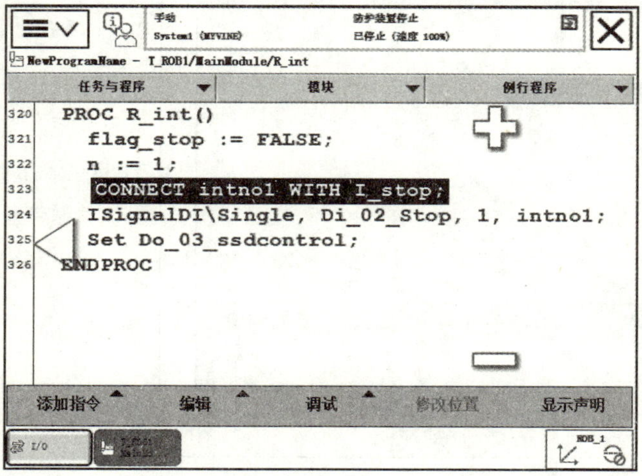	修改初始化程序： 添加 CONNECT 指令，中断标志符新建 intno1，中断处理程序关联 I_stop。 添加 ISignalDI 指令，信号选择停止信号，电平选择 1，触发中断标志符选择 intno1

续表 11.6

序号	图片示例	操作步骤
6	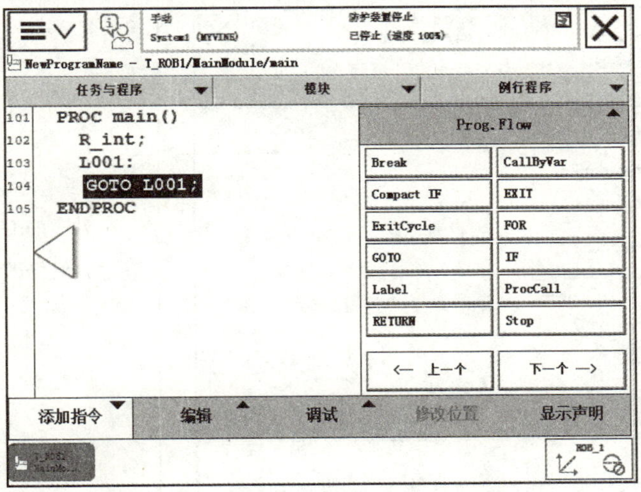	调用初始化程序，添加 Label 标签，更名为 L001，添加 GOTO 指令，跳转标签选择 L001
7	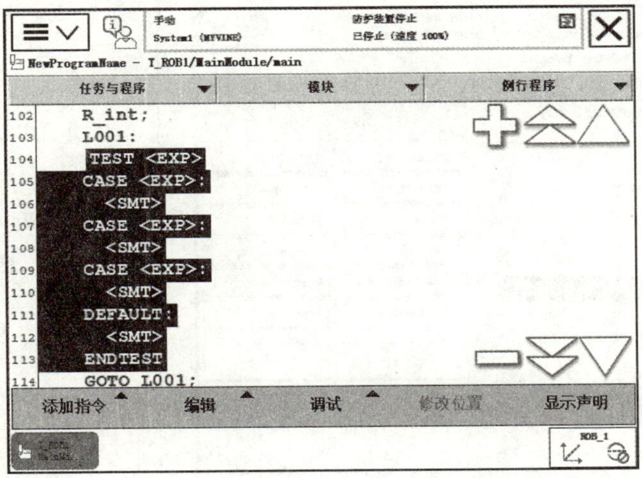	添加三个 CASE，并且添加 DEFAULT（所有 CASE 不成立时执行）
8	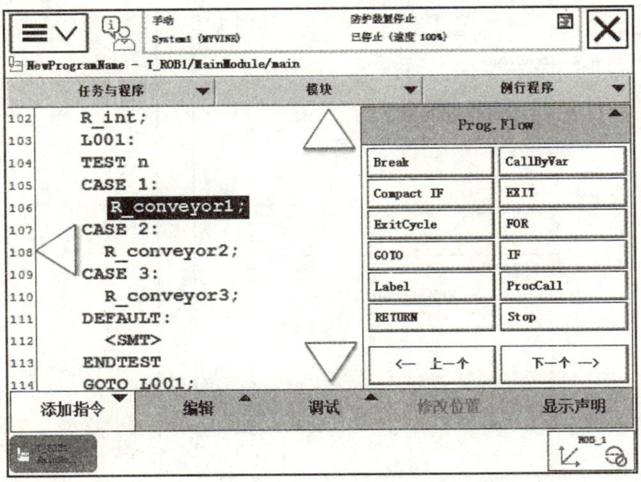	修改 TEST 相关参数，TEST 变量选择 *n*，CASE 分别为 1、2、3。对应的 CASE 下调用对应的输送带搬运程序

续表 11.6

序号	图片示例	操作步骤
9	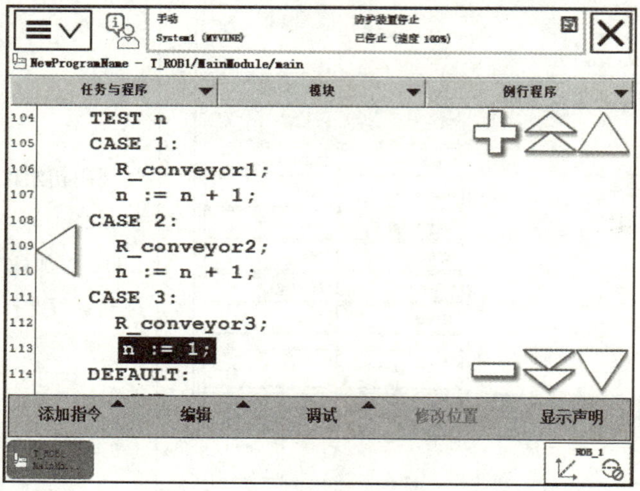	在对应的 CASE 下，进行 *n* 值修改
10	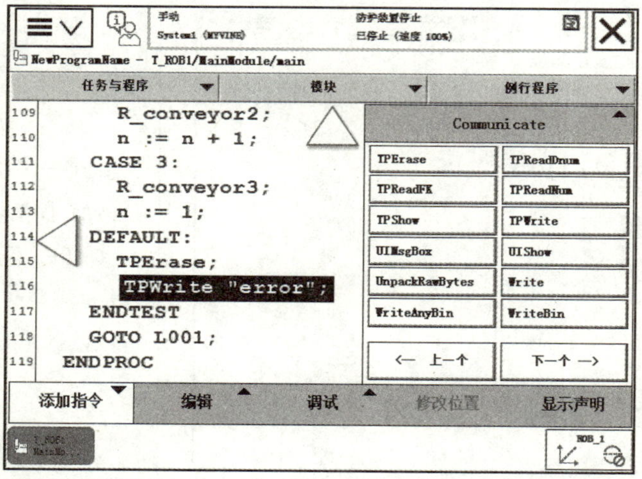	添加 DEFAULT 程序： 添加 TPErase 指令清除屏幕信息，添加 TPWrite 指令输出信息“error”
11	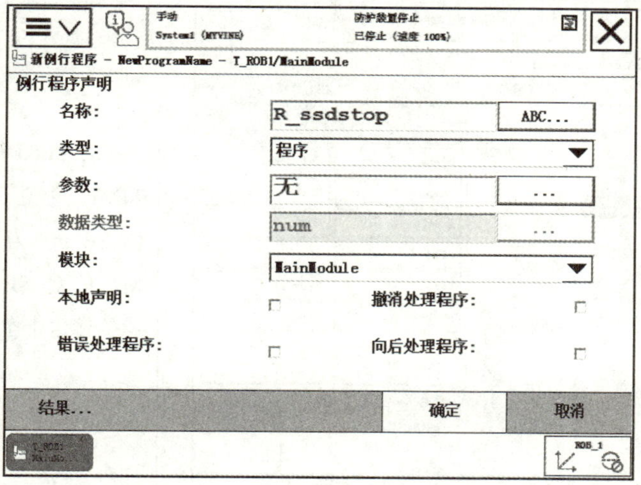	新建输送带停止程序

续表 11.6

序号	图片示例	操作步骤
12	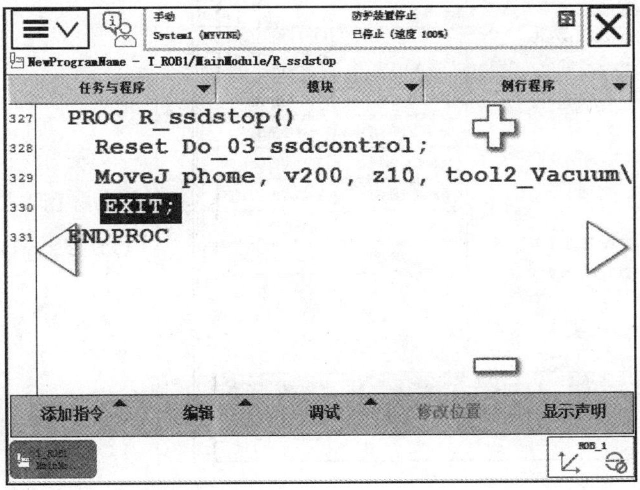	输送带停止程序： 关闭输送带信号，移动机器人至安全点位置，停止程序，退出循环
13	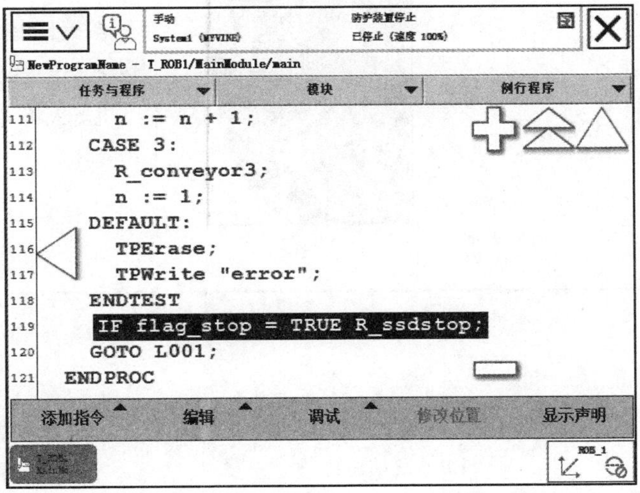	添加 Compact IF 指令，即执行完一个 CASE 判断停止标志是否为 TRUE，如果为 TRUE，则进行停止动作，否则通过 GOTO 指令继续执行

2. 手动调试

手动调试见表 11.7。

表 11.7 手动调试

序号	图片示例	操作步骤
1	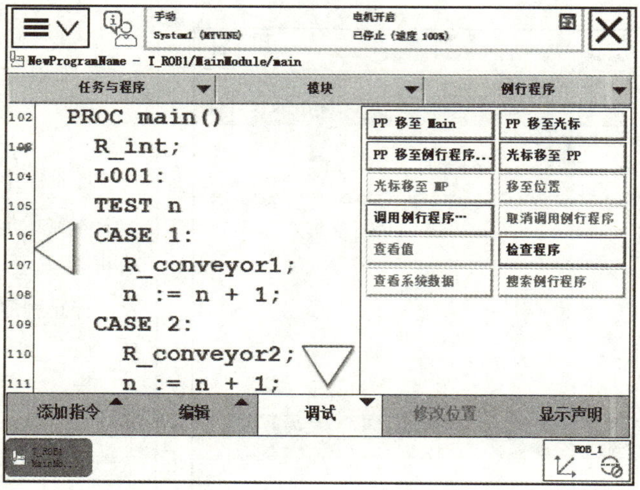	点击【调试】，再点击【PP 移至 Main】
2	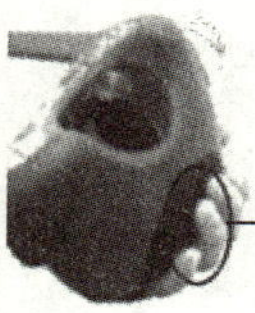 使能按钮 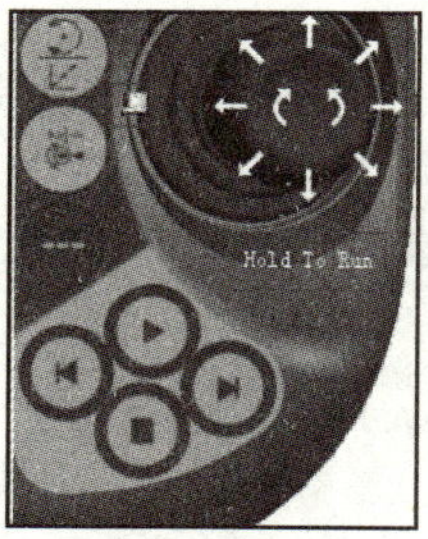	半按使能按钮，同时按住步进按键。 机器人将进行单步动作

3. 自动运行

自动运行见表 11.8。

表 11.8 自动运行

序号	图片示例	操作步骤
1		将模式开关切换成自动模式

续表 11.8

<table>
<tr><th>序号</th><th>图片示例</th><th>操作步骤</th></tr>
<tr><td>2</td><td>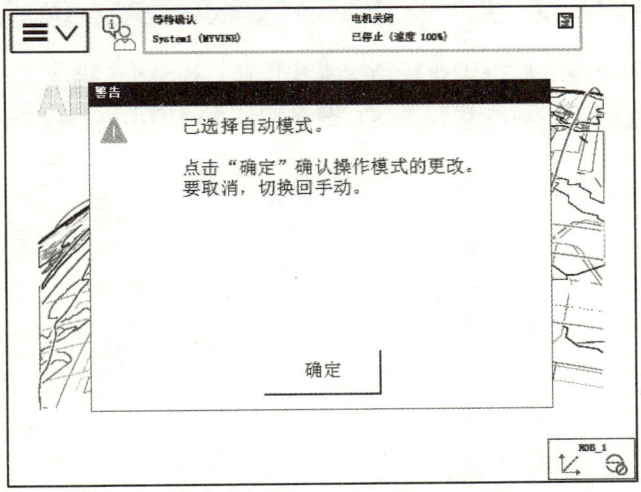
</td><td>点击【确定】</td></tr>
<tr><td>3</td><td>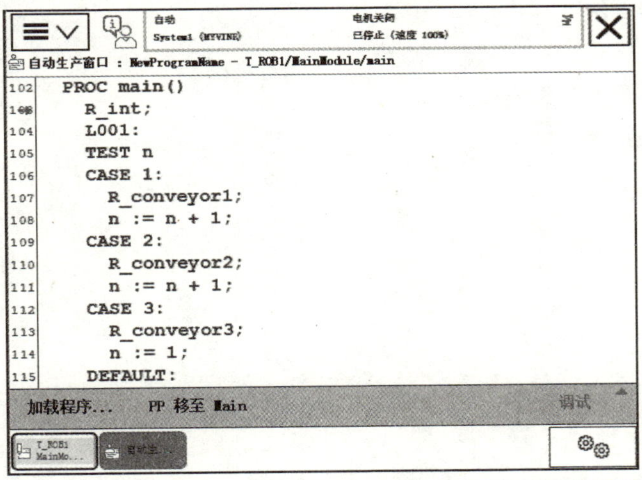
</td><td>点击【PP 移至 Main】</td></tr>
<tr><td>4</td><td>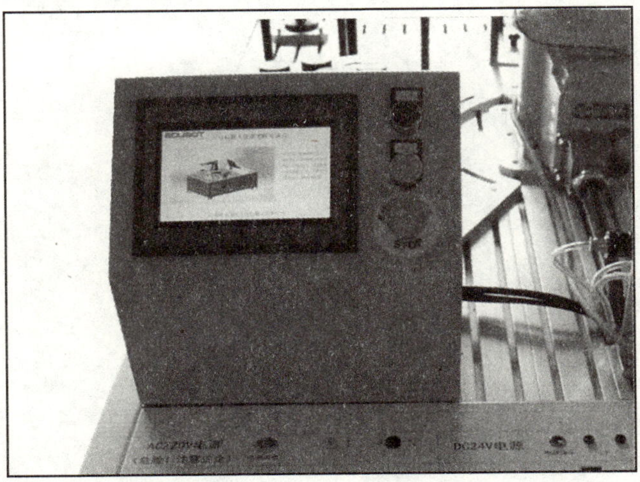</td><td>点击面板【启动】按钮，机器人将自动运行。点击面板【停止】按钮，机器人将运行完一个 CASE 回到安全点停止</td></tr>
</table>

11.4　本章小节

本章主要讲解异步输送带模块模拟工业现场流水线作业，需掌握机器人动作流程，根据动作流程编写出机器人程序。需熟练掌握 TEST 指令，学会使用中断，学会编写主程序逻辑。

思考题

1. 在编写复杂程序时，如何规划程序？
2. TEST 指令如何使用？
3. IF 指令如何使用？
4. 程序中断的含义是什么？
5. 如何通过中断控制程序？
6. 初始化程序的编写需要考虑哪些内容？
7. 如何将初始化程序隔开？

第 12 章 综合能力训练项目

12.1 项目准备

12.1.1 行业背景介绍

在工业实际生产中，机器人动作及程序往往都是由一系列的程序组成，这就需要有综合的能力。本章将工业机器人技能考核实训台所有的模块动作进行汇总，模拟工业生产程序，达到综合能力训练的目的。

※ 综合项目准备

12.1.2 项目分析

（1）动作流程为：判断输送带末端是否有物料，如果有物料则将末端物料搬运至搬运模块 8 号位置，并且将搬运模块 7 号位置物料搬运至输送带；如果没有物料则依次进行基础模块、模拟激光雕刻轨迹模块、模拟激光焊接轨迹模块、搬运模块动作。

（2）基础模块使用激光控制轨迹，不做 TCP 功能标定动作。

（3）模拟激光雕刻轨迹模块使用激光控制轨迹，进行 HRG 和 EDUBOT 轨迹雕刻。

（4）模拟激光焊接轨迹模块使用激光控制轨迹，进行模拟工件焊接动作。

（5）搬运模块默认初始位置 1、2、3、4、5 工位有物料，动作和搬运模块相同。

（6）输送带模块：机器人动作开始控制输送带启动，判断光电开关处物料状态，有物料则将末端物料搬运至搬运模块 8 号位置，并且将搬运模块 7 号位置物料搬运至输送带，如此循环，动作和异步输送带模块相同。

12.1.3 模块安装

模块安装具体流程见表 12.1。

表 12.1　模块安装具体流程

序号	图片示例	说明
1		确认基础模块，通过梅花螺丝，将基础模块固定在实训台 C 区 7 号和 8 号安装孔位置上
2		确认模拟激光雕刻轨迹模块，通过梅花螺丝，将模拟激光雕刻轨迹模块固定在实训台 D 区 7 号和 8 号安装孔位置上
3	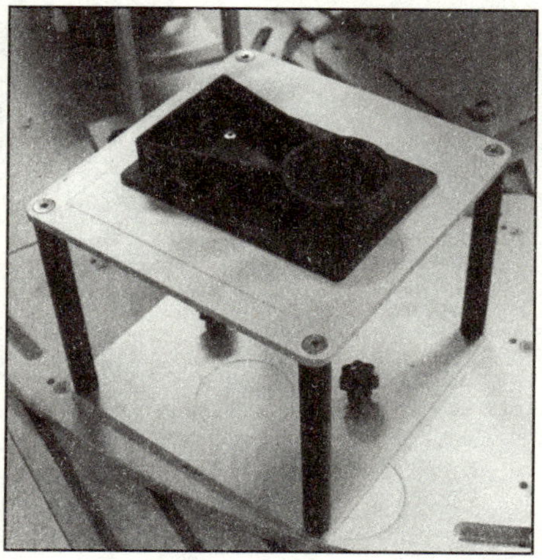	确认模拟激光焊接轨迹模块，通过梅花螺丝，将模拟激光焊接轨迹模块固定在实训台 B 区 7 号和 8 号安装孔位置上

续表 12.1

序号	图片示例	说明
4	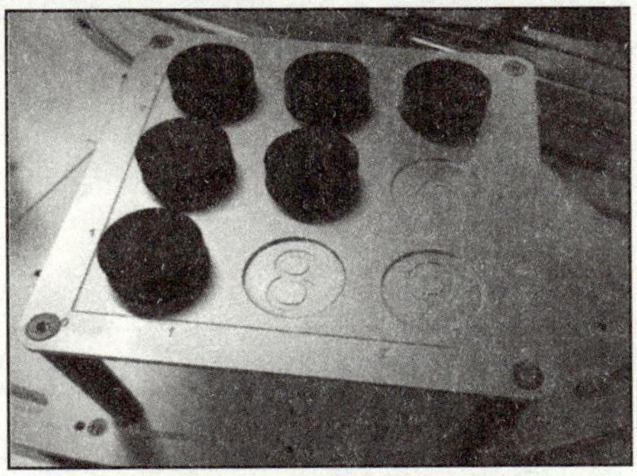	确认搬运模块，通过梅花螺丝，将搬运模块固定在实训台 A 区 7 号和 8 号安装孔位置上
5		确认异步输送带模块，通过梅花螺丝，将输送带模块固定在实训台 E 区 8 号和 9 号安装孔位置上
6	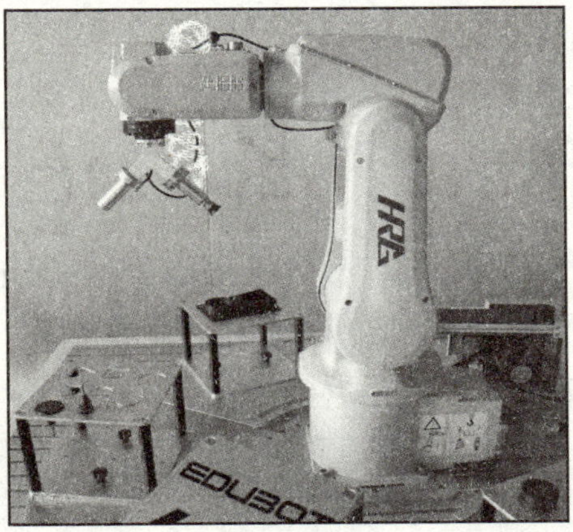	确认模块所用工具
7	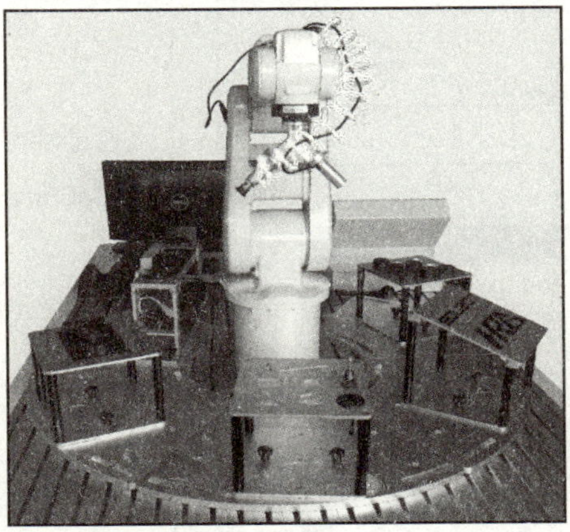	各个模块固定在实训台相应的位置上

12.2　I/O 配置与指令介绍

12.2.1　I/O 配置

综合训练项目需要用到 I/O 配置见表 12.2。

表 12.2　综合训练 I/O 配置

序号	名称	信号类型	映射地址	功能
1	Di_01_start	输入信号	0	控制机器人启动
2	Di_02_stop	输入信号	1	控制机器人停止
3	Di_03_ssdjc	输入信号	2	输送带末端物料检测
4	Do_01_Laser	输出信号	0	控制激光器的开启和关闭
5	Do_02_vacuum	输出信号	1	控制吸盘的开启和关闭
6	Do_03_ssdcontrol	输出信号	2	控制输送带的启动和停止
7	Do_04_alarm	输出信号	3	机器人警报输出信号，关联系统急停信号

12.2.2　指令介绍

（1）IF 指令：条件判断，根据是否满足条件，执行不同的指令。

（2）RETURN 指令：用于完成程序的执行。如果程序是一个函数，则同时返回函数值。

（3）Incr 指令：用于向数值变量增加 1。

（4）CRobT（）：读取当前机器人位置数据。该函数返回 robtarget 值以及位置（x、y、z）、方位（$q1$、…、$q4$）、机械臂轴配置和外轴位置，其操作步骤见表 12.3。

表 12.3　读取当前机器人位置数据的操作步骤

<table>
<tr><th>序号</th><th>图片示例</th><th>操作步骤</th></tr>
<tr><td>1</td><td>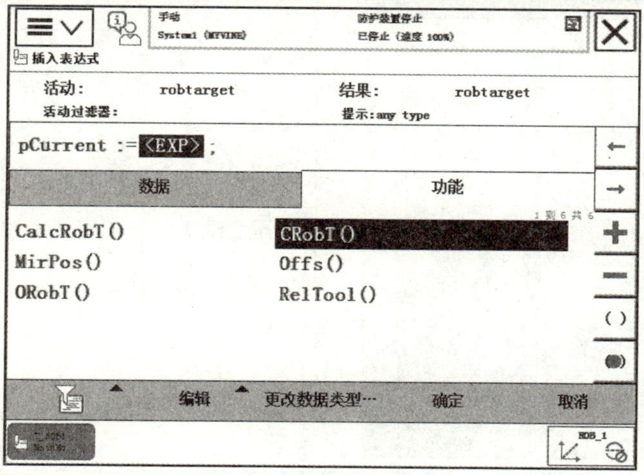
</td><td>通过赋值指令进行添加，pCurrent 为目标点变量。
在功能里添加 CRobT 函数</td></tr>
</table>

续表 12.3

序号	图片示例	操作步骤
2	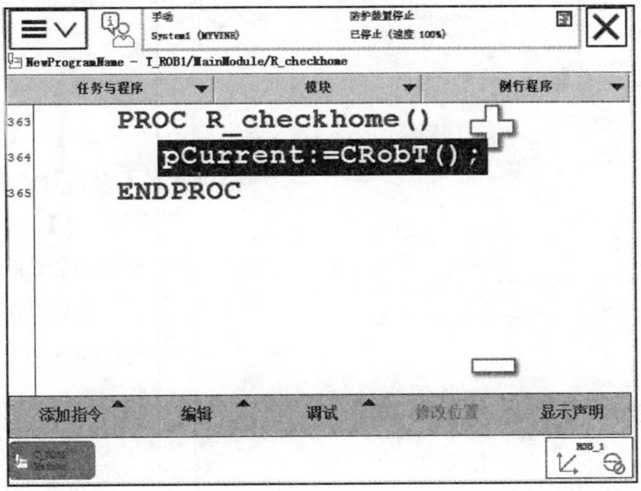	将当前位置赋值给 pCurrent 点

12.3　程序编辑与调试

12.3.1　程序编辑规划

（1）机器人首次启动判断机器人是否在当前点位置。

（2）机器人首次启动初始化程序，对相关信号及变量进行复位，对最大速度及加速控制。

※ 综合项目程序编辑

（3）主程序通过 WHILE TRUE DO 指令隔开初始化程序。

（4）主程序中通过 IF 判断指令，判断输送带末端物料状态，进行相应动作。IF 条件满足则进行输送带模块 TEST 命令程序，否则进行其他四个模块动作，控制程序通过 TEST 指令控制。

（5）机器人停止程序规划是做完模块的各个动作，最终回到安全点停止，再次启动时只需进行相关物料位置复位即可启动。

（6）主程序通过 WHILE TRUE DO 死循环控制，所以停止信号采用中断控制，同时在处理停止程序时对机器人相关信号、停止位置进行控制。

（7）紧急情况下会触发急停，需要对急停程序进行配置。

12.3.2　急停程序配置

1. 急停程序配置

急停程序配置见表 12.4。

表 12.4　急停程序配置

序号	图片示例	操作步骤
1	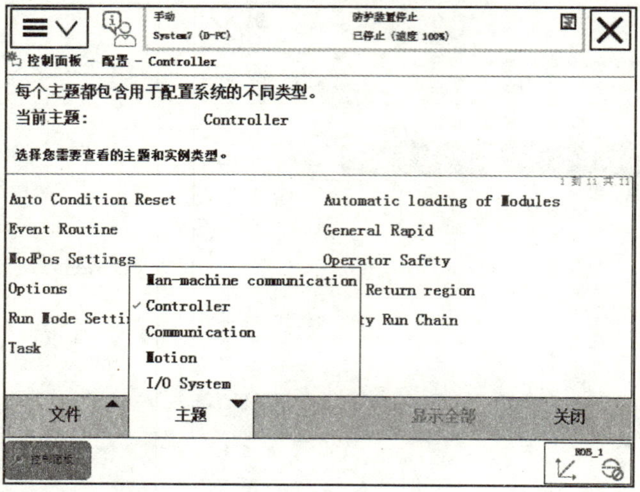	点击【主菜单】，选择【控制面板】，再选择【配置】，进入【I/O System】界面。 点击【主题】，点击【Controller】
2	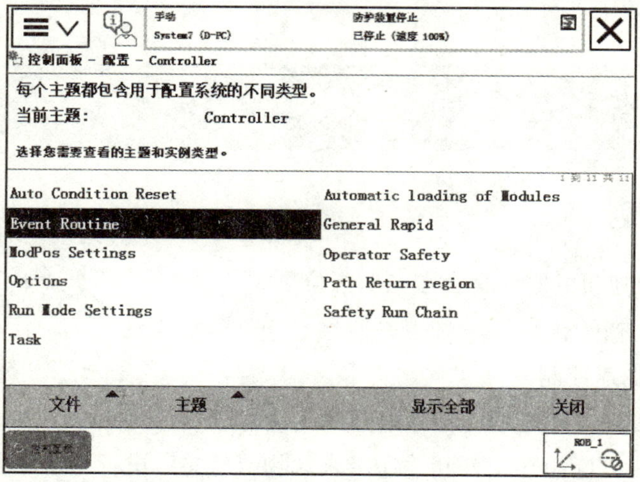	选择【Event Routine】，点击【显示全部】，点击【添加】
3	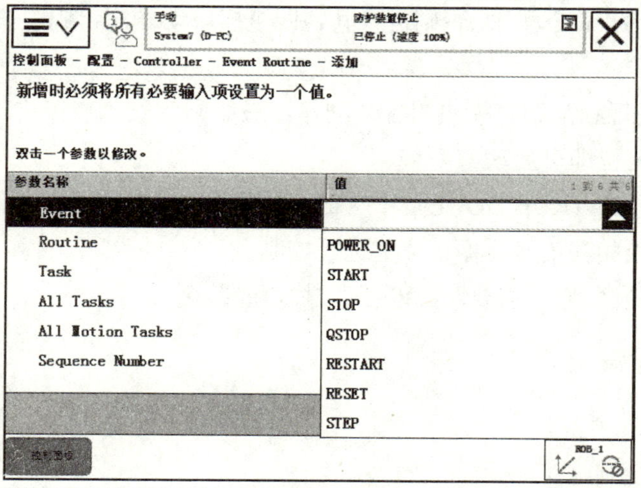	点击【Event】，选择【QSTOP】

续表 12.4

<table>
<tr><th>序号</th><th>图片示例</th><th>操作步骤</th></tr>
<tr><td>4</td><td>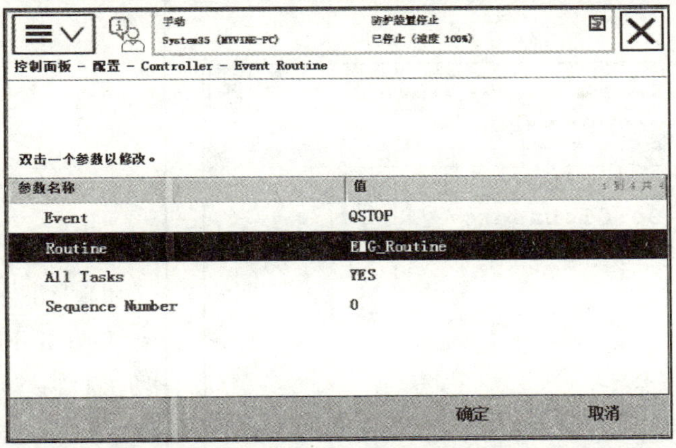
</td><td>点击【Routine】，输入“EMG_Routine”，点击【All Tasks】选择“YES”，点击【确定】</td></tr>
<tr><td>5</td><td>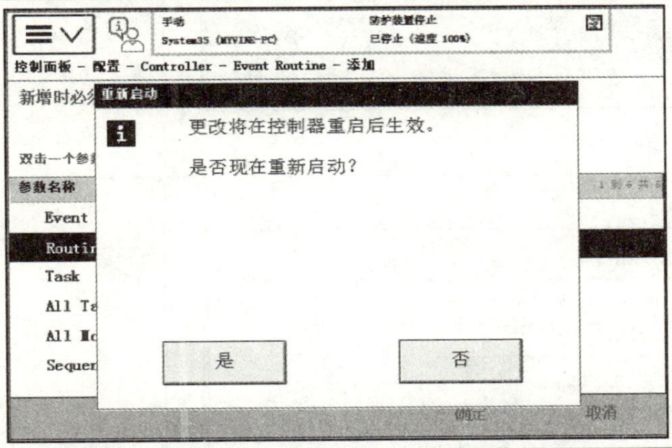
</td><td>点击【否】</td></tr>
</table>

2. 急停程序编写

急停程序编写见表 12.5。

表 12.5　急停程序编写

<table>
<tr><th>序号</th><th>图片示例</th><th>操作步骤</th></tr>
<tr><td>1</td><td>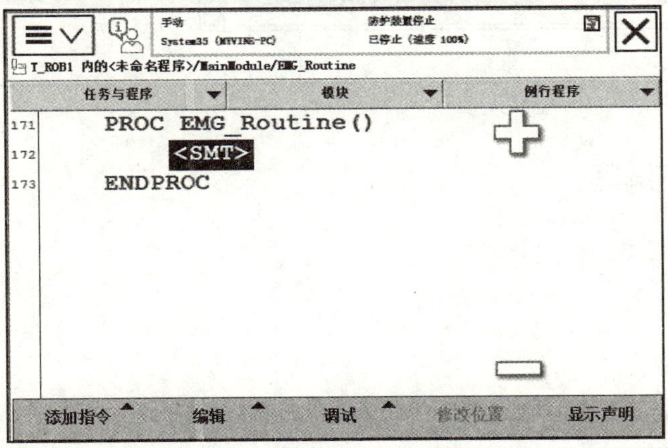
</td><td>建立 EMG_Routine( ) 例行程序。
点击【例行程序】</td></tr>
</table>

续表 12.5

序号	图片示例	操作步骤
2	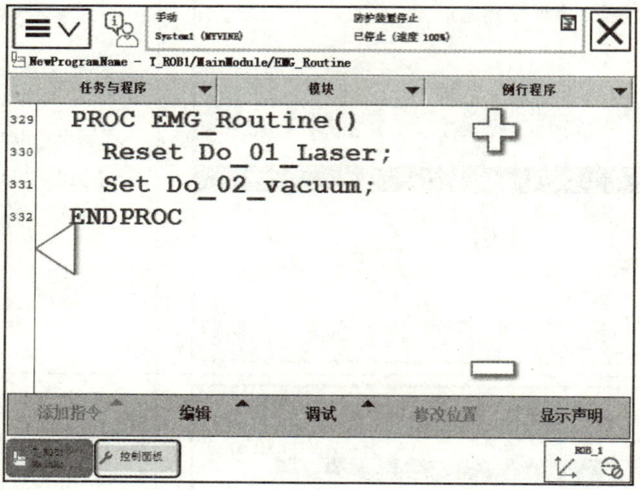	在紧急停止下，需要关闭激光信号，防止继续雕刻；打开吸盘信号，防止工件掉落
3	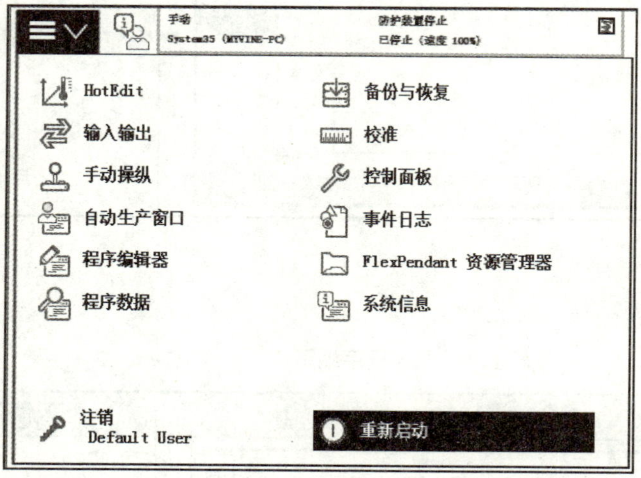	重新启动。 等待系统重启完成

12.3.3 模块子程序编写

模块子程序编写见表 12.6。

表 12.6 模块子程序编写

<table>
<tr><th>序号</th><th>图片示例</th><th>操作步骤</th></tr>
<tr><td>1</td><td>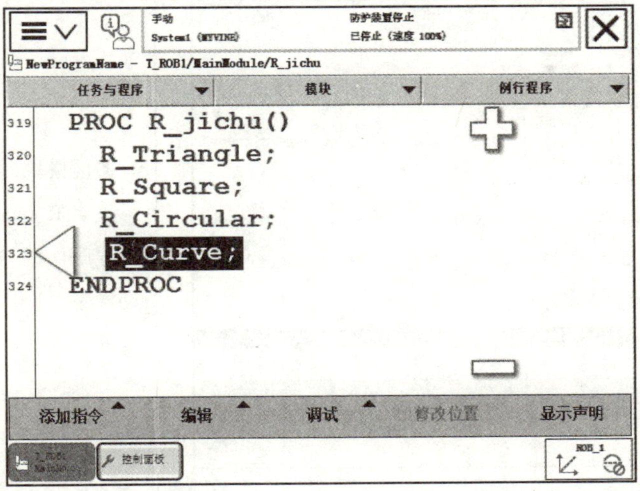
</td><td>基础模块：
建立 R_jichu( )例行程序，分别调用对应的轨迹子程序</td></tr>
<tr><td>2</td><td>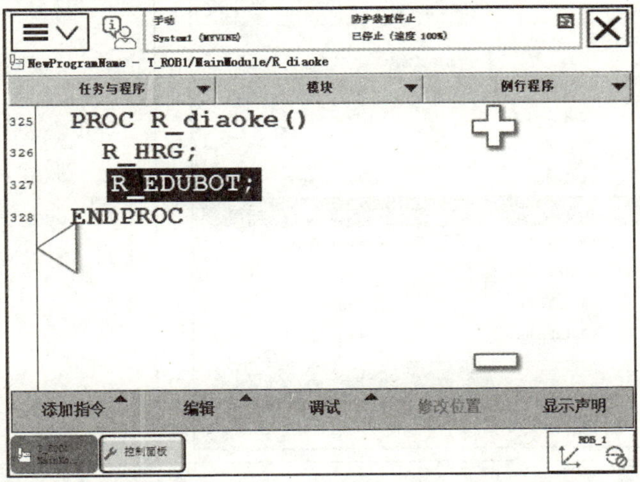
</td><td>模拟激光雕刻轨迹模块：
建立 R_diaoke( )例行程序，分别调用对应的轨迹子程序</td></tr>
<tr><td>3</td><td>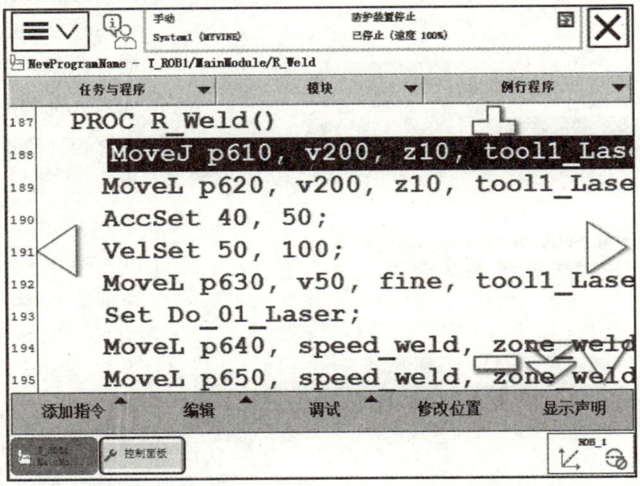
</td><td>模拟激光焊接轨迹模块：
建立 R_Weld( )例行程序，编写对应的轨迹程序</td></tr>
</table>

续表 12.6

序号	图片示例	操作步骤
4	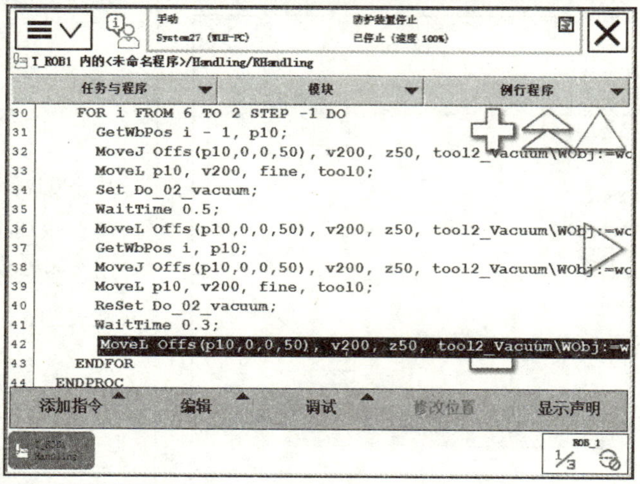	搬运模块： 建立 R_handling( )例行程序，编写对应的轨迹程序
5	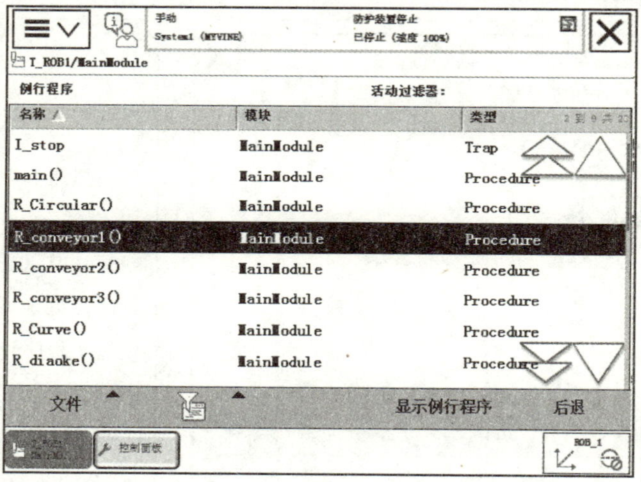	异步输送带模块： 分别建立三组 R_conveyor 例行程序，编写三组对应的轨迹程序
6	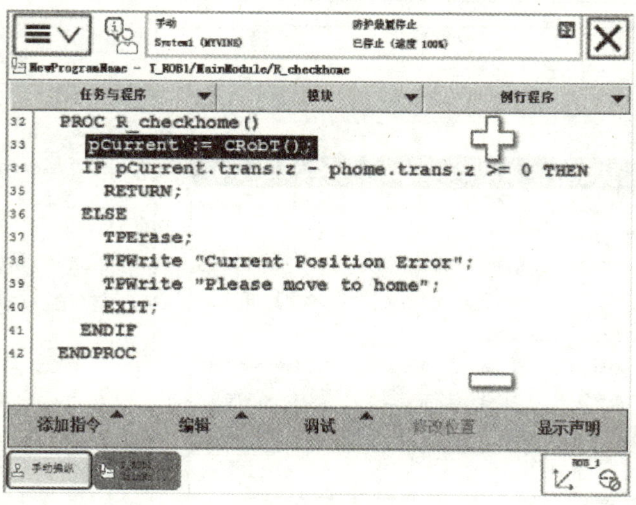	检查 home 点程序： 建立 R_checkhome( )例行程序，添加指令。新建 robtarget 型变量，名称为 pCurrent，类型为变量。通过 CRobT 函数将当前位置赋值给 pCurrent。如果当前点的 Z 轴在 home 点的 Z 轴处或在 home 点 Z 轴的上方，则继续程序执行，否则提示当前位置错误，请移动到 home 点位置

续表 12.6

序号	图片示例	操作步骤
7	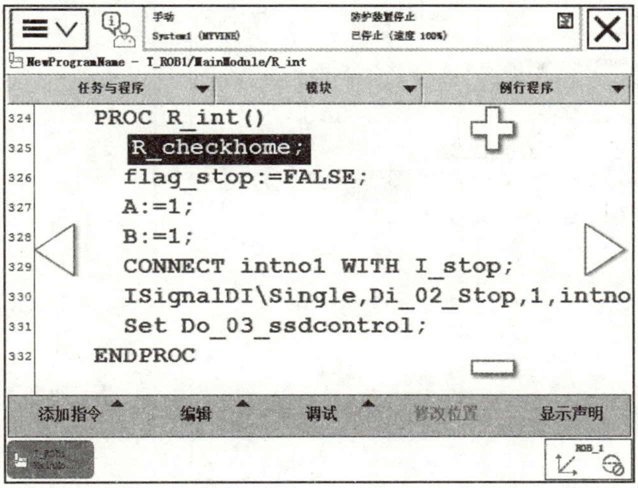	初始化程序： 新建 R_int（）初始化程序，添加指令。 首先调用检查 home 点程序，复位停止标志，对 *A*、*B* 变量进行复位，中断程序相关设置，打开输送带
8	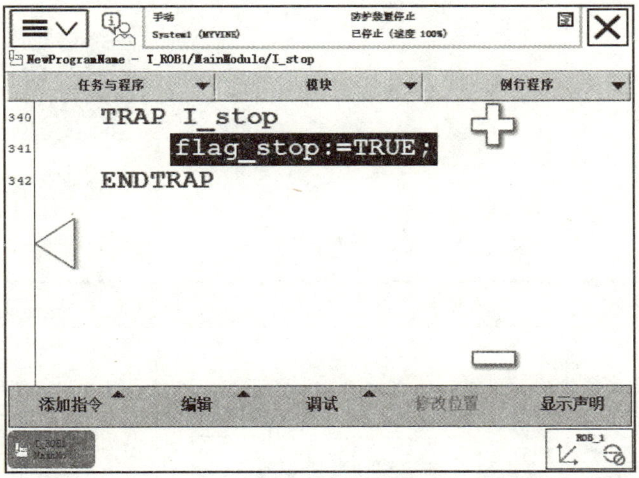	停止中断处理程序： 新建 I_stop（）停止中断程序，添加指令。 当停止信号触发时，停止标志则变为 TRUE
9	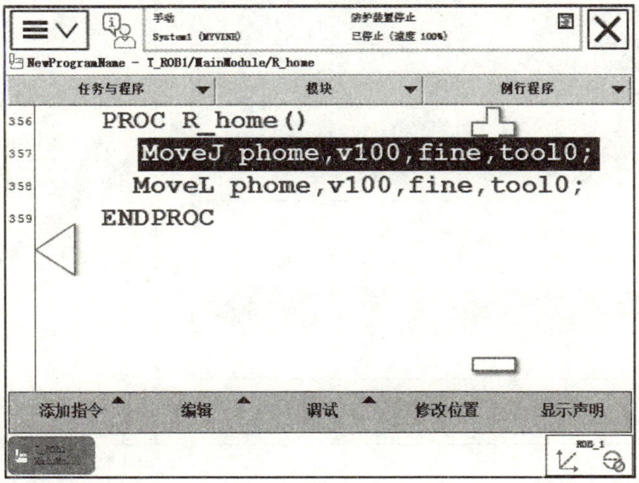	移至 home 点程序： 新建 R_home 程序，添加指令。 确认机器人处于安全位置，选择通过关节或者直线指令移动机器人至安全点位置

续表 12.6

序号	图片示例	操作步骤
10	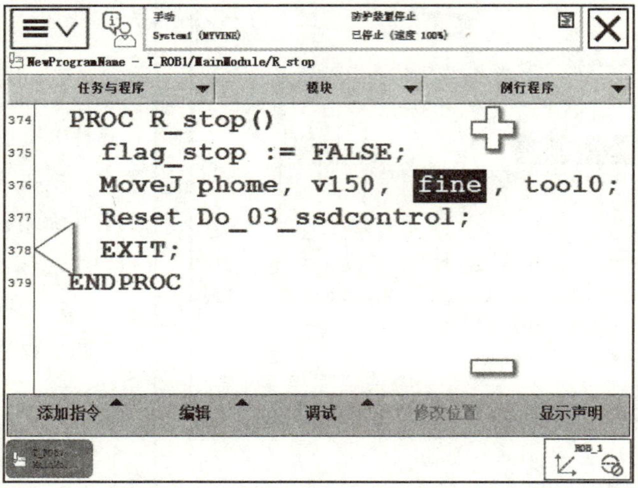	机器人停止处理程序： 新建 R_stop（）程序，添加指令。 复位停止标志，移动机器人至 home 点，关闭输送带。 执行机器人停止

12.3.4 综合调试

※ 综合能力调试

1. main 主程序

main 主程序见表 12.7。

表 12.7　main 主程序

序号	图片示例	操作步骤
1	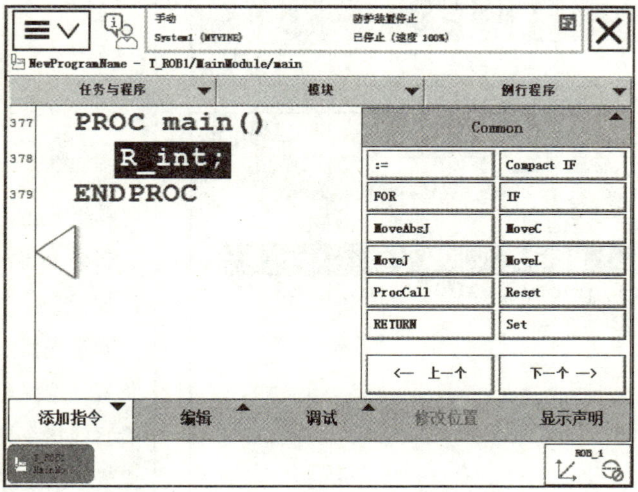	打开 main 主程序。 点击【ProcCall】，调用初始化程序

续表 12.7

序号	图片示例	操作步骤
2	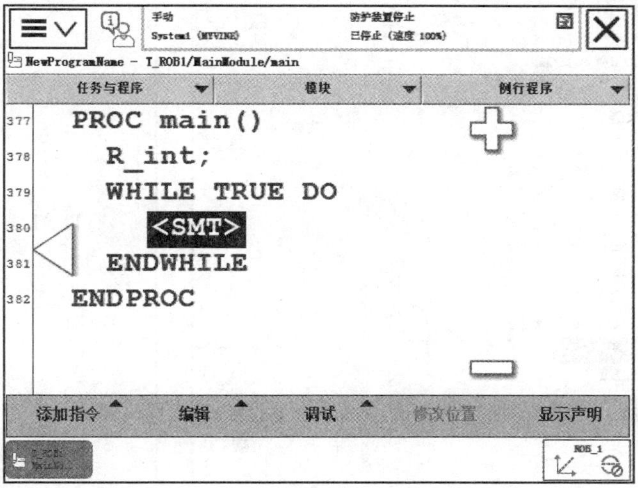	添加 WHILE TRUE DO 指令
3	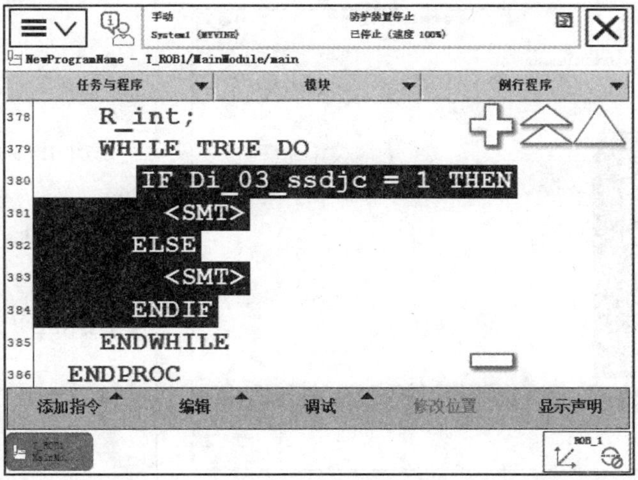	添加 IF 指令，判断输送带末端物料
4	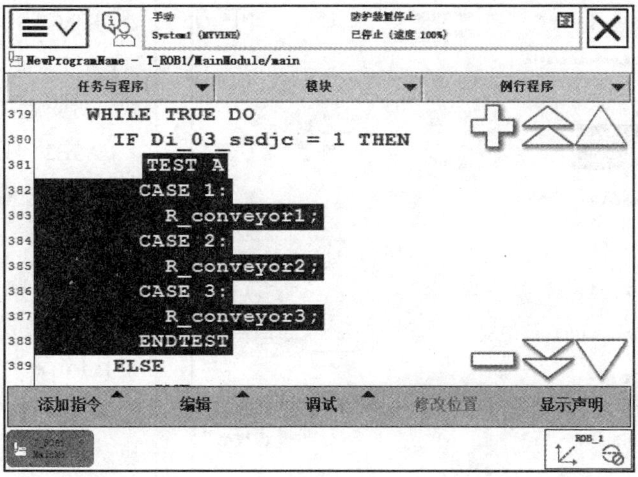	添加 IF 条件为真程序。 添加 TEST 指令，参数变量选择“A”，CASE1 调用输送带搬运 1 程序；CASE2 调用输送带搬运 2 程序；CASE3 调用输送带搬运 3 程序

续表 12.7

<table>
<tr><th>序号</th><th>图片示例</th><th>操作步骤</th></tr>
<tr><td>5</td><td>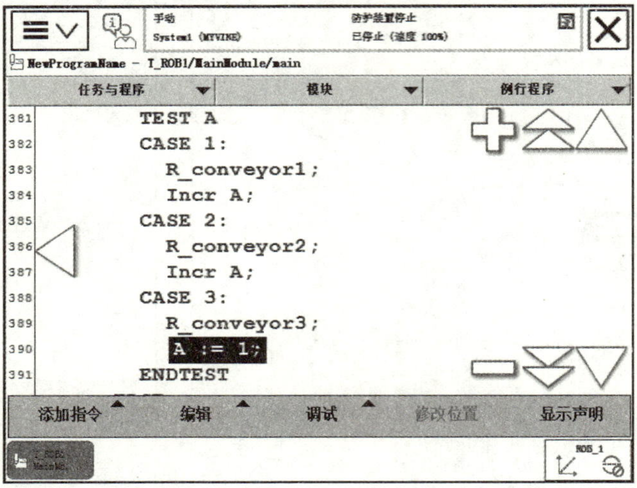</td><td>对 TEST 参数变量 A 进行处理</td></tr>
<tr><td>6</td><td>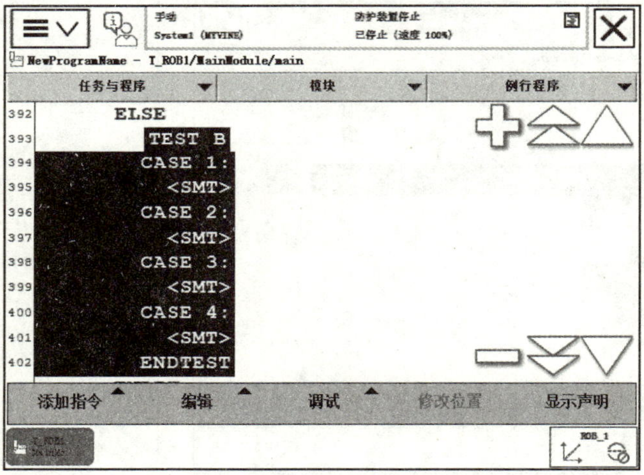</td><td>添加 IF 条件为假程序。
添加 TEST 指令，参数变量选择“B”，添加 4 个 CASE</td></tr>
<tr><td>7</td><td>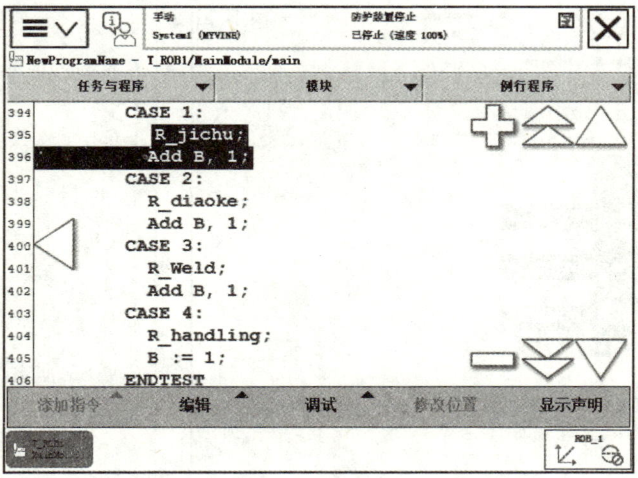</td><td>添加 CASE 程序：
CASE1 调用基础模块，对变量 B 加 1；
CASE2 调用模拟激光雕刻轨迹模块，对变量 B 加 1；
CASE3 调用模拟激光焊接轨迹模块，对变量 B 加 1；
CASE4 调用搬运模块，对变量 B 赋值 1</td></tr>
</table>

续表 12.7

序号	图片示例	操作步骤
8	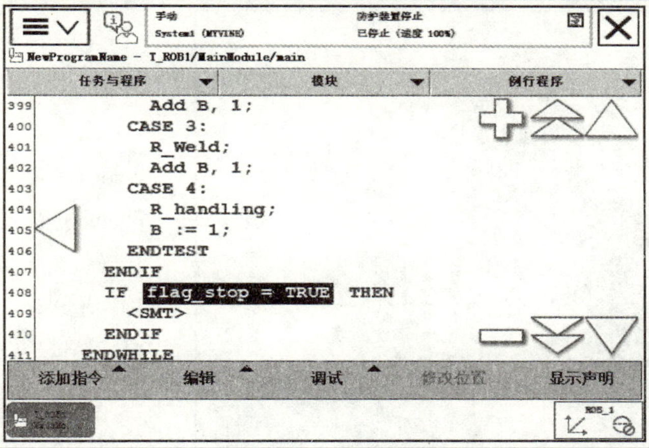	添加 IF 指令，当每次完成一个动作后判断是否有停止标志
9	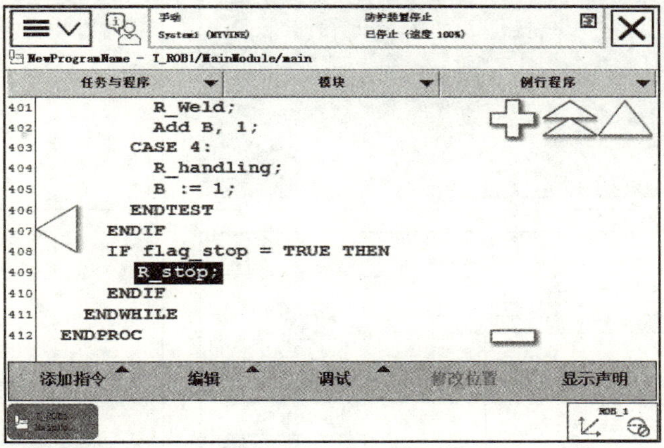	添加 R_stop 停止程序，如果有停止标志则执行停止程序，不成立则继续循环

2. 手动调试

手动调试见表 12.8。

表 12.8 手动调试

序号	图片示例	操作步骤
1	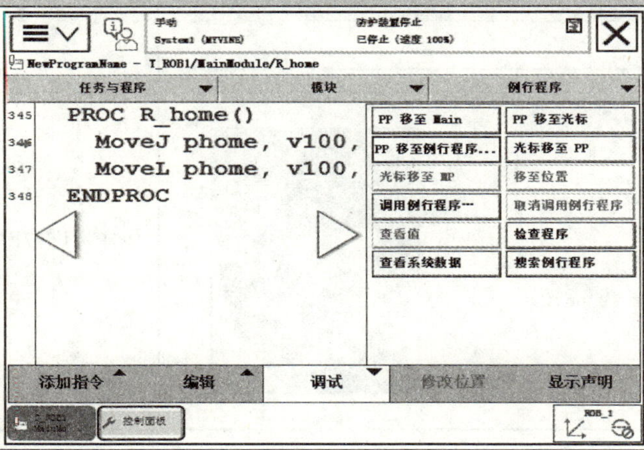	点击【调试】，再点击【PP 移至例行程序】，选择【R_home】。 确认机器人处于安全位置，选择关节或者直线移动指令，移动机器人至安全点 phome 点位置

续表 12.8

序号	图片示例	操作步骤
2	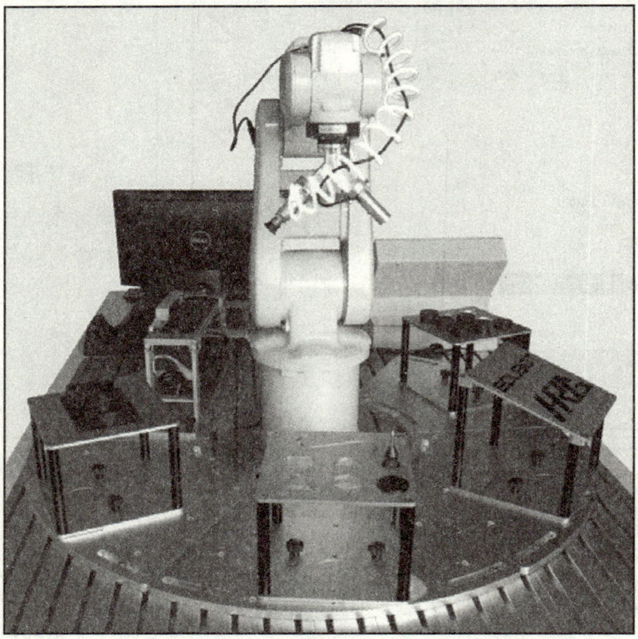	确认机器人处于phome 点位置。 确认模块初始状态：确保输送带上有一个物料；搬运平台上 1、2、3、4、5、7 号工位上有物料；6、8、9 号工位上没有物料
3	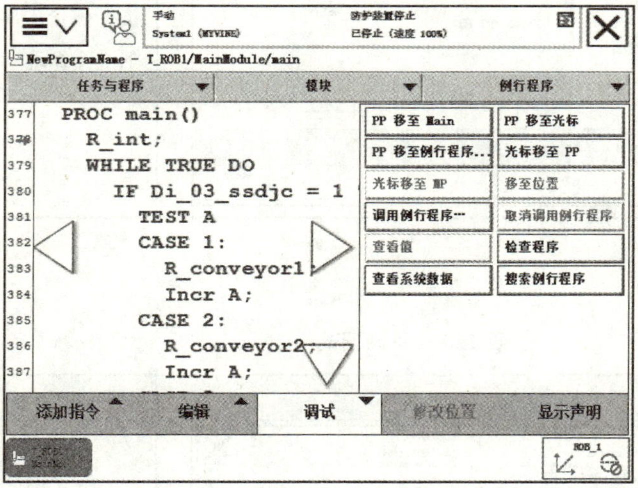	点击【调试】，再点击【PP 移至 Main】
4	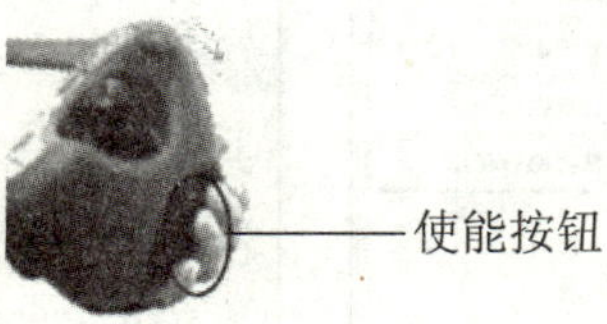 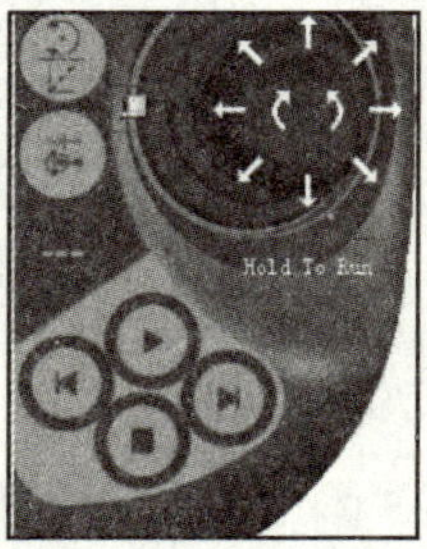	半按使能按钮，同时按住步进按键。 机器人将进行单步动作

3. 自动运行

自动运行见表 12.9。

表 12.9 自动运行

<table>
<tr><th>序号</th><th>图片示例</th><th>操作步骤</th></tr>
<tr><td>1</td><td>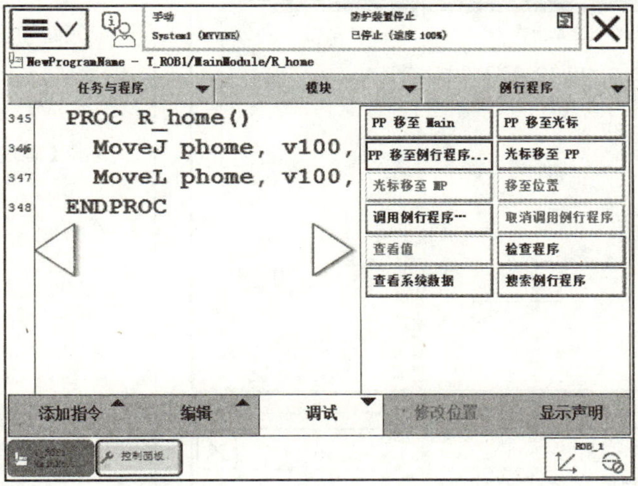
</td><td>点击【调试】，再点击【PP 移至例行程序】，选择【R_home】。
确认机器人处于安全位置，选择关节或者直线移动指令，移动机器人至安全点 phome 点位置</td></tr>
<tr><td>2</td><td>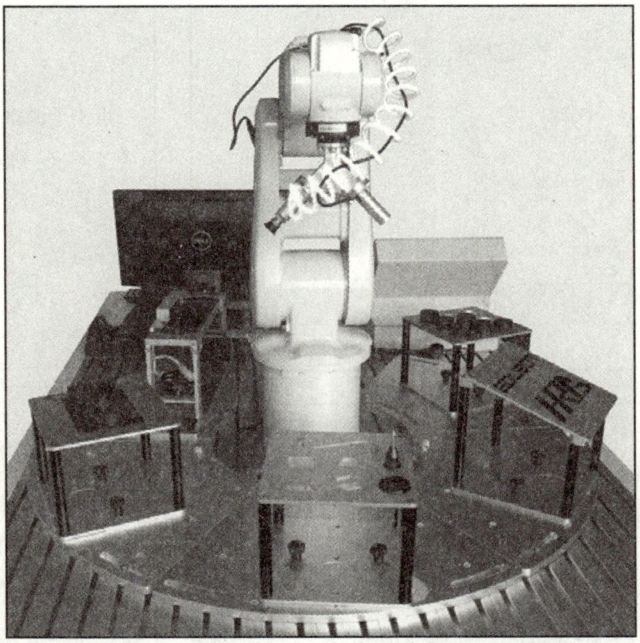</td><td>确认机器人处于 phome 点位置。
确认模块初始状态：确保输送带上有一个物料；搬运平台上 1、2、3、4、5、7 号工位上有物料；6、8、9 号工位上没有物料</td></tr>
<tr><td>3</td><td></td><td>将模式开关切换成自动模式</td></tr>
</table>

续表 12.9

序号	图片示例	操作步骤
4	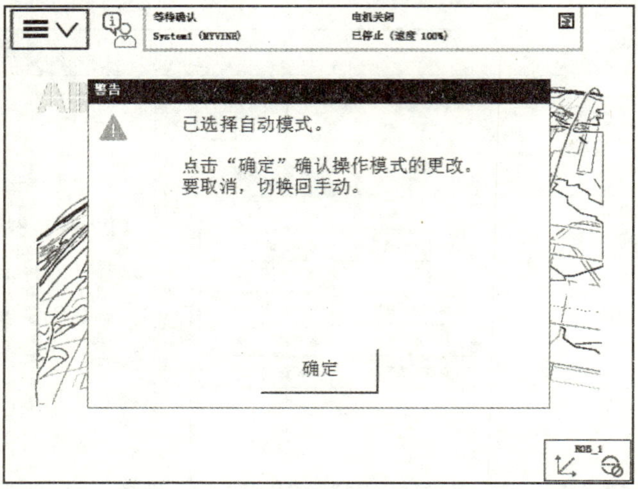	点击【确定】
5	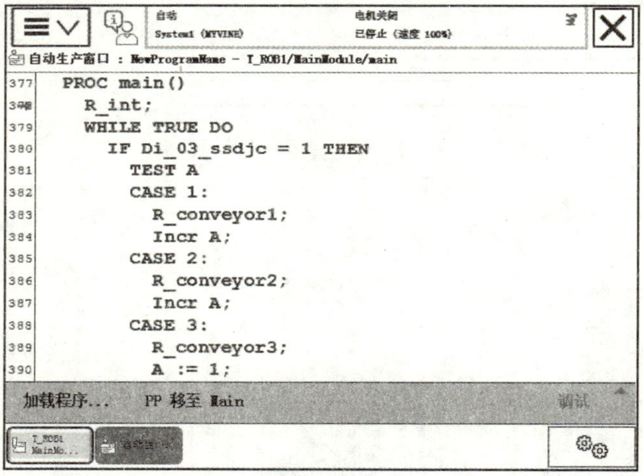	点击【调试】，再点击【PP 移至 Main】
6	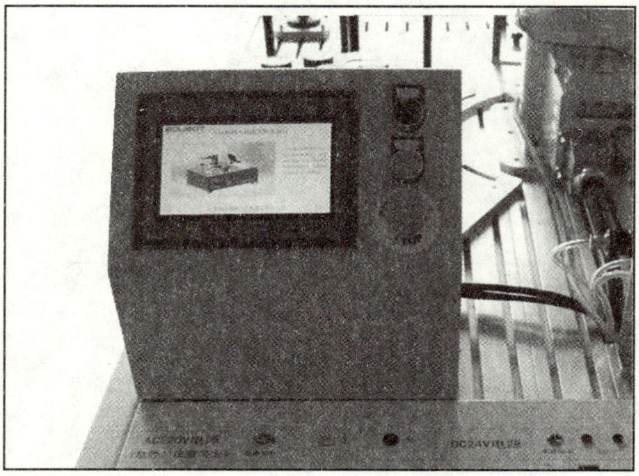	点击面板【启动】按钮，机器人将自动运行。 点击面板【停止】按钮，机器人接收到停止中断信号，将在运行完一个模块后移动到安全点位置停止运动

12.4　本章小节

本章主要锻炼编写机器人程序的综合能力，通过本章将前面几章介绍的模块连接起来，让机器人完成一整套动作，以达到程序综合能力的编写。在编写机器人完整动作时需要整体考虑，包括机器人安全、程序循环性以及程序易读性，方便故障维护和排除。

思考题

1. 简述本章实训项目主程序运行流程。
2. 简述实训台各模块程序编写思路。
3. 简述 CRobT（）函数功能及使用方法。
4. 如何编写安全点判断程序？
5. 如何使用机器人 I/O 实现异步输送带启动和停止控制？

第 13 章 RobotStudio 仿真软件介绍

13.1 仿真软件简介

RobotStudio 是一款 ABB 机器人仿真软件，能够还原和现实一样的工作场景。使用 RobotStudio 能够提高生产率，降低购买与实施机器人解决方案的总成本。

软件下载地址：http://new.abb.com/products/robotics/robotstudio/downloads，如图 13.1 所示。

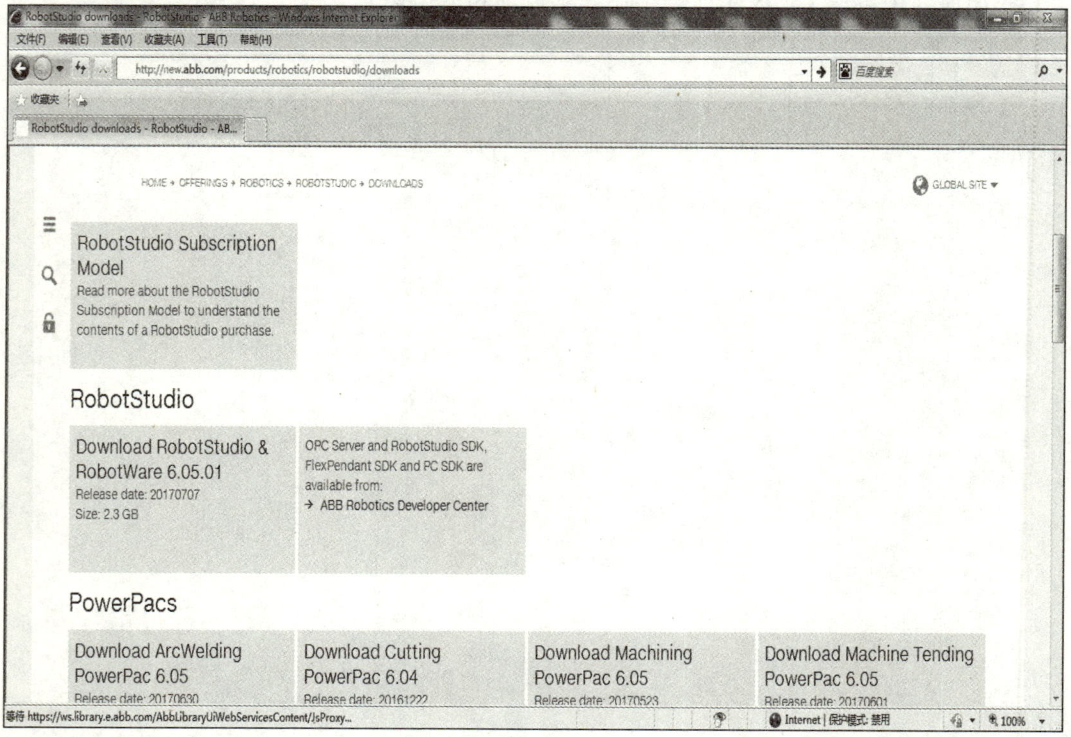

图 13.1　软件下载地址

RobotStudio 仿真软件安装方法：将下载软件压缩包解压后，打开文件夹，双击 setup.exe（如图 13.2 所示），按照提示安装软件。

安装完成后，电脑桌面出现对应的快捷图标，包括 32 位操作系统 1 个和 64 位操作系统 1 个，如图 13.3 所示。

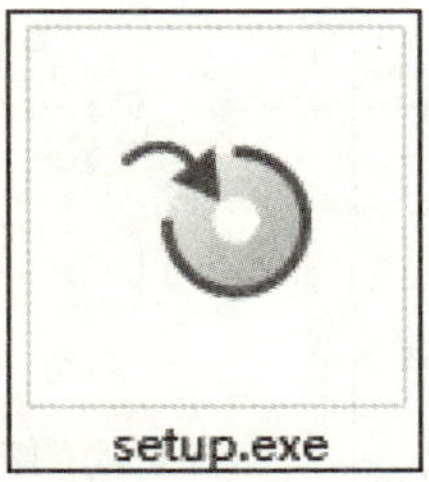

图 13.2　安装软件

图 13.3　快捷图标（64 位操作系统）

13.2　工作站建立

工作站建立的操作步骤见表 13.1。

※ 工作站建立

表 13.1　工作站建立的操作步骤

序号	图片示例	操作步骤
1	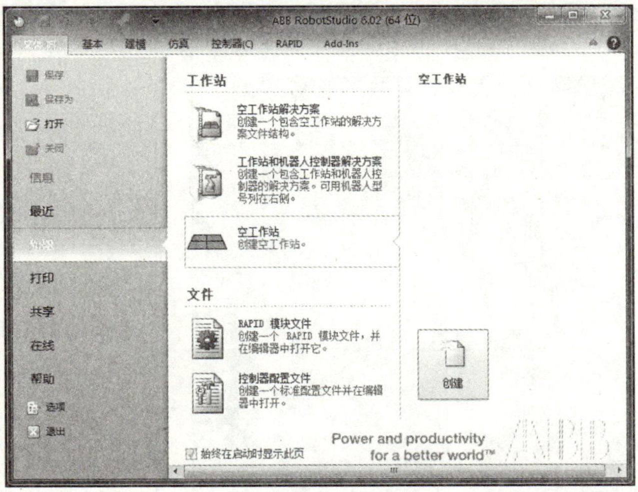	双击 RobotStudio 快捷图标，打开软件进入

续表 13.1

序号	图片示例	操作步骤
2	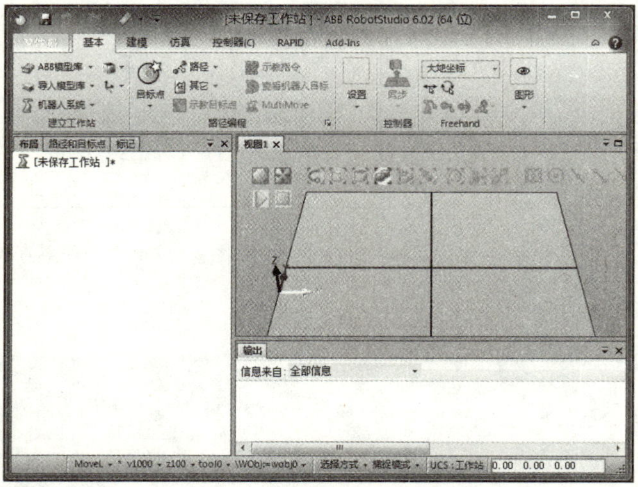	单击【空工作站】，单击【创建】进入下面界面

13.2.1　机器人导入

机器人导入的操作步骤见表 13.2。

表 13.2　机器人导入的操作步骤

序号	图片示例	操作步骤
1	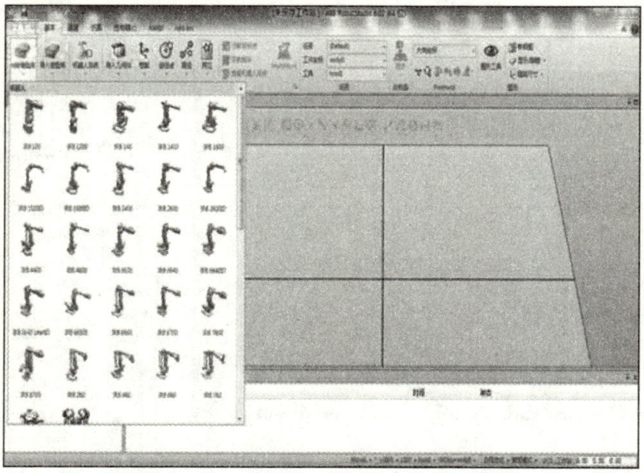	单击【ABB 模型库】，选择【IRB120】

续表 13.2

序号	图片示例	操作步骤
2	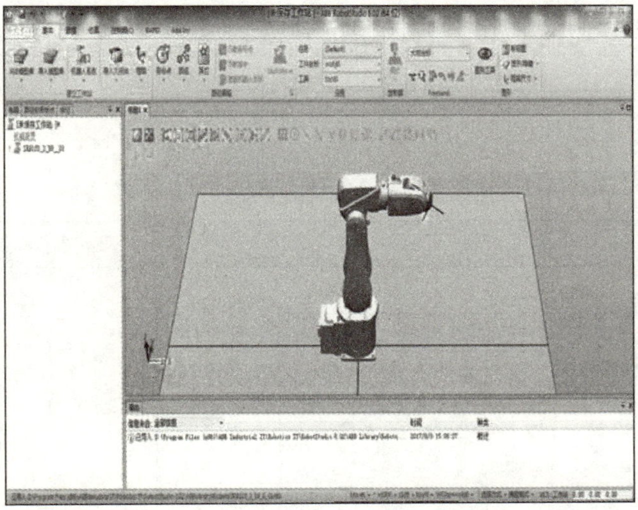	在弹出对话框中，单击【确定】，IRB120 机器人成功导入

机器人成功导入后，调整机器人各个视角以及平移等操作见表 13.3。

表 13.3 调整视角以及平移等操作

名称	图标	使用键盘/鼠标组合	描述
选择项目			只需单击要选择的项目即可。要选择多个项目，请按 CTRL 键的同时单击新项目
旋转工作站		CTRL+SHIFT+	按 CTRL+SHIFT 单击鼠标左键的同时，拖动鼠标对工作站进行旋转。若用三键鼠标，可以使用中间键和右键替代键盘组合
平移工作站		CTRL +	按 CTRL 键和鼠标左键的同时，拖动鼠标对工作站进行平移
缩放工作站		CTRL +	按 CTRL 键和鼠标右键的同时，将鼠标拖至左侧可以缩小。将鼠标拖至右侧可以放大。若用三键鼠标，还可以使用中间键替代键盘组合
使用窗口缩放		SHIFT +	按 SHIFT 键和鼠标右键的同时，将鼠标拖过要放大的区域

当需要将外部模型导入工作站时，可以通过单击【导入几何体】，再单击【浏览几何体】来实现，也可以通过菜单栏中“建模”功能绘制需要的几何体模型。

13.2.2 虚拟示教器

使用虚拟示教器之前，需要在工作站布局中添加机器人模型并且建立机器人系统，其操作步骤见表 13.4。

表 13.4 添加机器人模型并且建立机器人系统的操作步骤

<table>
<tr><th>序号</th><th>图片示例</th><th>操作步骤</th></tr>
<tr><td>1</td><td>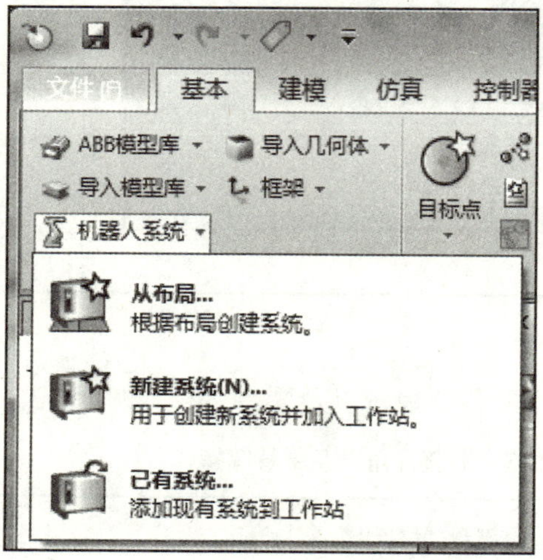
</td><td>单击【机器人系统】，单击【从布局】</td></tr>
<tr><td>2</td><td>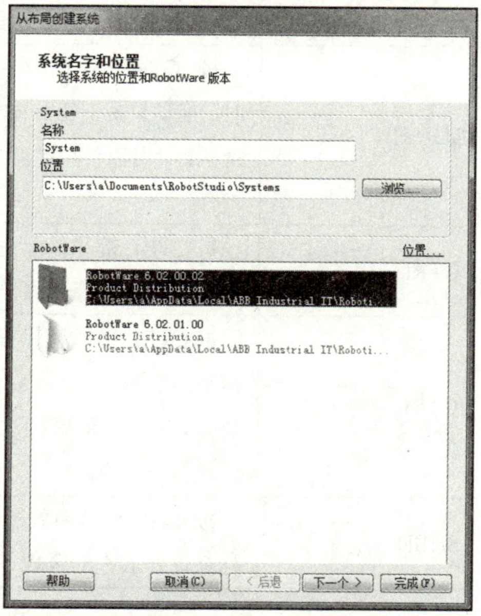
</td><td>弹出对话框中输入系统名称，以及选择软件版本。单击【下一个】</td></tr>
</table>

续表 13.4

序号	图片示例	操作步骤
3	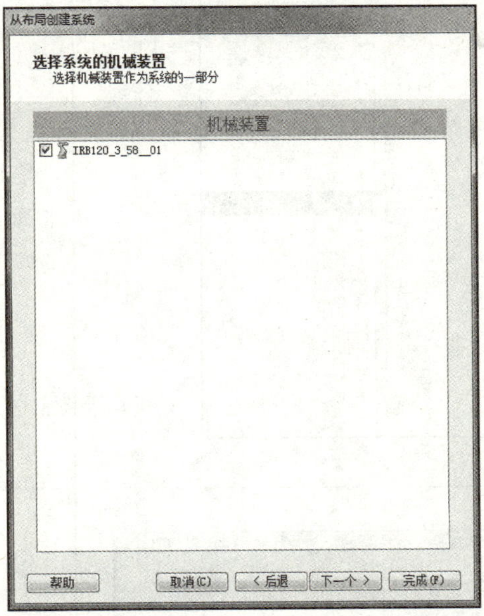	勾选机械装置。单击【下一个】
4	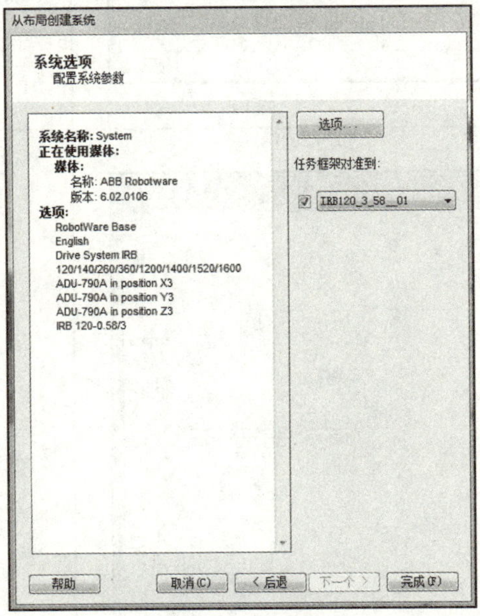	单击【选项】

续表 13.4

序号	图片示例	操作步骤
5	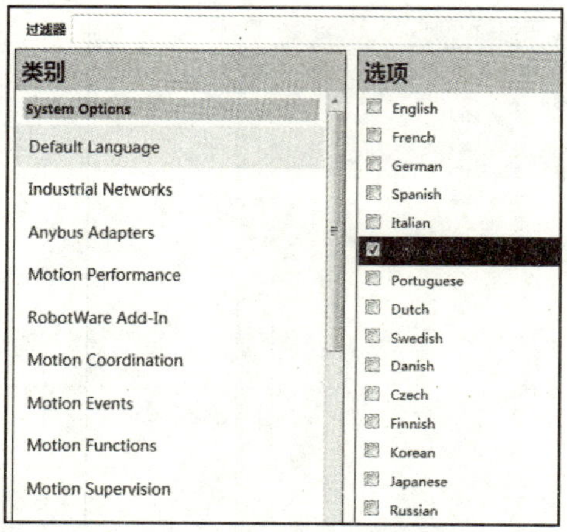	单击【Default Language】，将默认英文（English）选项改成中文（Chinese）
6	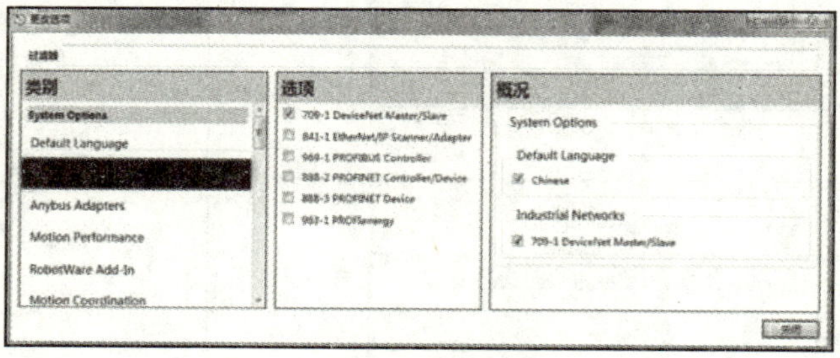	单 击 【 Industrial Network】，选择【709-1 DeviceNet Master/Slave】（标准 I/O 板）。 单击【关闭】
7	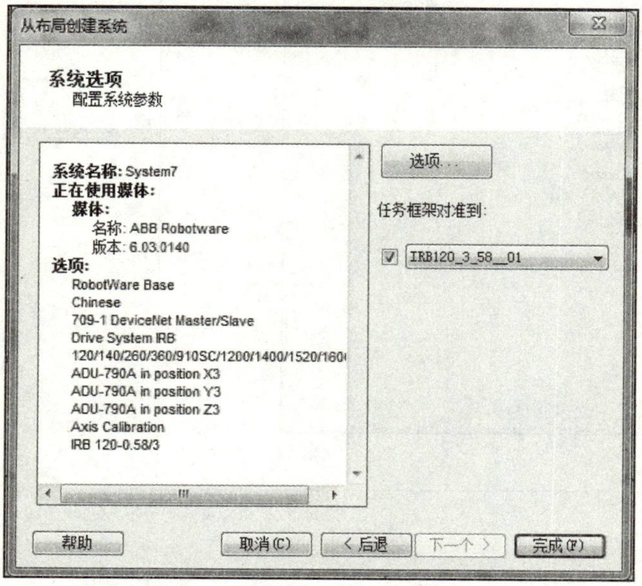	单击【完成】

续表 13.4

序号	图片示例	操作步骤
8	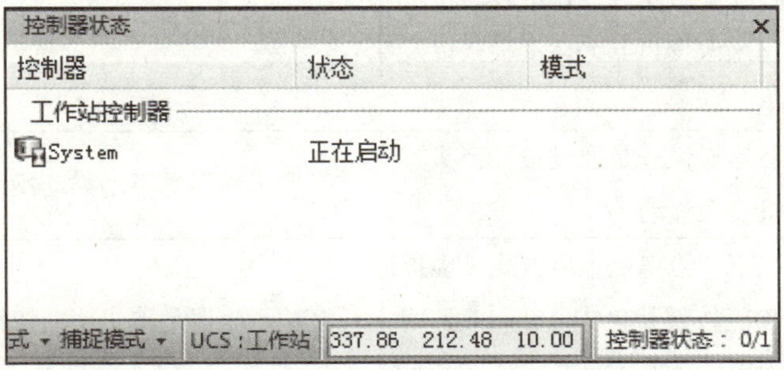	系统创建，当创建完成后，控制器状态变成绿色“控制器状态：1/1”
9	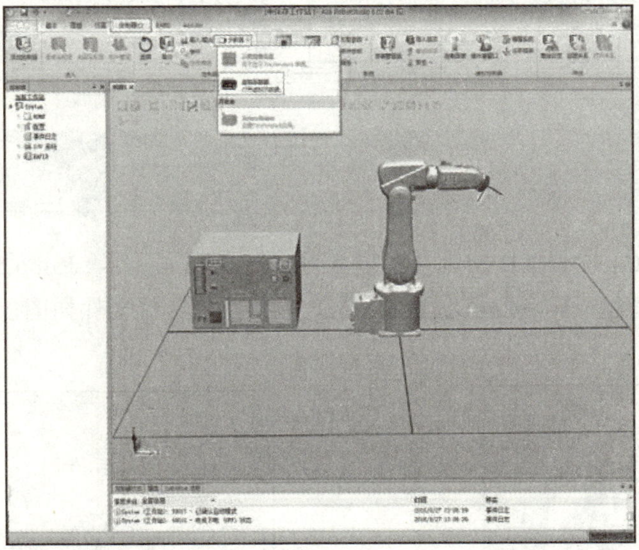	单击菜单栏上【控制器（C）】，单击【示教器】，单击【虚拟示教器】
10	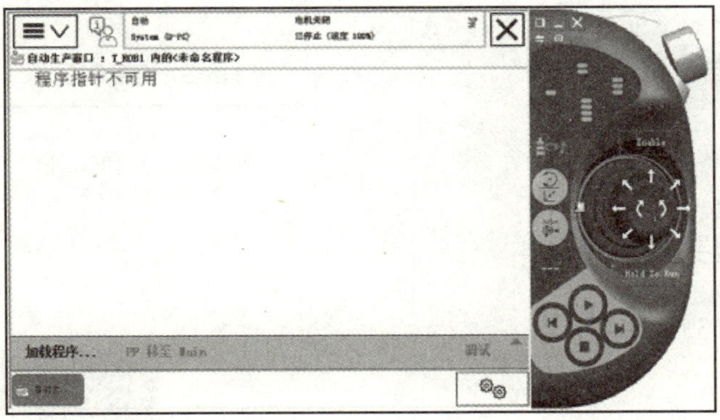	虚拟示教器使用界面

虚拟示教器与真实示教器区别，见表 13.5。

表 13.5 虚拟示教器与真实示教的区别

区别	虚拟示教器	真实示教器
控制面板位置	控制面板在虚拟示教器操纵杆边上，通过单击它来改变机器人运动模式以及给电机上电	真实的示教器无控制面板，控制面板在控制器上
操纵杆	虚拟示教器操纵杆是通过按住箭头方向来控制机器人移动	真实示教器需手动摇动操纵杆
Enable 键	手动情况下，给电机上电方式，虚拟示教器的使能按键是单击【Enable】即可给电机上电	真实示教器是按住使能按钮不放
上电/复位	自动情况下相同，虚拟示教器，单击【上电/复位】	真实示教器只能在控制器上按上电/复位键

13.3 编程实例

编程 3D 模型采用 HRG-HD1XKB 实训台模型为例，如图 13.4 所示。RobotStudio 打包文件可前往工业机器人教育网（www.irobot-edu.com）下载，其打包文件如图 13.5 所示。

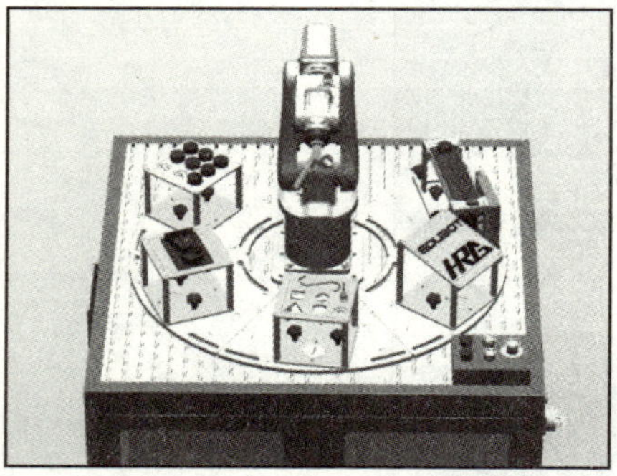

图 13.4 编程模型

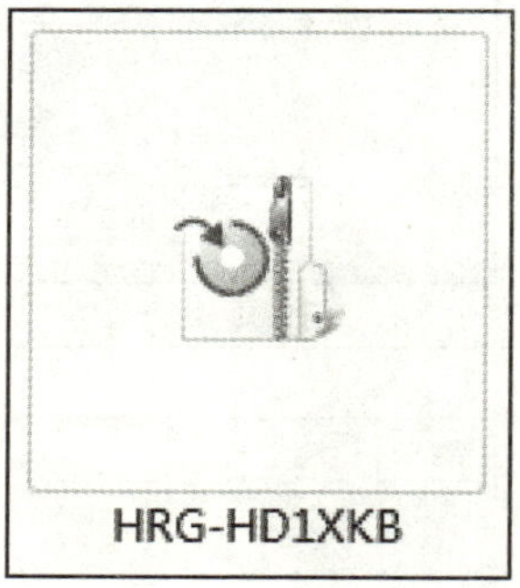

图 13.5 打包文件

13.3.1 示教器编程实例

示教器编程实例见表 13.6。

※ 示教器编程实例

表 13.6　示教器编程实例

序号	图片示例	操作步骤
1	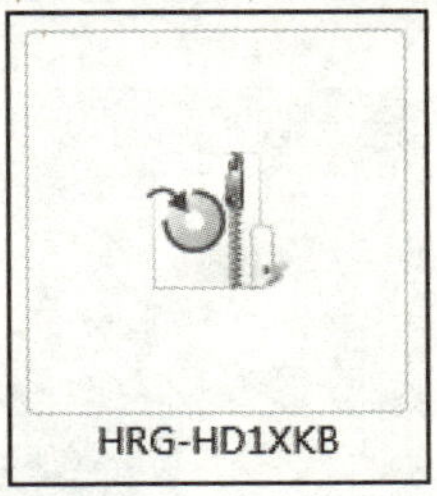	双击打包文件
2	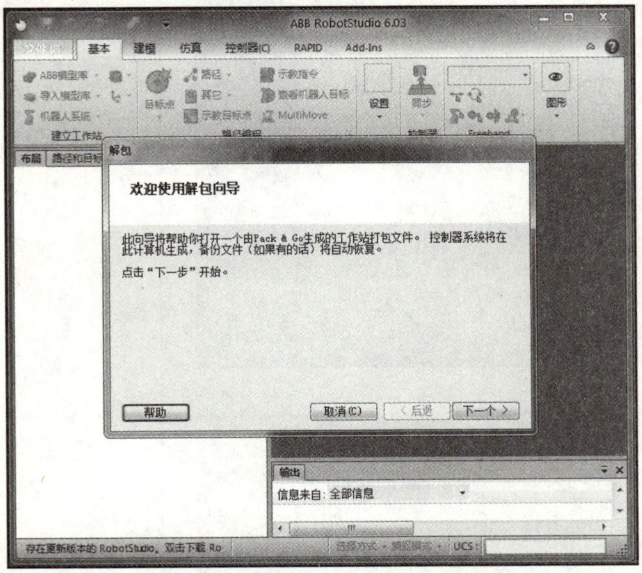	点击【下一个】
3	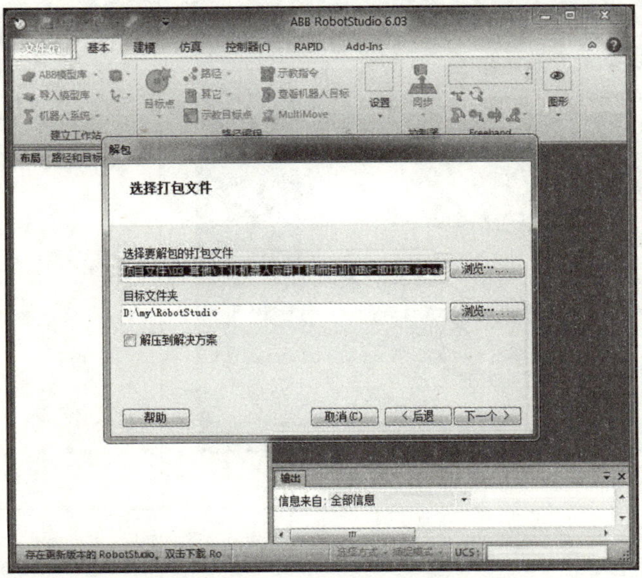	点击【下一个】

续表 13.6

序号	图片示例	操作步骤
4	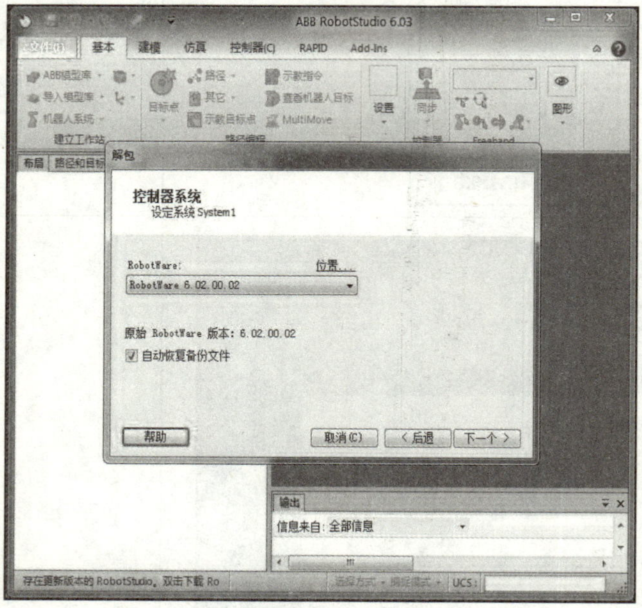	点击【下一个】
5	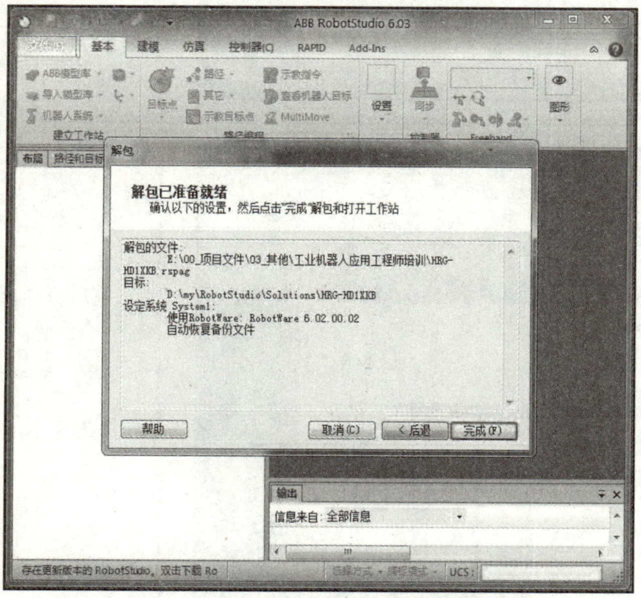	点击【完成】

续表 13.6

序号	图片示例	操作步骤
6	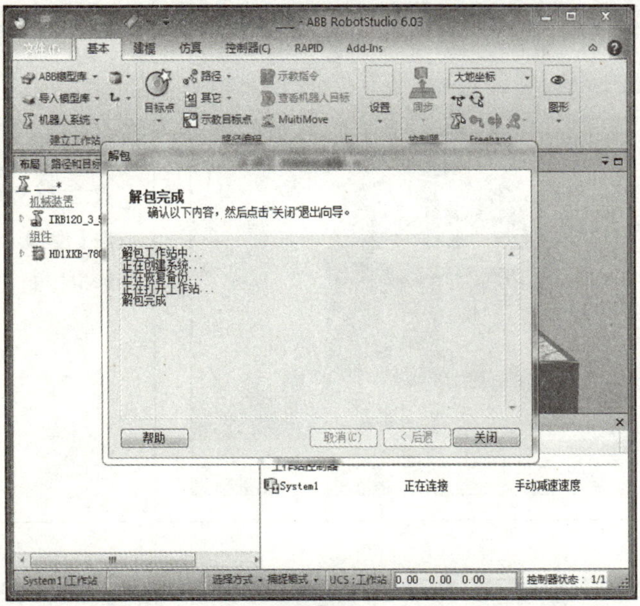	正在解包，创建系统，恢复备份，打开工作站。 解包完成，点击【关闭】
7	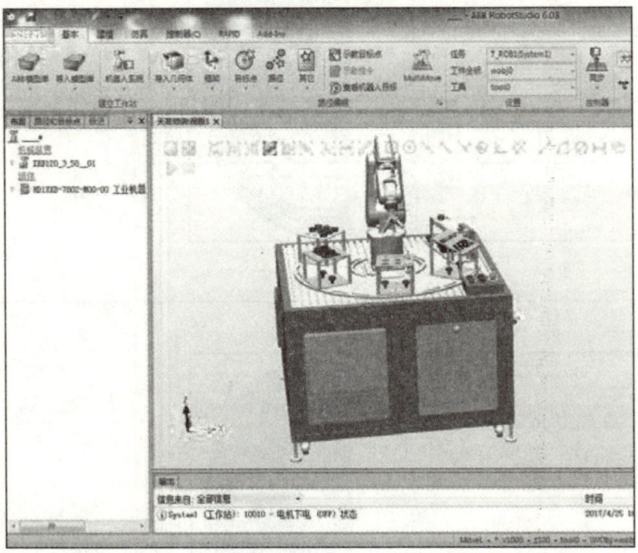	工作站及系统解包完成

续表 13.6

序号	图片示例	操作步骤
8	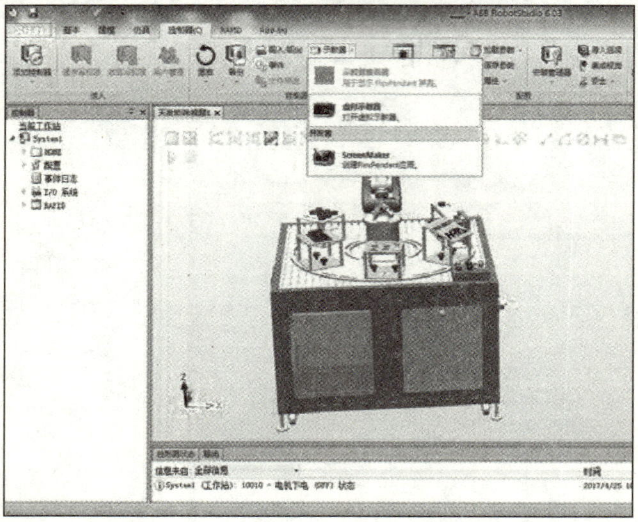	点击【控制器】栏，点击【虚拟示教器】，打开虚拟控制器
9	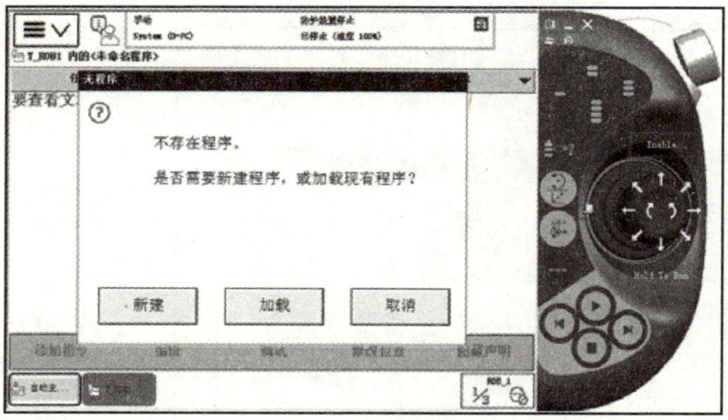	单击【主菜单】，单击【程序编辑器】，单击【新建】
10	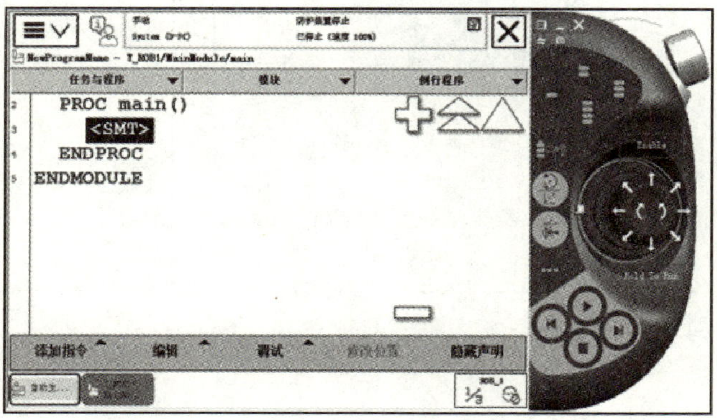	主模块以及主程序建立完成

续表 13.6

序号	图片示例	操作步骤
11	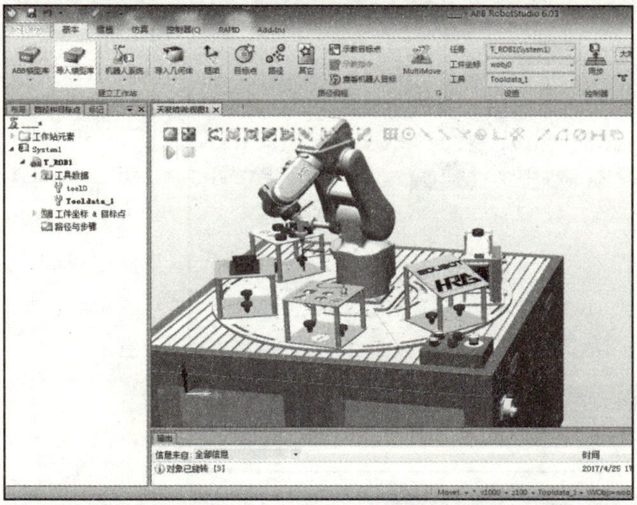	单击【Enable】，按住示教器操纵杆不放，手动操作机器人移动至三角形第一点上方。 或者单击【Freehand】栏里手动移动图标，移动至三角形第一点上方
12	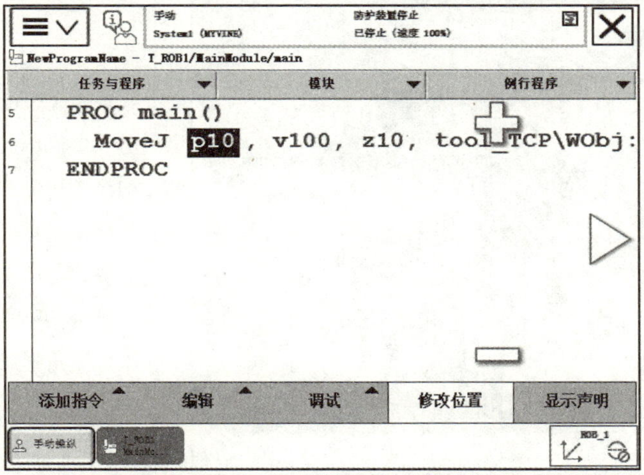	单击【添加指令】，单击【MoveJ】。将目标点改名为“p10”，速度改成“v100”，精度改成“z10”，单击【修改位置】
13	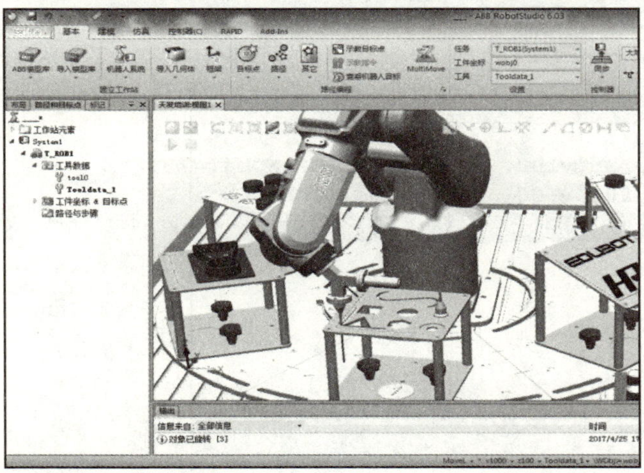	单击【Enable】，按住示教器操纵杆不放，手动操作机器人移动至三角形第一点。 或者单击【Freehand】栏里手动移动图标，移动至三角形第一点

续表 13.6

序号	图片示例	操作步骤
14	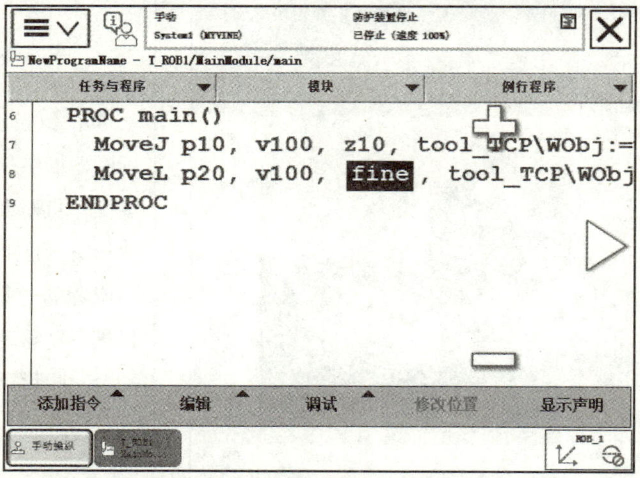	单击【添加指令】，单击【MoveL】。将目标点改名为“p20”，速度改成“v100”，精度改成“fine”，单击【修改位置】
15	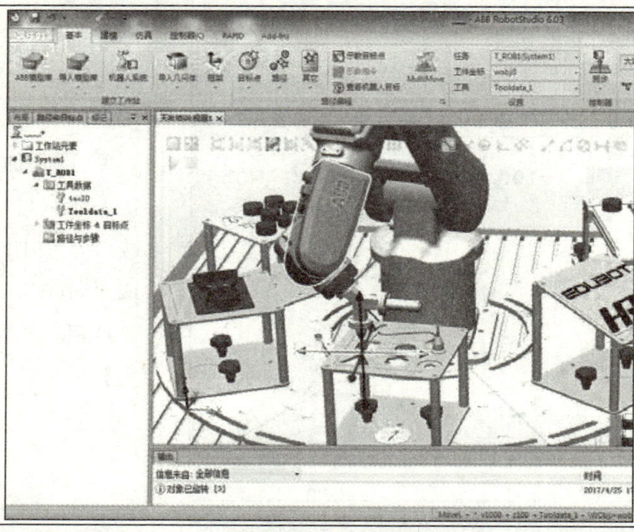	单击【Enable】，按住示教器操纵杆不放，手动操作机器人移动至三角形第二点。 或者单击【Freehand】栏里手动移动图标，移动至三角形第二点
16	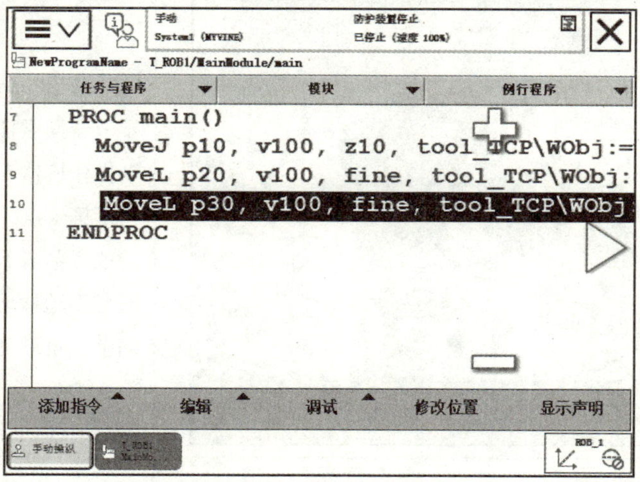	添加【MoveL】指令。将目标点改名为“p30”，速度改成“v100”，精度改成“fine”，单击【修改位置】

续表 13.6

序号	图片示例	操作步骤
17	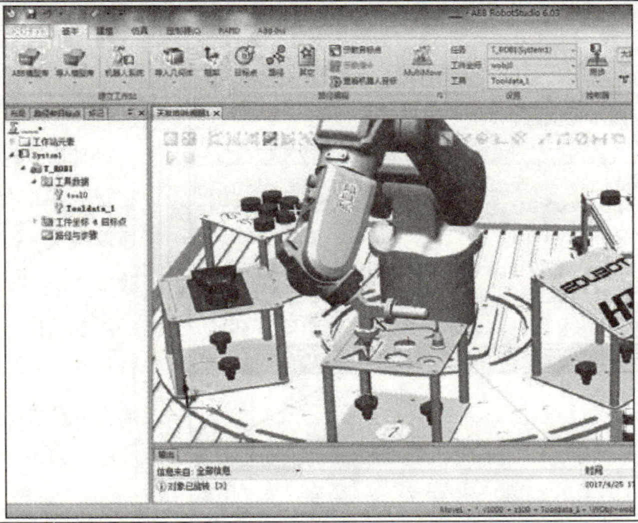	单击【Enable】，按住示教器操纵杆不放，手动操作机器人移动至三角形第三点。 或者单击【Freehand】栏里手动移动图标，移动至三角形第三点
18	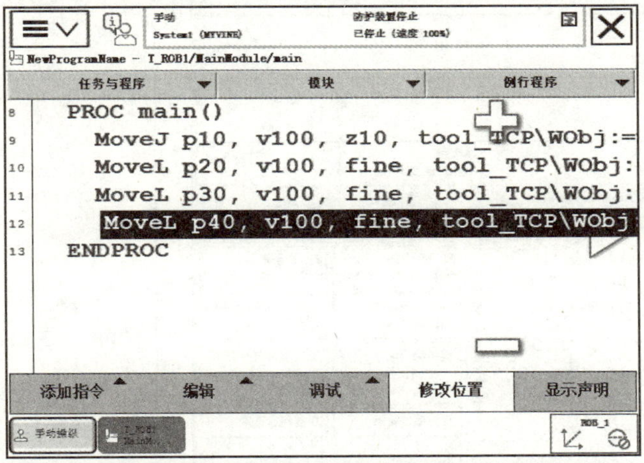	添加【MoveL】指令。将目标点改名为“p40”，速度改成“v100”，精度改成“fine”，单击【修改位置】
19	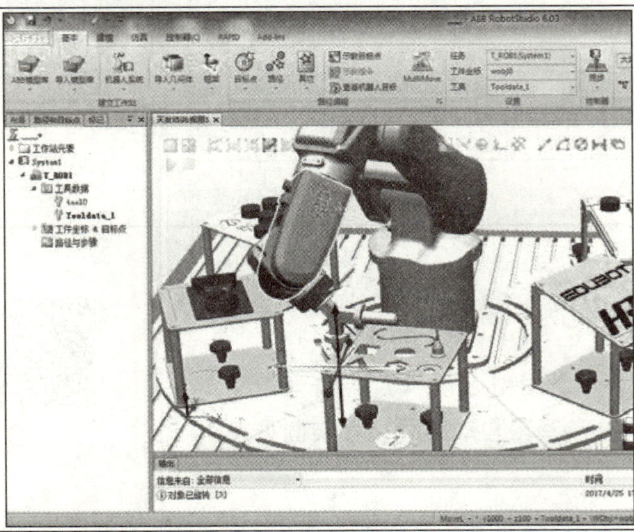	返回三角形第一点

续表 13.6

序号	图片示例	操作步骤
20	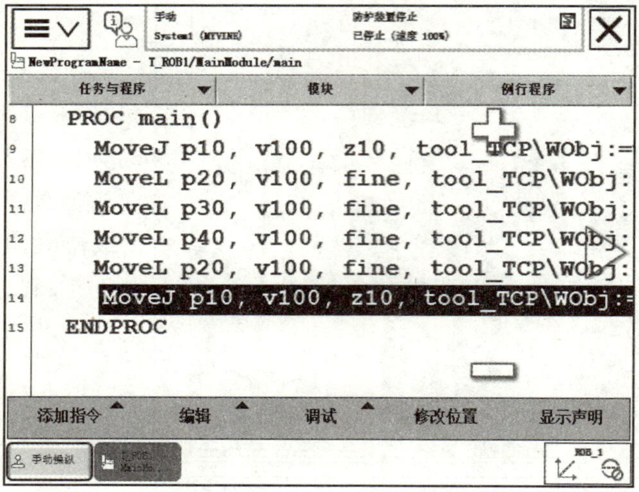	添加【MoveL】指令，将目标点选择“p20”，速度改成“v100”，精度改成“fine”。 添加【MoveJ】指令，将目标点选择“p10”，速度改成“v100”，精度改成“z10”
21	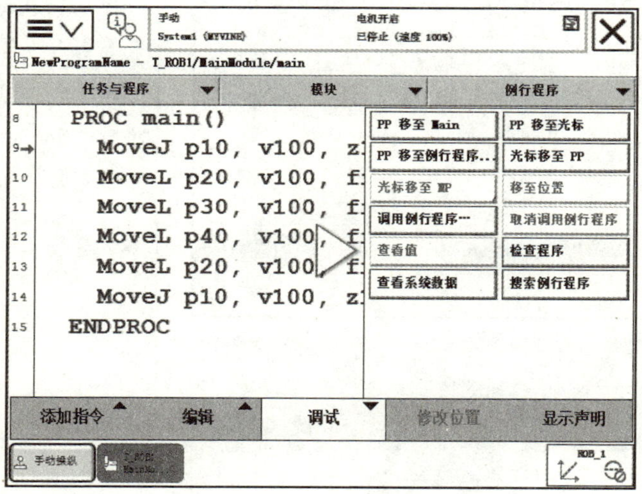	单击【调试】，再单击【PP 移至 Main】。 单击【Enable】，单击【播放键】。机器人沿着三角形边做直线运动

13.3.2　自动路径编程实例

在虚拟仿真软件里除了可以使用虚拟示教器编写程序外，还可以采用自动路径进行编写。自动路径编程实例见表 13.7。

※ 自动路径编程实例

表 13.7 自动路径编写程序实例

序号	图片示例	操作步骤
1	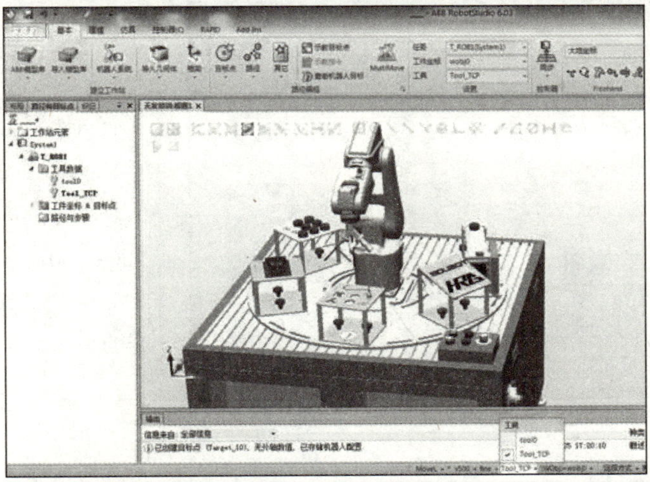	确认右下角默认指令参数。 运动指令选择MoveL，速度 v500，精度 fine，工具 Tool_TCP
2	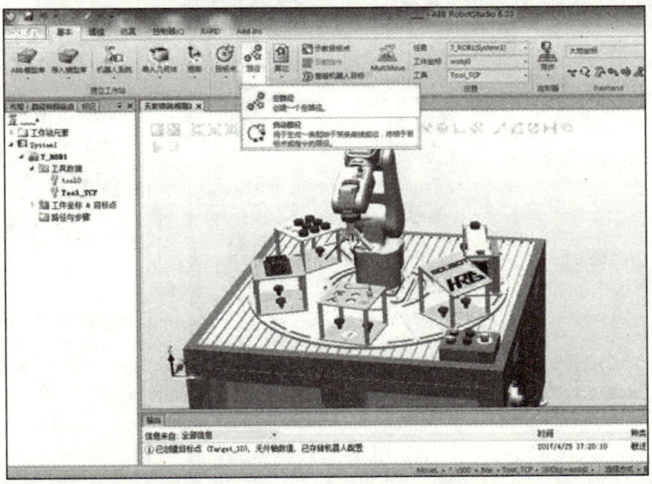	在【基本】选项栏，单击【路径】，选择【自动路径】
3	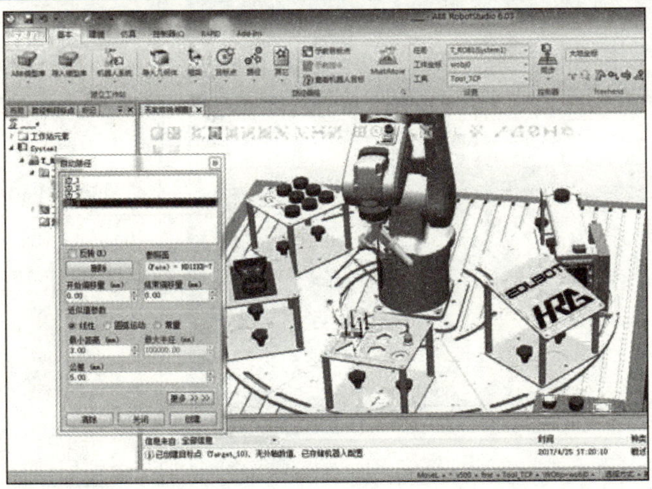	按住 shift 键，单击正方形的一边，整个正方形的边将被选中，参照面选择轨迹的垂直表面，即基础模块的表面。 单击【创建】

续表 13.7

序号	图片示例	操作步骤
4	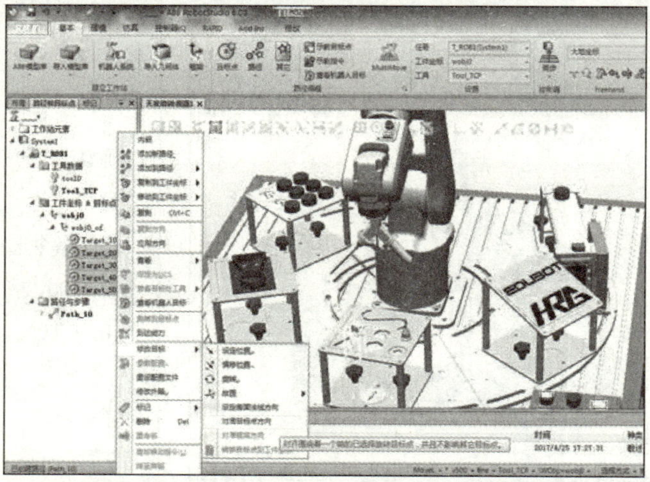	可以在 wobj0 里看见创建的目标点。 选择 Target_20 到 Target_50。右击选择【修改目标】，选择【对准目标点方向】
5	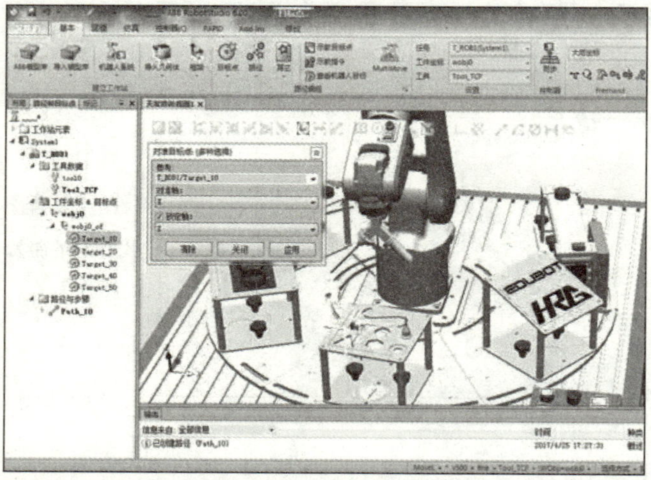	参考选择【Target_10】，单击【应用】。 Target_10 到 Target_50 所有点的姿态确定，为 Target_10 的姿态
6	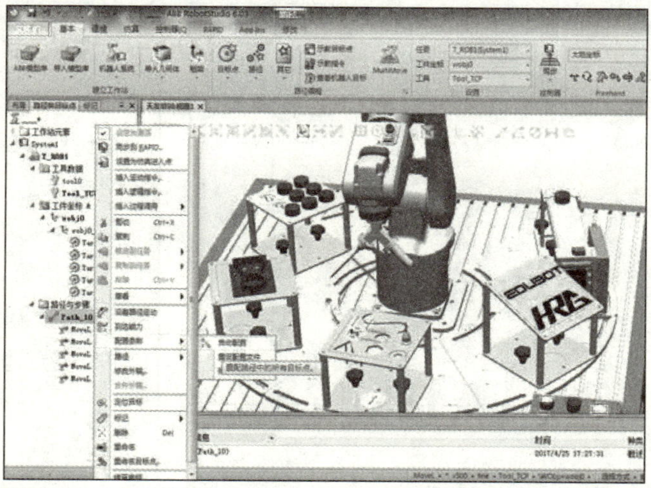	选择【Path_10】，右击选择【配置参数】，选择【自动配置】

续表 13.7

序号	图片示例	操作步骤
7	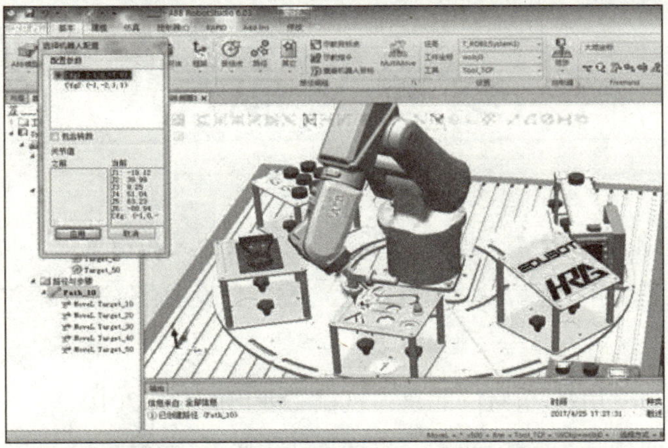	默认选择第一栏配置。点击【应用】。 机器人运动的路径轴配置参数完成
8	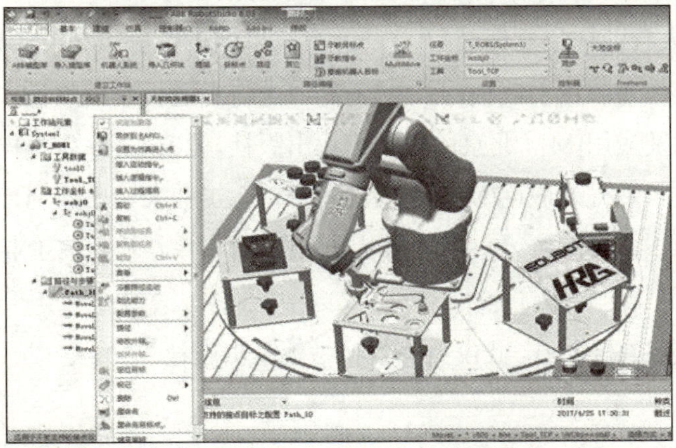	选择【Path_10】，右击选择【沿着路径运动】，机器人将沿着正方形边缘运动

13.4 本章小节

本章主要讲解 ABB 机器人离线仿真软件 RobotStudio 的具体使用，通过仿真软件可以放心的操作机器人，不用担心机器人碰撞问题，加深对机器人编程的理解。

思考题

1. 如何创建机器人工作站？
2. 如何导入机器人模型？
3. 怎么创建机器人系统？
4. 怎么添加控制器工业网络？
5. 怎么控制工作站的工作空间动作？
6. 如何通过示教器手动操作机器人？

参考文献

[1] 张明文. 工业机器人基础与应用[M]. 北京：机械工业出版社，2018.

[2] 张明文. 工业机器人入门实用教程（ABB 机器人）[M]. 2 版. 哈尔滨：哈尔滨工业大学出版社，2018.

[3] 叶晖. 工业机器人实操与应用技巧[M]. 北京：机械工业出版社，2010.

[4] 叶晖. 工业机器人典型案例精析[M]. 北京：机械工业出版社，2013.

[5] 胡伟，陈彬.工业机器人行业应用实训教程[M]. 北京：机械工业出版社，2015.

[6] 张培艳. 工业机器人操作与应用实践教程[M]. 上海：上海交通大学出版社，2009.

[7] 兰虎. 工业机器人技术及应用[M]. 北京：机械工业出版社，2014.

[8] 张明文. 工业机器人技术基础及应用[M]. 哈尔滨：哈尔滨工业大学出版社，2017.

[9] 张明文. 工业机器人知识要点解析（ABB 机器人）[M]. 哈尔滨：哈尔滨工业大学出版社，2017.

[10] 张明文. 工业机器人离线编程[M]. 武汉：华中科技大学出版社，2017.

工业机器人应用人才培养

丛书书目

ISBN 978-7-5603-6654-8

ISBN 978-7-111-60142-5

ISBN 978-7-5603-6626-5

ISBN 978-7-5680-3262-9

ISBN 978-7-5603-6655-5

ISBN 978-7-5603-7528-1

ISBN 978-7-5603-6967-9

ISBN 978-7-5603-7023-1

ISBN 978-7-5680-3509-5

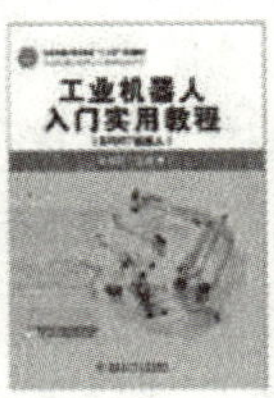

ISBN 978-7-5680-4306-9

ISBN 978-7-5680-3263-6

ISBN 978-7-5603-6832-0

ISBN 978-7-5603-7317-1

教学课件下载步骤

步骤一

登录“工业机器人教育网”
www.irobot-edu.com，菜单栏点击【学院】

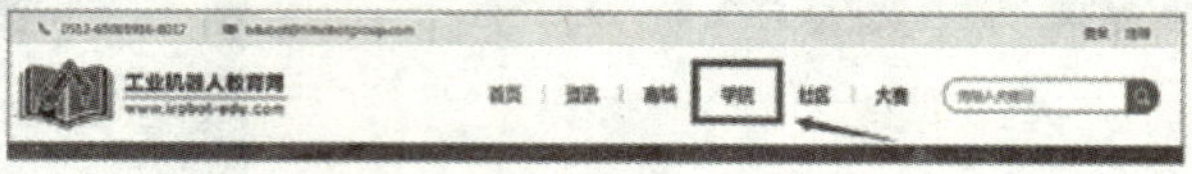

步骤二

点击菜单栏【在线学堂】下方找到您需要的课程

步骤三

课程内视频下方点击【课件下载】

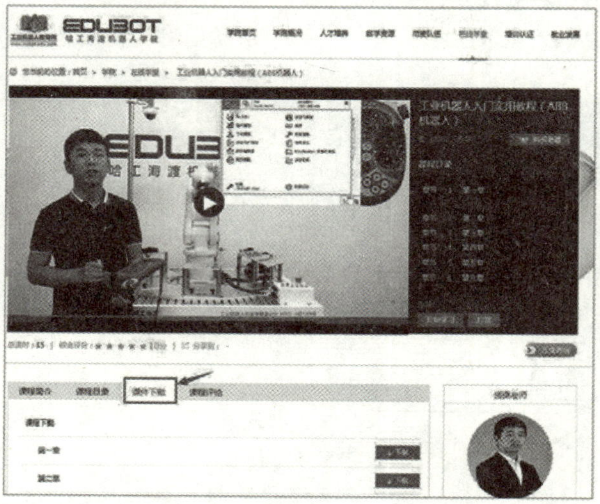

咨询与反馈

尊敬的读者：

感谢您选用我们的教材！

本书配套有丰富的教学资源，凡使用本书作为教材的教师可咨询有关实训装备事宜。在使用过程中，如有任何疑问或建议，可通过邮件（edubot_zhang@126.com）或扫描右侧二维码，在线提交咨询信息，反馈建议或索取数字资源。

（教学资源建议反馈表）